KB068802

CONCEPT OF PRACTICAL SURVEY

측량실무 개관

유복모 | 유연

박영사

|출 |간 |사|

　측량학 교육을 이제까지는 이론과 실무를 함께 다룬 측량학 교재로 운영해 왔다. 그러나 최근 새로운 측량장비의 출현과 기법운영방법이 다양해짐으로써 측량학기본이론과 실무에 충실할 수 있도록 측량학의 기본이론은 "측량학개관"에서, 현장측량실무에 관한 사항은 "측량실무개관"으로 다루어 측량학교육의 효율화를 증대시키고자 하였다.

　본 "측량실무개관"은 측량실무를 수행하기 위하여 측량학개관의 기본적 이론과 연계시켜 측량학의 의의, 측량의 종류 및 현장측량실무의 주요 사항, 위치해석의 기본요소, 현장측량시행시 필요한 기초측량, 단지(주거, 업무 및 산업시설 입지)조성측량, 해양과 항만 및 하천측량, 터널측량, 노선(도로 및 철도)측량, 교량측량, 시설물변형 및 고층건물유지관리측량, 사방공사측량, 초구장(golf field) 측량, 측량기기, 항공영상촬영계획시 고려사항, 영상면판독 및 국토지리정보원의 기준양식(표지, 도면화, 관측, 오차범위), 크기의 단위체계(SI 단위계) 등을 다루었다. 이에 학교 교육과 산업현장의 몫을 잘 이해함으로써 산학연계의 중요성과 효율적인 교육효과에 본 교재가 기여되기를 기대한다.

　본서 집필에 계기를 마련하여 준 내자 崔連淳, 원고정리에 도움을 준 석곡연구원 이사 洪在旼, 측량현장실무에 관련된 각종자료를 제공하여 주신 (주)동원측량컨설턴트 사장 林秀奉, (주)케이지에스테크 사장 이완복, 본서 편집을 담당하신 심성보 편집위원, 기획마케팅 담당 명재희 과장을 비롯한 박영사 관계자 여러분들에게 깊은 감사의 뜻을 전합니다. 지속적인 교안개발에 최선을 다하여 시도된 교재 편찬에 충실할 것을 다짐하면서 선배제현과 관련 분야에 종사하시는 분들의 조언과 격려를 부탁드립니다.

2014년 6월 19일

CONTENTS 측/량/실/무/개/관

제 1 장 서   론(Introduction)

1. 측량학의 의의 ··· 1
2. 측량의 종류 ·· 1
    (1) 측 량 법   1
    (2) 대상영역   2
    (3) 정확도 및 목적   3
    (4) 측량방법   5
3. 현장실무 ·· 7
    (1) 주요 사항   7
    (2) 외업의 계획과 준비   8
    (3) 관측장비에 대한 취급시 주의사항   8
    (4) 실무작업의 순서   9

제 2 장 위치해석의 기본요소(Basic Element for Analysis of Positioning)

1. 길   이 ··· 11
    (1) 개   요   11
    (2) 평면선형   11
    (3) 곡면선형   12
    (4) 공간선형   13
2. 각 ··· 13

(1) 개　　요　13

(2) 각의 종류　14

(3) 각 관 측　21

(4) 각의 관측단위　27

3. 시(時, time) ··· 29

(1) 시(時)의 종류　29

4. 측량의 좌표계 및 좌표의 투영 ··· 30

(1) 차원별 좌표계　31

(2) 지구좌표계　36

(3) 세계측지측량기준계　39

(4) 국제지구기준좌표계(ITRF)　40

(5) 좌표의 투영　41

5. 우리나라의 측량원점과 기준점 ··· 45

(1) 측량원점　45

(2) 국가기준점 및 지적기준점　49

제 3 장 **현장측량 시행시 필요한 기초측량**(Necessary Basic Survey for Practical Survey)

1. 수평거리측량 ··· 55

(1) 거리관측의 개요　55

(2) 수평거리 관측방법　56

(3) 거리관측값의 정오차 보정　60

(4) 직접거리측량의 오차　65

(5) 관측선의 길이, 분할 및 관측횟수에 대한 정확도　67

(6) 전자기파거리측량　68

2. 고저측량 ··· 70

(1) 개　　요　70

(2) 수직위치　71

3. 기준점측량 ··· 77

    (1) 수평위치   77
    (2) 기준점측량시 유의사항   80
4. 용지측량 ·· 80
    (1) 개   요   80
    (2) 용지측량   81

제 4 장 단지(주거, 업무 및 산업시설 입지)조성측량(Plant(Residence, Business and Location of Industrial Facility) Construction Survey)

1. 개   요 ··· 85
2. 단지조성측량 사전준비작업 ····································· 85
    (1) 기준점관리   85
    (2) 지장물조사 및 처리   86
    (3) 도로의 형상과 기준   87
    (4) 관   로   87
    (5) 호안 및 연약지반   87
3. 단지조성 현지측량 ·· 88
    (1) 착공 전 기준점측량   88
    (2) 종·횡단측량 및 수량산정   89
    (3) 용지경계측량   89
    (4) 도로 및 지하매설물 측량   89
    (5) 확정, 검사 및 준공측량   90

제 5 장 해양, 항만 및 하천측량(Survey for Sea, Harbour and River)

1. 해양측량 ··· 91
    (1) 개   요   91
    (2) 해양측량의 내용   92
    (3) 수심측량   94
    (4) 해도   102

(5) 해양측량의 정확도와 축척   104

(6) 해안선측량   106

(7) 해상위치측량   109

2. **항만측량** ··· 110

(1) 항만계획시 조사사항   110

(2) 항만시설과 배치   111

3. **하천측량** ··· 114

(1) 개   요   114

(2) 하천측량의 순서   115

(3) 하천의 지형측량   115

(4) 하천이나 해양의 측심측량   115

(5) 수위관측   115

(6) 유속관측   118

(7) 유량관측   126

(8) 하천도면작성   134

제 6 장 **터널측량**(Tunnel Survey)

1. **개   요** ·· 137

2. **갱외기준점 및 중심선측량** ·· 138

(1) 갱외기준점   138

(2) 중심선측량   138

(3) 고저측량   139

3. **갱내측량** ··· 139

(1) 갱내측량시 고려할 일반사항   139

(2) 갱내 중심선측량   140

(3) 갱내 고저측량   142

(4) 갱내 단면관측   143

(5) 갱내 곡선설치   143

4. **갱내외의 연결측량** ··· 147

(1) 1개의 수직갱에 의한 연결방법   147

(2) 정 렬 식   148

(3) 삼 각 법   148

5. 관통측량 ··· 149

6. 터널 완성 후의 측량 ·· 149

(1) 중심선측량   150

(2) 고저측량   150

(3) 내공단면의 관측   150

제 7 장 노선(도로 및 철도)측량(Route(Road and Railroad) Survey)

1. 개   요 ·· 153

2. 노선의 측량과정 및 순서 ··· 153

(1) 설계측량   154

(2) 실시설계측량   155

(3) 시공측량   158

(4) 구조물 측설 및 검측   162

3. 노선에 이용되는 곡선 ·· 166

(1) 곡선의 분류   166

(2) 원곡선의 특성   167

(3) 복곡선과 반항곡선   174

(4) 장애물이 있는 경우의 원곡선 설치법 및 노선변경법   181

(5) 편경사 및 확폭   182

(6) 편경사의 체감과 완화곡선   186

(7) 완화곡선   188

(8) 종단(縱斷)곡선   219

(9) 철도측량   223

제 8 장 교량측량(Bridge Survey)

1. 개   요 ………………………………………………………………… 231

2. 실시설계 및 측량 …………………………………………………… 232

3. 교대와 교각의 위치 ………………………………………………… 232

4. 교량의 지간 및 고저측량 ………………………………………… 233

    (1) 지간측량　233

    (2) 고저측량　233

5. 하부구조물측량 ……………………………………………………… 234

    (1) 말뚝기초설치측량　235

    (2) 우물통(또는 케이슨)의 설치측량　236

    (3) 구   체　238

    (4) 형틀설치측량　239

    (5) 두겹대 및 받침대 측량　239

6. 상부구조물측량 ……………………………………………………… 242

    (1) 치수검사 및 가조립검사　242

    (2) 가설 중 측량　243

    (3) 가설 후의 측량　243

7. 특수교량 ……………………………………………………………… 244

    (1) 사 장 교　244

제 9 장 시설물변형 및 고층건물 유지관리측량(Survey for Facility Deformation and Management of High Building)

1. 시설물의 변형측량 …………………………………………………… 247

    (1) 측량에 의한 변형관측　247

2. 고층건물 유지관리를 위한 수직도 측량 ………………………… 250

    (1) 건축측량의 순서　251

    (2) 세부측량 계획 및 실시　251

제10장 **사방공사측량**(Erosion Control Survey)

1. 개   설 ··· 257
2. 산복사방측량 ·· 257
　(1) 지형측량　258
　(2) 종단측량　258
　(3) 횡단측량　258
　(4) 산복흙막이측량　258
3. 계문사방측량 ·· 260
4. 하천사방측량 ·· 261
　(1) 둑쌓기측량　261
　(2) 비탈면 보호측량　263
5. 조경사방측량 ·· 263
　(1) 비탈면 격자틀붙이기　263
　(2) 비탈면 콘크리트블록쌓기　264
　(3) 낙석방지망덮기　264

제11장 **초구장측량**(Golf Field Survey)

1. 개   요 ··· 265
2. 부지의 선택 ·· 266
　(1) 부지의 조사　266
　(2) 부지의 조건과 면적　266
3. 초구장경로의 계획 ··· 267
　(1) 경로와 홀　267
　(2) 기준타수와 거리　268
　(3) 비구선　268
　(4) 홀의 폭과 변화　269
　(5) 마무리풀밭　271
4. 초구장휴게소 ·· 272

제12장 **측량기기**(Survey Instruments)

1. **거리측량기** ·· 275
　(1) 직접 거리측량용 장비　275
　(2) 간접 거리측량용 장비　277

2. **고저측량기(level)** ·· 277
　(1) 레벨의 종류 및 특징　277
　(2) 표척의 읽음　279
　(3) 레벨 구조 및 주요 명칭　280
　(4) 각종 레벨　281
　(5) 레벨 세우기　281

3. **각측량기** ··· 282
　(1) 트랜시트　283
　(2) 데오돌라이트　283
　(3) 광파종합관측기　283

제13장 **항공영상 촬영계획시 고려사항, 영상면판독 및 국토지리정
보원의 기준양식**(Consideration Factor for Flight Planning of
Aerial Imagery, Imagery Interpretation and Standard Form for
National Geographic Institute)

1. **항공영상 촬영계획시 고려사항** ······································· 287
　(1) 촬영계획　287
　(2) 항공영상촬영　293
　(3) 표 정 도　294
　(4) 촬영영상면의 성과검사　295
　(5) 영상탐측에 필요한 점　296
　(6) 기준점측량　301

2. **영상면판독** ··· 302
　(1) 판독에 이용되는 영상면 및 활용　302

3. 국토지리정보원의 기준양식(표지, 도면화, 관측, 오차범위)·················· 305
　　(1) 표　　　지　　305
　　(2) 도 면 화　　305
　　(3) 관　　　측　　306
　　(4) 오차범위　　307

제14장　크기의 단위체계[SI 단위계](Standard Unit System for Size(SI))

1. 길이의 단위[M: 미터] ·· 309

2. 질량의 단위[kg: 킬로그램] ··· 310

3. 시간의 단위[s: 초] ··· 310

4. 전류의 단위[A: 암페어] ·· 311

5. 열역학적 온도단위[K: 켈빈] ·· 311

6. 물량의 단위(mol: 몰) ··· 312

7. 광도의 단위[cd: 칸델라] ·· 312

8. 계량단위 환산표(計量單位換算表: 약어 ETQU)····························· 312

참고문헌(References) ··· 317

색인〈국문 · 영문〉(Index〈Korean · English〉) ····························· 319

제 1 장

서　　론

1. 측량학(surveying)의 의의

　　측량학은 생활공간(지표면, 지하, 수중) 및 우주공간에 존재하는 제 점 간의
위치결정(1차원, 2차원, 3차원, 4차원), 지형해석, 지도제작 및 대상물의 크기와
형상해석(면·체적, 경계, 분할, 변형, 구조물형상, 조화미), 사회기반시설물의 조
사, 계획, 설계, 시공, 유지관리 및 지형공간정보체계에 자료제공, 영상을 이용
한 지형과 비지형(인체공학, 유형문화재, 교통, 환경현황, 식생, 자원 등) 해석 및 각
종 대상물에 대한 디자인, 인공위성 및 전자기파를 이용한 관측으로 지상 및 우
주공간의 조사와 개발에 기여하고 있다.

2. 측량의 종류

　　측량의 종류는 측량법, 대상영역, 정확도 및 목적, 측량방법에 따라 다음과
같이 분류한다.

(1) 측 량 법

① 기본측량
모든 측량의 기초가 되는 측량으로 국토교통부명을 받아 국토지리정보원이

실시하는 측량으로 천문측량, 중력측량, 지자기측량, 삼각측량, 수준(고저)측량, 검조(조석관측) 등이 있다.

② 공공측량

기본측량 이외의 측량으로 공공의 이해에 관계되는 기관(국가나 지방자치단체, 정부투자기관관리기본법 제 2 조의 규정에 의한 정부투자기관 및 대통령령이 지정하는 기관)이 실시하는 측량이다.

③ 일반측량

기본측량 및 공공측량 이외의 일반인들이 수행하는 측량이다.

(2) 대상영역

① 평면측량(plane survey)

지구의 곡률을 고려할 필요가 없는 좁은 지역으로 반경 11km 이내의 지역을 평면으로 취급하여 수행하는 측량으로 소지측량(小地測量: small area survey)이라고도 한다.

② 대지측량(large area survey)

지구의 곡률을 고려(지구의 형상과 크기)한 넓은 지역으로 반경 11km 이상 또는 400km² 이상의 넓은 지역에 관한 측량이다. 대륙 간의 측량, 대규모 정밀측량망 형성을 위한 정밀삼각측량, 고저측량, 삼변측량, 천문측량, 공간삼각측량, 대규모로 건설되는 철도, 수로 등 긴 구간에 대한 건설측량(engineering survey)등이 대지측량이다.

③ 측지측량(geodetic survey)

측지측량은 측지학(geodesy: 회전타원체인 지구의 특성, 즉 지구의 형상, 운동, 지구내부구조, 열, 물성, 시간적 변화 등을 연구)을 도입한 측량으로 인공위성측량, 중력측량, 지자기측량, 레이저측량, 탄성파측량, 천문측량 등이 있다. 위치결정 및 지구특성 해석이 중력의 영향을 받는 지구중력장 안에서 이루어지므로 측지학에서 기하학적 면을 중시한 대지측량과 물리학적인 면을 중시한 측지측량을 엄밀하게 구분하기는 어렵다.

④ 해양측량(sea survey)

해양측량은 해양을 적극적으로 활용하고 개발하기 위해 해상위치결정 및 수심, 해안선형태, 해양조석관측, 항해용 해도작성, 해저의 지형도 지질구조도, 중력이상도의 도면작성, 항만, 방파제 등 해양구조물건설, 자원탐사 등에 기여하고 있다.

⑤ 지하측량(underground survey)

지하측량은 지구내부의 특성(중력 및 지자기분포, 지질구조 등) 해석, 지하시설물(지하철, 상수도, 하수도, 가스, 난방, 통신, 지하도, 터널, 지하상가) 및 지하시설물과 연결되어 지상으로 노출된 각종 맨홀, 전주, 체신주 등의 가공선과 지하시설물 관리와 운용에 필요한 모든 자료에 대하여 조사 및 관측을 하여 자료기반을 구축하는 데 기여하는 작업이다.

(3) 정확도 및 목적

① 정확도에 의한 분류

넓은 지역을 측량하는 데는 측량의 기준이 되어 있는 점을 지역 전체에 전개하고 이것을 골조로 하여 각 기준점의 위치를 필요로 하는 정확도로 측량한다. 필요로 하는 정확도로 측량된 기준점을 기초로 하여 세부측량을 하면, 전체적으로 균형 있고 정밀한 측량의 결과가 얻어진다.

가) 기준점 측량 혹은 골조측량(control survey or skeleton survey)

측량의 기준으로 되어 있는 점의 위치를 구하는 측량으로 이 측량은 천문측량, 삼각측량, 다각측량, 고저측량 등에 의하여 행하여진다. 이들의 측량으로 설정된 천측점(천문관측점), 삼각점, 다각점, 고저기준점(또는 수준점) 등을 총칭하여 기준점(基準點)이라 한다.

기준점측량은 측량의 기준으로 되어 있는 관측점 혹은 지형도를 만들기 위한 골조를 형성하므로 골조측량이라고도 말한다.

골조측량에는 천문측량, 위성측량, 삼각측량, 다각측량, 고저측량, 광파 및 전파측량, 삼변측량, GPS 측량 등이 있다.

나) 세부측량(minor survey or detail survey)

각종 목적에 따라 기준점을 기초로 하여 내용이 다른 도면이나 지형도를 만드는 측량을 세부측량이라 한다. 이 측량은 기준점의 측량인 골조측량(기준점측량)에 대하여 광범위한 지역의 지형(지모와 지물)의 세부를 측량하여 이것을 지형도에 나타내므로 세부측량이라고 부른다. 세부측량에는 평판측량, 영상탐측, 레이저 측량, 시거측량, 음파측량, 고저(직접, 간접)측량 등이 있다.

② 목적에 의한 분류

가) 토지측량(land survey)

토지에 대한 면·체적, 경계, 분할 및 통합에 관한 2차원(x, y) 및 3차원(x, y, z) 위치관측에 의한 측량이다.

나) 지적측량(cadastral survey)

토지에 대한 면적경계, 소유자의 지번, 지목 등에 관한 2차원(x, y) 위치관측에 의한 측량이다.

다) 지형측량(topographical survey)

지형은 지모와 지물을 뜻하는 것으로 지표면의 지형[지모(地貌)-땅의 생김새로 산정, 구릉, 계곡, 경사, 평야 등, 지물(地物)-지상에 있는 대상물로 가옥, 도로, 철도, 시가지, 각종 구조물, 암석 등]에 대한 2차원 및 3차원 위치관측에 의하여 도면화시키는 측량이다. 각종 지형의 편집도, 토지이용도, 주제도 등의 목적으로 이용된다.

라) 노선측량(route survey)

노선측량은 도로, 철도, 운하, 터널, 배수로, 송전선(送電線) 등 폭이 좁고 길이가 긴 선상구조물(線狀構造物) 등의 건설에 필요한 측량이다.

마) 단지측량(plant survey)

단지측량은 토지의 활용도를 증진시키기 위하여 단지조성에 관한 계획과 집단적인 개발로 주거단지, 농공단지, 상업 및 업무단지, 유통단지, 관광단지, 여가 및 운동시설단지, 산업단지 등 생활개선에 필요한 공용의 부지조성에 관한 측량이다.

바) 댐측량(dam survey)

댐측량은 하천의 개발계획(발전, 치수, 농업 및 공업용수 등), 댐의 세부도 작성(댐의 본체, 지부, 배수로, 터널, 운반도로, 토사장, 가설비지점 등), 댐의 안전관리(댐의 변형 및 변위를 관측하기 위해 공사 중의 시공관리, 완성 후의 유지관리 등) 등을 위한 측량으로 조사사항으로는 수문, 지형, 지질, 보상, 재료원, 가설비 등이 있다.

사) 항만측량(harbour survey)

항만측량은 화물의 수륙수송을 안전하게 전환하고 출입 및 정박을 할 수 있도록 수역(항행 및 정박영역), 항로, 박지(대기, 하역 및 피난영역), 외곽시설(방파제, 파제제, 호안, 갑문, 토류제 등)에 관한 준설, 매립에 관한 관측자료를 제공하는 작업으로서 수심측량, 연안 및 해양측량, 해양에 관련된 자료를 조사 등이 측량사의 몫이다.

아) 지구형상측량(earth form survey)

지구형상결정측량방법은 기하학적 방법과 역학적인 방법이 있다.

기하학적 방법은 천문측량, VLBI 및 인공위성측량 등에 의하여 지구상 다수의 관측점에 대한 관측값자료를 이용하여 적도의 반경과 편평률을 구하고 천문측지경위도에 의한 연직선편차를 각 지점에 대하여 적분함으로써 지오이드기복을 결정한다, 이러한 값을 전 측지계에 결합하여 지구타원체를 결정한다. 역학적 방법은 지구중력장해석에 의한 것으로 중력관측에 의한 방식과 인공위성궤도해석에 의한 방식이 있다.

(4) 측량방법

① 거리측량(distance survey)

거리측량은 두 점 간의 거리를 직접(줄자, 보측, 목축 등) 또는 간접(각과 거리 관측, 음파, 전파, 광파, 영상 등)으로 관측하는 것으로 사거리측량(slope distance survey)과 수평거리측량(horizontal distance survey)이 있다. 사거리측량값은 기준면에 투영(reduction to reference plane)한 수평거리로 고쳐서 사용한다.

② 고저(또는 수준)측량(leveling survey)

고저측량은 두 점 간의 고저차를 알기 위한 관측방법으로 고저관측기(level)와 표적을 이용하는 직접고저측량과 각과 거리관측(삼각고저측량), 음파, 전파, 광파, 영상 등을 이용하는 간접고저측량이 있다. 또한 기준면에 대한 고저차(또는 표고)를 결정하는 방법으로 결합고저측량(미지점에 대하여 기준점과 점점점을 이용한 관측), 왕복고저측량(기준점, 미지점을 직접 연결하여 관측), 폐합고저측량(기준점에 여러 미지점을 관측하여 폐합시키는 관측) 등이 있다.

③ 트래버스측량(traverse survey)

트래버스측량은 각과 거리를 관측하여 2차원위치(x, y)를 구하는 작업으로 결합트래버스(기지점에서 출발하여 다른 기점에 연결시키는 것으로 정밀도가 가장 높다), 폐합트래버스(기지점에서 출발하여 다시 출발기지점에 연결시키는 것으로 결합트래버스보다 정밀도가 낮다), 개방트래버스(임의의 점에서 출발하여 다른 임의의 점에 연결시키는 것으로 정밀도가 트래버스측량 중에서 정밀도가 가장 낮으므로 답사측량에 이용한다)가 있다(〈그림 1-1〉).

④ 삼각측량(triangulation survey)

삼각측량은 삼각형의 꼭짓점 각을 관측하여 가장 높은 정확도의 2차원위치 (x, y)값을 얻을 수 있으므로 기준점 설정 및 넓은 영역에서 세부측량에까지 이용되고 있다. 삼각측량에 이용되는 삼각망은 단삼각형, 사변형, 유심다각형 등이 있다(〈그림 1-2〉).

⑤ 삼변측량(trilateration survey)

삼변측량은 삼각형의 변의 길이만을 관측하여 2차원위치를 구하는 것으로써 단삼변망, 사변망, 유심다변망을 이용하고 있으며 변의 길이가 길수록 삼각

그림 1-1   트래버스형의 종류

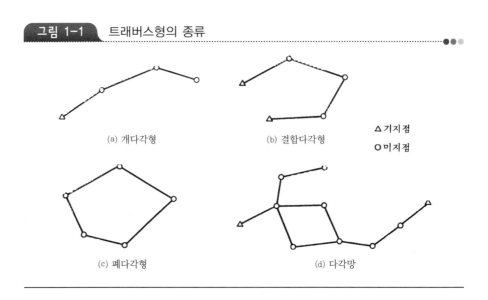

(a) 개다각형

(b) 결합다각형

△ 기지점
○ 미지점

(c) 폐다각형

(d) 다각망

그림 1-2   삼각망의 종류

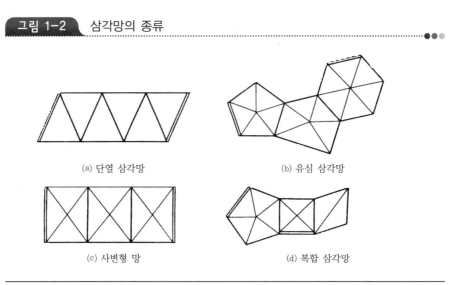

(a) 단열 삼각망

(b) 유심 삼각망

(c) 사변형 망

(d) 복합 삼각망

측량보다 높은 정확도의 값을 얻을 수 있다.

　⑥ **평판측량**(plane table survey)

　　평판측량은 평판, 앨리데이드를 이용하여 현지에서 지형도작성, 간단히 거리 및 고저차를 구하는 작업이다. 최근에는 전자평판기를 이용하여 평판측량을 수행하고 있다.

⑦ **영상탐측**(imagematics or photogrammetry)

영상탐측은 지상, 항공기 및 인공위성에서 취득된 영상을 이용하여 지형해석 및 지형도작성은 물론, 생활개선을 위한 대상물가시화 및 위치해석, 생태계 관측 및 조화미분석, 수치형상모형을 이용한 대상물의 설계 및 디자인, 영상에 의한 의사결정 및 가상세계의 현실화 설정 등을 수행한다.

⑧ **위성측량**(satellite survey)

위성측량은 정확한 위치를 알고 있는 인공위성에서 발사하는 전파(GPS의 경우 최소 4개 이상의 위성의 신호가 이용됨)를 지상에서 수신하여 관측지점까지의 소요시간에 의한 위치결정이나 관측대상의 특성을 해석하는 작업으로 위치결정, 도면제작, 자원, 환경, 교통 등 각종 정보체계에 자료를 제공하고 있다. 또한 인공위성에 의한 우주공간에서의 행성들에 관한 위치 및 특성도 해석하는 작업에 위성측량이 기여하고 있다.

3. 현장실무

(1) 주요 사항

측량학 실무작업은 외업과 내업으로 분류할 수 있다.

내업(office work)은 외업의 결과를 충실히 활용하여 정리하고 계산하며 제도 및 해석을 하는 작업이다. 즉, 관측값의 면밀한 점검과 야장 및 조사된 자료에 의한 도면의 적성, 거리, 면적, 체적 및 관측자료에 의한 설계 등의 제반 작업을 의미한다.

외업(field work)은 측량의 계획에 의하여 결정된 측량기기와 관측방법으로 먼저 골조측량을 한 후 세부측량을 한다. 즉 야외에서 거리, 각도 및 고저를 관측하거나 지형도를 만들기 위하여 필요한 사항을 조사하는 작업으로 측량작업의 기초자료를 얻는 중요한 작업이다. 또한 외업은 계획과 준비를 면밀히 행하고 단기간에 정확하며 경제적으로 실시하여야 한다. 이를 위하여서는 항상 이론을 연구하고 기기의 원리, 구조 및 취급에 정통하고 또 실제 작업의 경험이 풍부하도록 노력하지 않으면 안 된다.

여기서 외업의 계획과 준비, 기기의 취급 및 작업의 순서 등에 대한 주의사항을 서술하면 다음과 같다.

(2) 외업의 계획과 준비

① 측량할 지역의 지형 및 사회적 여건에 대하여 사전에 충분한 정보를 수집하여 분석, 검토한다.
② 측량의 목적에 맞는 최적의 정확도를 검토한다.
③ 검토된 정확도에 알맞은 기기, 자료 및 기술자를 확보한다.
④ 기기나 재료의 점검을 정밀하게 행한다.
⑤ 측량의 순서, 측량지역의 배분 및 연결방법 등에 대해 작업원 상호의 사전조정을 한다.
⑥ 천후, 기타 외적 조건의 변화에 대비한 고려와 소요시일을 산정한다.
⑦ 될 수 있는 한 조기에 오차가 발견될 수 있는 작업방법과 계산방법을 택한다.

(3) 관측장비에 대한 취급시 주의사항

측량기기는 대다수가 정밀기기이므로 항상 그 원리 및 구조를 충분히 이해하고 신중히 취급해야 한다. 취급상의 부주의로 기계를 손상시키면 성능이 나쁘게 되어 정확도가 저하될 뿐만 아니라 계획된 시일 내에 작업을 완수할 수 없다. 기계의 취급에 관한 일반적인 주의사항을 들면 다음과 같다.
① 기계의 운반이나 격납은 반드시 양손으로 취급하며 평탄하지 않은 지역을 이동시 화물칸이 아닌 좌석에 놓거나 작업인이 안고서 이동한다.
② 기계의 격납이나 운반의 경우, 각부의 조임나사 중 충격을 받는 곳에는 무리한 충격을 가하지 않게 가볍게 조여 둔다.
③ 자침을 사용하지 않을 때는 자침이 멈추도록 고정하고 지지침의 첨단이 둔화되지 않도록 한다.
④ 미동나사로써 시준선을 목표에 맞추게 될 때는 미동나사를 시계방향으로 회전하면 된다.
⑤ 사용 후에는 헝겊으로 먼지를 털고 비를 맞았을 경우에는 시계기름을 조금씩 발라서 닦으며 렌즈는 렌즈닦이로 먼지를 없앤다.
⑥ 여름철에 지표면에 비가 들이칠 우려가 있을 때에는 비닐 등의 방수구를 준비하여 둔다. 겨울철에 현장사용 후 사무실에 보관 시 실내온도에 적응시킨 후 장비박스에 옮겨 보관한다.
⑦ 삼각대는 넓게 펴서 지표면상에 잘 고정되도록 충분히 발로 밟아 누르

고 각부의 나사는 잘 조여서 기계가 관측 중에 움직이지 않도록 한다.

또한 작업 중 각관측기(광파기)는 삼각대와 분리하여 이동하며, 레벨은 삼각대에 고정된 상태에서 연직을 유지하여 두 손으로 들고 이동한다.

⑧ 광파종합관측기(TS: Total Station) 관측 시 수평거리(줄자를 이용한 거리 관측값과 TS를 고정시킨 후 프리즘을 설치한 후 거리관측값을 비교확인), 수평(TS의 수평각을 180도 회전 후 수평기포가 맞는가를 확인), 수직각(임의의 한 점에 대한 수직각과 TS렌즈를 반대로 회전시킨 후 수직각이 일치하는지를 확인), 수준(level: 레벨설치 후 먼 지점에 스태프를 고정시켜 얻은 레벨값과 반대지점에 레벨을 설치 후 같은 방법으로 관측된 레벨값이 일치하는지를 확인)을 반드시 점검해야 한다.

(4) 실무작업의 순서

측량은 계획, 외업 및 내업의 세 과정을 거쳐 이루어지는데 외업과 내업에 관한 이론적인 개요는 측량학개관에서 이미 설명했으므로 여기서는 실무작업에 관한 주요 사항만을 언급하기로 한다. 측량을 실시하여 소기의 목적을 달성하기 위하여서는 계획단계에서 다음의 여러 항목을 충분히 검토하여 둘 필요가 있다.

① 목적의 파악: 무엇을 위하여 측량을 실시하는 것인가?

② 측량의 정확도: 측량의 목적을 만족하기 위하여 어느 정확도의 측량을 하면 좋은가?

③ 방법의 결정: 구하는 정확도를 얻기 위해서는 어떤 측량방법이 좋은가?

④ 기계의 선정: 구하는 정확도를 얻기 위해서는 어떤 측량기계가 좋은가?

⑤ 측량경비의 검토: 주어져 있는 측량경비와 전항의 고려대상(목적, 정확도, 측량방법, 측량기기 등에 관한 사항)에 요하는 필요 경비의 조정

⑥ 구체적인 측량작업의 검토: 조직, 일정 등

⑦ 작업의 지도 · 감독 방법의 검토: 초기의 목적에 대한 측량이 바르게 실시되어지고 있는가를 효과적으로 아는 방법은 어느 것이 좋은가?

⑧ 결과의 검사 방법의 검토: 어떠한 검사 방법이 가장 능률적이고 효과적인 것인가?

이와 함께 측량 기술자가 알아두어야 할 것은 경제성과 정확도를 항상 염두에 두어야 한다. 따라서 이를 위하여 측량방법, 기계작업, 공정 등을 신중히 고려하는 것이 좋다. 측량을 실시하는 데 있어서 소요정확도에 적합한 측량기법과 기기를 사용하는 것이 효율적인 측량방법이다.

제 2 장

위치해석의 기본요소

위치결정 및 해석에 필요한 기본요소 중에서 길이, 각, 시, 좌표계, 투영, 측량원점 및 기준점에 관한 사항만을 다루기로 한다.

1. 길 이

(1) 개 요

"길이" 또는 "거리"는 공간상에 위치한 두 점 간의 상관성을 나타내는 가장 기초적인 양으로서 두 점 간의 1차원 좌표의 차이라 할 수 있다. "거리"는 중력장의 영향을 받는 수평선 내의 양이며 "길이"보다 포괄적으로 두 점 간의 양으로 사용된다. 거리는 평면상, 곡면상, 공간상의 거리로 분류된다.

(2) 평면선형(line on plane)

평면 거리는 평면상의 선형을 경로로 하여 측량한 거리이며, 평면은 중력 방향과의 관계에 따라서 수평면, 수직면, 경사면으로 크게 나눌 수가 있다. 평면상 두 점을 잇는 평면선형은 수평면상의 수평직선(horizontal straight line)과 수평곡선(horizontal curve), 수직면상의 수직직선(vertical straight line)과 수직곡선(vertical curve), 경사면상의 경사직선(slope straight line)과 경사곡선(slope curve)으로 구분할 수 있다.

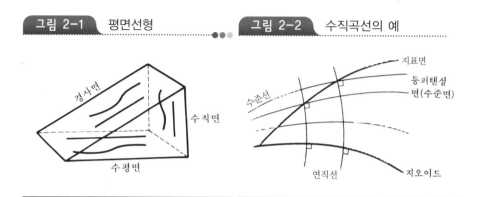

그림 2-1　평면선형

그림 2-2　수직곡선의 예

지구상에서 자연현상 및 인간활동을 지배하는 가장 기초적인 요소로 중력(重力)을 들 수 있으며, 측량에서는 이 중력방향(gravity direction), 즉 연직선(plumb line)과 이에 직교하는 수평방향(horizontal direction)에서의 각과 거리의 요소로서 관측량을 구분하여 관측한다. 지구상의 절대적인 위치결정에 필요한 천문측량 등에서는 엄밀한 중력방향의 설정과 수평면 내에서 정확하게 관측기구를 정치(整置)하는 것이 필수적이지만, 일반적으로 소규모 측량이나 상대적인 값만을 요구하는 공사측량 등에서는 개략적인 연직방향과 수평유지만으로 충분하다.

(3) 곡면선형(line on curved surface)

곡면 거리는 곡면상의 선형(線型)을 경로(經路)로 하여 측량한 거리이며, 곡면의 형태는 무수히 많겠으나 측량에서는 일반적으로 구면(球面)과 타원체면을

그림 2-3　곡면선형

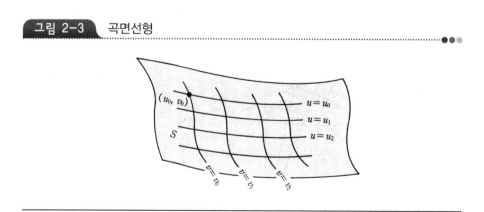

위주로 한다.

(4) 공간선형(line in space)

공간 거리는 공간상의 두 점을 잇는 선형을 경로로 하여 측량한 거리이다. 위성측량(satellite survey)이나 항공기를 매개로 한 공간 삼각측량(space triangulation) 등에서 지상에 있는 다수의 관측점으로부터 목표물까지의 거리를 관측하는 경우, 개개의 관측점과 목표물 사이의 거리는 수직면상의 거리로 간주되나, 이들을 조합하여 일관된 좌표계산에 의한 위치해석을 위해서는 전체 관측점들과 목표물 사이의 3차원 공간상의 선형을 고려할 필요가 있다.

그림 2-4 공간선형

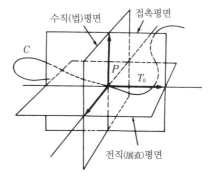

2. 각

(1) 개   요

각측량(角測量)이란 임의점에서 시준한 2점 사이의 낀 각을 구하는 것을 말한다. 〈그림 2-5〉에서 기준이 되는 점이 구의 중심 O인 약 100km 정도의 구에서 A를 시준할 때의 시준선 $\overrightarrow{OA}$가 구면과 만난 점을 A'라 하고, OXY를 수평면, OZ를 수평면에 직교하는 수직축으로 한다. O로부터 A'를 지나 OXY면과 만나는 점을 A''라 할 때 α_H를 수평각, α_V를 고저각, $\angle O'OA'$를 천정각 거리라 한다.

그림 2-5 각 표시법

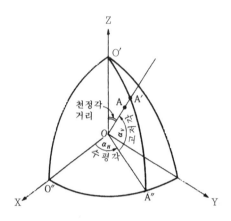

(2) 각의 종류

각은 두 방향선의 차이를 나타내는 양으로, 공간상 한 점의 위치는 지향성을 표시하는 방향과 원점으로부터의 길이로 결정된다.

각은 크게 평면각(plane angle), 곡면각(curved surface angle) 및 공간각(solid angle)으로 구분된다.

그림 2-6 방향과 각

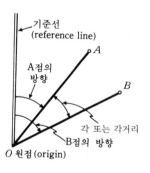

그림 2-7 방향의 표시

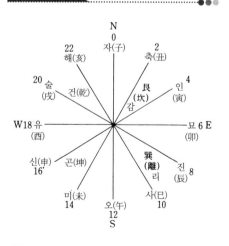

① 평면각

평면각은 평면 삼각법을 기초로 하여 넓지 않은 지역의 상대적 위치결정에 이용되며, 곡면각은 구면 또는 타원체상의 각으로 구면 삼각법을 이용하여 장거리 또는 넓은 지역의 위치결정을 위한 측지측량에 응용되고, 공간상의 입체각은 전파의 확산각도 및 광원의 방사휘도 관측 등에 사용되며 공간각(sr: steradian)으로 규정된다.

수평면 내에서의 수평각은 전관측선(前觀測線)과 다음 관측선(觀測線)과 이루는 교각(交角), 전관측선의 연장과 다음 관측선이 이루는 편각(偏角), 기준선에서 시계방향으로 이루어지는 방향각 등이 있으며, 방향각에서 기준선이 남북 자오선(子午線)일 경우는 방위각(方位角)이 된다. 수직면 내에서의 수직각은 천정각(天頂角) 또는 천정각거리, 천저각(天底角) 또는 천저각거리, 연직각(鉛直角), 경사각, 고저각(상향각, 하향각) 등이 있다.

가) 수평각

수평각은 중력방향과 직교(直交)하는 평면인 수평면 내에서 관측한 각으로 기준선의 설정과 관측방법에 따라 방향각, 방위각, 방위로 구분한다.

수평각은 대개의 경우 자오선(meridian)을 기준으로 하며, 원칙적으로는 진북(眞北) 자오선(true meridian: N)을 사용하는 것이 이상적이나, 편의상 자북(磁北) 자오선(magnetic meridian: MG), 도북(圖北) 자오선(grid meridian: GN), 가상 자오선(assumed meridian) 등을 기준으로 한다.

본서에서는 세로축(NS축)이 X축, 가로축(EW축)이 Y축인 경우, 수학 좌표계와의 혼돈을 피하기 위하여 세로축을 X^N, 가로축을 Y^E로 표기하여 구분함을

| 그림 2-8a 방향각과 방위각 | 그림 2-8b 방향각과 진북방위각 |

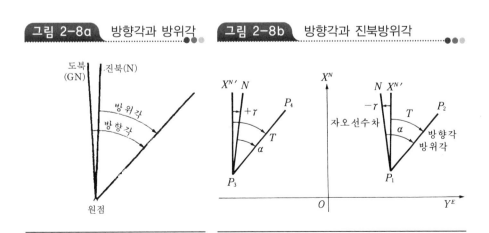

그림 2-9　진북, 자북, 도북의 관계

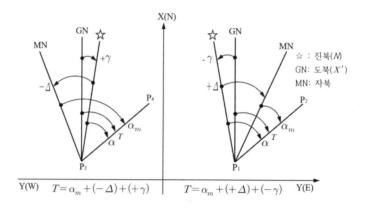

$$T = \alpha_m + (-\Delta) + (+\gamma) \qquad T = \alpha_m + (+\Delta) + (-\gamma)$$

원칙으로 한다. 다만 수식전개 등 복잡한 형태로 전개될 때에는 단순히 X, Y 로 표시한다.

(ㄱ) 방향각

방향각(direction angle)은 도북(X방향 또는 XN)을 기준으로 임의의 축선까지 시계방향으로 잰 수평각이다.

(ㄴ) 방위각

진북 방위각(azimuth)은 진북을 기준으로 잰 수평각이고, 자북 방위각은 자북을 기준으로 잰 수평각이다.

(ㄷ) 자오선수차

진북과 도북의 편차를 자오선 수차(子午線收差, meridian convergence)라 하며, 좌표원점에서는 진북과 도북이 일치하나 동서로 멀어질수록 그 값이 커지게 되어, 관측점이 측량원점의 서편이면 ($\angle X^{N'}P_3N = +r$), 동편이면 ($\angle X^{N'}P_1N = -r$)이 된다.

(ㄹ) 자침편차

진북과 자북의 편차인 자침편차(magnetic declination)는 진북을 기준으로 시계방향을 (+)로 하며, 우리나라는 $4\sim9°\,\mathrm{W}$에 속한다.

방향각을 T, 진북 방위각을 α, 자북 방위각을 α_m, 자오선 수차를 r, 자침편차를 Δ라 하면, 이들 사이의 관계식은

$$T = \alpha + (\pm r) \tag{2.1}$$

$$\alpha = \alpha_m + (\pm \varDelta)$$
$$T = \alpha_m + (\pm \varDelta) + (\pm r)$$

가 된다.

(ㅁ) 역방위각

평판측량에서 두 점 P_1, P_2의 도북과 진북이 일치한다고 할 때, P_1에서 P_2를 관측할 경우의 방위각과 P_2에서 P_1을 관측한 방위각은 $180°$ 차이가 나며, 후자의 경우를 역방위각(reciprocal azimuth)이라 한다. 즉

$$\alpha_2 = \alpha_1 + 180° \tag{2.2}$$

가 되며, 구면일 경우 자오선 수차를 고려하여

$$\alpha_2 = \alpha_1 + 180° + r \tag{2.3}$$

가 된다.

그림 2-10 역방위각

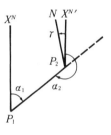

(ㅂ) 방위

방위는 자오선(NS 선)과 관측선 사이의 각으로, $0 \sim 90°$의 각(방위각은 $0 \sim 360°$)으로서 관측선(觀測線)의 방향에 따라 부호를 붙여 몇 상한(象限)의 각인지를 표시한 것이며, 다각측량(多角測量)에서는 어느 관측선의 방위각으로부터 방위를 계산하여 좌표축에 촬영된 길이인 위거(緯距)와 경거(經距)를 구하는 데 이용된다.

(ㅅ) 교각

교각은 전 관측선과 다음 관측선을 이어 이루는 각이다.

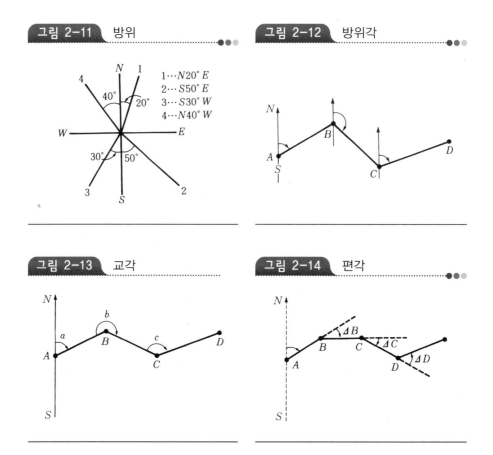

그림 2-11   방위

1···N20° E
2···S50° E
3···S30° W
4···N40° W

그림 2-12   방위각

그림 2-13   교각

그림 2-14   편각

(ㅇ) 편각

편각은 전 관측선의 연장과 다음 관측선을 이어 이루는 각이다.

나) 수직각

수직면에서의 각으로 천정각거리, 고저각, 천저각거리가 있다.

(ㄱ) 천정각거리(zenith distance or zenith angle)

천문측량 등에 주로 이용되는 각으로 연직선 위쪽을 기준으로 목표점까지 내려서 잰 각을 말한다. 천문측량에서는 관측자의 천정(연직상방과 천구의 교점), 천극 및 항성으로 이루어지는 천문삼각형(astronomical triangle)을 해석하는 데 있어서 기본 관측량의 하나로 중요하다.

(ㄴ) 고저각(altitude)

일반측량이나 천문측량의 지평좌표계에서 주로 이용되는 각으로 수평선을

그림 2-15 수직각

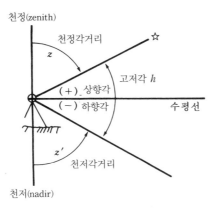

기준으로 목표점까지 올려 잰 각을 상향각(또는 앙각: angle of elevation), 내려 잰 각을 하향각(또는 부각: angle of depression)이라 한다.

(ㄷ) 천저각거리(nadir angle)

항공영상을 이용한 측량에서 많이 이용되는 각으로서 연직선 아래쪽을 기준으로 시준점까지 올려서 잰 각을 말한다.

② **곡면각**(curved surface angle)

대단위 정밀삼각측량이나 천문측량 등에서와 같이 구면 또는 타원체면상의 위치 결정에는 평면삼각법을 적용할 수 없으며 구과량(球過量)이나 구면삼각법의 원리를 적용해야 하며, 이때 곡면각의 특성을 잘 파악해야 한다.

그림 2-16 구면삼각형

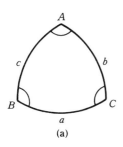

(a)

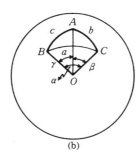

(b)

$\alpha = a/r$, $\beta = b/r$, $\gamma = c/r$
$r = 1$일 때
$\alpha = a$, $\beta = b$, $\gamma = c$

가) 구면삼각형

측량대상지역이 넓을 경우 평면삼각법만에 의한 측량계산에는 오차가 생기므로 곡면각의 성질을 알아야 한다. 측량에서 이용되는 곡면각은 대부분 타원체면이나 구면삼각형(spherical triangle)에 관한 것이다.

구의 중심을 지나는 평면과 구면의 교선을 대원(大圓, great circle)이라 하고, 세변이 대원의 호로 된 삼각형을 구면삼각형이라 한다. 구면삼각형의 세변 길이는 일반적으로 대원호의 중심각과 같은 각거리(angular distance)로 표시한다.

나) 구과량(spherical excess)

구면삼각형 ABC의 세 내각을 A, B, C라 할 때 내각의 합은 180°를 넘으며 이 차이를 구과량이라 한다. 즉, 구과량을 ε이라 하면,

$$A+B+C>180°$$
$$\varepsilon=A+B+C-180° \tag{2.4}$$

이며 구과량은 구면삼각형의 면적 F에 비례하고 구의 반경 r의 제곱에 반비례한다. 즉, $\rho''=1\text{rad}=206265''$일 때

$$\varepsilon''=\frac{F}{r^2}\rho'' \tag{2.5}$$

다) 구면삼각법(spherical trigonometry)

구면삼각형에 관한 삼각법을 구면삼각법이라 한다. 천문측량에서 천극, 천정, 항성의 세 점으로 이루어지는 천문삼각형(celestial triangle)의 해석이나 대지측량에서의 삼각망계산, 지표상 두 점간 대원호 길이 계산 등에 구면삼각법이 적용된다. 구면삼각법의 두 가지 중요한 공식인 sine법칙과 cosine법칙(2변과 1각을 알 때 대변을 구하는 공식)은 다음과 같다.

$$\text{sine법칙:} \quad \frac{\sin a}{\sin A}=\frac{\sin b}{\sin B}=\frac{\sin c}{\sin C} \tag{2.6}$$

$$\text{cosine법칙:} \quad \cos a=\cos b \cos c+\sin b \sin c \cos A \tag{2.7}$$

$$\cos b=\cos c \cos a+\sin c \sin a \cos B \tag{2.8}$$

$$\cos c=\cos a \cos b+\sin a \sin b \cos C \tag{2.9}$$

그림 2-17   스테라디안

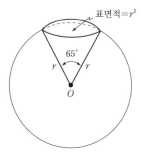

표면적 $=r^2$

$65°$

r r

O

구의 각표면적 $=4\pi sr=5.35\times10''$제곱초

$1sr=1$제곱라디안 $=(57.3도)^2=3283$제곱도

$=(206265초)^2=4.25\times10^{10}$제곱초

③ **공간각**(또는 입체각, solid angle)

평면각의 호도법은 원주상에서 그 반경과 같은 길이의 호를 끊어서 얻은 2개의 반경 사이에 끼는 평면각을 1라디안(radian: rad로 표시)으로 표시한다. 이와 마찬가지로 반지름 r인 단위구 상의 표면적을 구의 중심각으로 나타낼 수 있다. 스테라디안(steradian: sr로 표시)은 공간각의 단위로서 구의 중심을 정점으로 하여 구표면에서 구의 반경을 한 변으로 하는 정사각형의 면적과 같은 면적(r^2)을 갖는 원과 구의 중심이 이루는 공간각을 말한다. 구의 전 표면적은 $4\pi r^2$이므로 전구를 입체각으로는 4π스테라디안으로 나타낼 수 있다. 구의 중심을 지나는 평면상에서 1sr을 나타내는 양 반경 사이의 평면각은 약 $65°$가 된다.

이 스테라디안은 복사도(W/sr), 복사휘도(W/m²·sr), 광속(루멘: 1m=cd·sr)의 관측 등에도 사용된다. 여기서 W는 와트, cd는 칸델라이다.

(3) 각 관 측

① 개   요

각측량용 기기에는 트랜시트(transit), 데오돌라이트(theodolite), 광파종합관측기(TS: Total Station) 등이 있다. 트랜시트는 망원경이 그 수평축의 주위를 회전할 수 있으나, 데오돌라이트는 회전할 수 없고 대개 compass도 장치되어 있지 않다. 각관측에 있어서는 트랜시트보다 데오돌라이트나 TS가 높은 정밀도로 각을 관측할 수 있다. 원래 트랜시트는 미국(정준나사 4개), 데오돌라이트는 유럽(정준나사 3개)에서 사용되어 왔으나 지금은 뚜렷하게 구별되지는 않는다.

　본장에서는 수평각과 수직각관측 방법 및 관측에 따른 오차와 정밀도에 관하여 기술하겠다.

② 수평각관측법

　수평각은 트랜시트, 데오돌라이트, TS 등으로 수평축을 기준하여 교각법, 편각법, 방위각법 등이 있으며 수평각을 관측하는 방법에는 단각법, 배각법, 방향각법 및 조합각관측법(또는 각관측법)의 4종류가 있다. 어느 방법을 사용하느냐 하는 것은 측량의 종류, 소요 정확도 및 사용되는 시간 등에 따라서 결정한다.

① 단각법(〈그림 3-6〉 참조)

　1개의 각을 1회 관측으로 관측하는 방법이며 그 결과는 '나중 읽음값－처음 읽음값'으로 구해진다.

그림 2-18   단각법

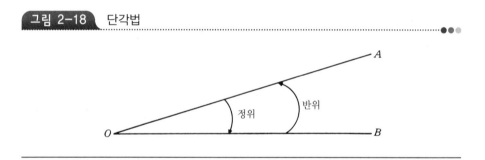

나) 배각법(반복법)

(ㄱ) 방   법

　배각법은 $\angle AOB$를 2회 이상 반복관측하여 관측한 각도를 모두 더하여 평균을 구한다. 이 방법은 아들자의 최소 읽기가 $20''\sim1'$으로 나쁜 눈금의 이중축

그림 2-19   배각법

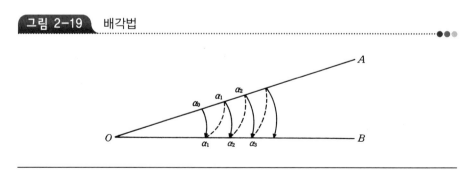

(복축)을 가진 트랜시트에서 그의 이중축을 이용하여 읽기의 정밀도를 높이기 위한 방법이다.

1회 최후의 B를 시준한 때의 눈금이 α_n이라 하면,

$$\angle AOB = \frac{\alpha_n - \alpha_0}{n} \tag{2.10}$$

로 구해진다. 일반적으로 정·반위의 망원경에 쓰이는 방법이다.

(ㄴ) 배각법의 각관측정밀도

i) n 배각의 관측에 있어서 1각에 포함되는 시준오차 m_1은

$$m_1 = \frac{\sqrt{2}\alpha \cdot \sqrt{n}}{n} = \sqrt{\frac{2\alpha^2}{n}} \qquad \text{단, } \alpha : \text{시준오차} \tag{2.11}$$

ii) 읽음 오차 m_2

$$m_2 = \frac{\sqrt{2}\beta}{n} = \frac{\sqrt{2\beta^2}}{n} \qquad \text{단, } \beta : \text{읽기 오차} \tag{2.12}$$

iii) 1각에 생기는 배각관측오차 M

$$M = \pm\sqrt{m_1^2 + m_2^2} = \pm\sqrt{\frac{2}{n}\left(\alpha^2 + \frac{\beta^2}{n}\right)} \tag{2.13}$$

(ㄷ) 배각법의 특징

i) 배각법은 방향각법과 비교하여 읽기 오차 β의 영향을 적게 받는다.

ii) 눈금을 직접 관측할 수 없는 미량의 값을 누적하여 반복횟수로 나누면 세밀한 값을 읽을 수 있다.

iii) 눈금의 불량에 의한 오차를 최소로 하기 위하여 n회의 반복결과가 360°에 가깝게 해야 한다.

iv) 내축과 외축을 이용하므로 내축과 외축의 수직선에 대한 불일치에 의하여 오차가 생기는 경우가 있다.

v) 배각법은 방향수가 적은 경우에는 편리하나 삼각측량과 같이 많은 방향이 있는 경우는 적합하지 않다.

다) 방향각법

(ㄱ) 방   법

이 방법은 어떤 시준방향을 기준(O방향)으로 하여 각 시준방향의 내각을 관측하여 기준방향선에 결합한 경우 최초의 읽기(O방향)와 일치하도록 조절한다. 또 오차가 있는 경우는 각각의 각에 평균분배한다. 그리고 기계적 오차를 제거하기 위해서 정·반의 관측평균값을 취하면 된다.

(ㄴ) 방향각법의 각관측오차

i) 1방향에 생기는 오차 m_1

$$m_1 = \pm\sqrt{\alpha^2 + \beta^2} \qquad \text{단, } \alpha: \text{시준오차}, \ \beta: \text{읽기 오차} \tag{2.14}$$

ii) 각관측(두 방향의 차)의 오차 m_2

$$m_2 = \sqrt{2}\, m_1 = \pm\sqrt{2(\alpha^2 + \beta^2)} \tag{2.15}$$

iii) n회 관측한 평균값에 있어서의 오차 M

$$M = \pm\frac{\sqrt{n}\, m_2}{n} = \pm\frac{m_2}{\sqrt{n}} = \pm\sqrt{\frac{2}{n}(\alpha^2 + \beta^2)} \tag{2.16}$$

라) 조합각관측법(또는 각관측법)

수평각관측법 중 가장 정확한 값을 얻을 수 있는 방법으로 1등 삼각측량에

그림 2-20 방향각법과 조합각관측법

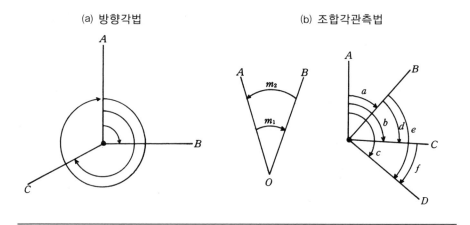

(a) 방향각법   (b) 조합각관측법

이용된다. 관측할 여러 개의 방향선 사이의 각을 차례로 방향각법으로 관측하여 최소제곱법에 의하여 각 각의 최확값을 구한다. 한 점에서 관측할 방향수가 N 일 때 총 각관측수와 조건식수는 다음과 같다.

$$\text{총 각관측수} = N(N-1)/2 \tag{2.17}$$

$$\text{조건식수} = (N-1)(N-2)/2 \tag{2.18}$$

〈그림 2-20〉(b)의 경우에 방향수 $N=4$이므로 총 각관측수=6, 조건식수 =3이다.

③ 수직각관측법

수직각은 망원경을 트랜싯이나 각관측기 등의 수평축 주위로 회전하여 수 직분도원상에서 읽어서 관측한다. 수준기의 기포가 수평을 나타낼 때 망원경의 수평방향이 수평이 되지 않으면 수직각의 관측정밀도는 낮아진다. 수직분도원의 시준선방향은 천정각거리 관측용 기계에서는 90° 및 270°, 고저각관측용 기계 에서는 0° 및 180°로 되어 있다.

가) 천정각거리의 관측

트랜시트의 고도눈금은 우회(右回)로 0°~360°까지의 눈금으로 되어 있고 망 원경이 수평일 때 아들자의 지표가 90°와 270°를 가리키고 0~90°까지 좌우의 눈금으로 되어 망원경을 수평으로 할 때, 아들자가 0°를 가리키게 된다. 대부분 의 트랜시트는 아들자가 하나인 것이 많으나 정밀한 기계에는 아들자가 2개 있 다. 수직각의 관측은 수평각과 똑같이 망원경 정반의 관측을 실시하고 기계오차 를 소거한다.

목표를 시준할 때는 십자횡선에 대하여 정확히 목표를 맞추면 고도 기포관 의 기포를 정확히 중앙으로 하여 눈금을 읽지 않으면 안 된다. 눈금 0°~360°의 것을 사용하여 관측한 정반(正反)의 관측값과 천정각거리의 관계는 다음과 같다. 망원경은 90°, 270°를 이은 선에 일치된 경우 목표를 시준(視準)하고 망원경을 수평축 주위로 회전하면 분도원도 한 번 회전하며 아들자 A의 눈금을 읽는다. 그러나 망원경의 장치가 정확히 90°의 선에 일치하지 않으므로 오차 c를 가지며 또 아들자의 위치도 오차 n을 갖는다고 생각하지 않으면 안 된다.

이 경우 망원경 정위(正位)의 관측값을 r, 반위(反位)의 관측값을 l로 하여 구한 천정각거리 Z와의 관계는 〈그림 2-21〉에서

$$\text{정위:}\ 90° - Z = 90° - r + c - n \tag{2.19}$$

그림 2-21

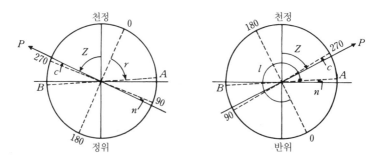

반위: $90° - Z = l - 270° - c + n$ (2.20)

양식을 더함으로써

$$2Z = r - l$$

망원경 정위의 관측값에서 반위의 관측값을 빼는 것은 c, n의 양오차를 소거하여 천정각거리의 2배각을 얻는다. 그러므로 구하려는 천정각거리는

$$Z = \frac{1}{2}(r - l) \qquad (2.21)$$

눈금이 왼쪽방향으로 둥글게 새긴 것, 또는 정위, 반위의 눈금이 〈그림 2-21〉과 반대로 붙어 있는 경우에는

$$Z = \frac{1}{2}(l - r) \qquad (2.22)$$

로 되므로 사용기계는 미리 점검하지 않으면 안 된다.

나) 고도상수

식 (2.19)와 (2.20)과의 차로부터

$$r + l = 360° + 2(c - n) = 360° + K \qquad (2.23)$$

$2(c - n) = K$는 고도상수(또는 영점오차)라 말하고 이 기계에 있어서는 상수로 되

그림 2-22 단각법의 각오차 ●●●

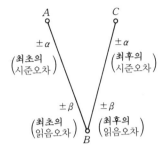

며 눈금의 원근이나 고저에 관계되지 않으므로 천정각거리관측의 양부판정에 사용된다.

또 망원경을 수평으로 할 때 아들자가 0°를 가리키는 것은

$$r+l=180°+K \tag{2.24}$$

로 된다.

(4) 각의 관측단위

① 도(degree)

60진법에 의하여 표시하는 것으로, 원주(圓周)를 360의 눈금으로 등분하여 눈금 하나가 만드는 중심각을 1도라고 하며 이것을 다시 60등분한 것을 1분, 이것을 다시 60등분한 것을 1초라고 한다.

즉, 원$=360°$, $1°=60'$, $1'=60''$, $\therefore 1°=60'=3,600''$

② 그레이드(grade)

100진법을 사용하는 것으로 원주를 400등분한 호(弧)에 대한 중심각으로 그레이드(grade)라고 한다.

$$1^g=\frac{360°}{400}=0.9°=54' \qquad 1^{직각}(90°)=100^g$$

1^g(그레이드 $grade$)$=100c$(센티그레이드 $centi-grade$)

$1c$(센티그레이드)$=100cc$(센티센티그레이드 $centi-centigrade$)

이 각의 단위는 영상탐측(또는 사진측량)의 경사단위로 또한 유럽에서 각의 단위로 많이 사용한다.

③ **호도(弧度)와 각도(角度)**

1 radian: 반경 R과 호의 길이를 R로 같게 했을 때 그 중심각을 1라디안(radian)이라 한다. 1개의 원에 있어서 중심각과 그것에 대한 호(弧)의 길이는 서로 비례하므로 반경 R과 같은 길이의 호(弧) AB를 잡고 이것에 대한 중심각을 ρ°로 하면

$$\frac{R}{2\pi R} = \frac{\rho^\circ}{360^\circ}$$

$$\therefore \ \rho^\circ = \frac{360^\circ R}{2\pi R} = \frac{180^\circ}{\pi} = 57.29578^\circ \tag{2.25}$$

이 ρ는 반경 R에 관계없이 정수에 의해서만 결정되므로 이것을 각(角)의 단위로 하여 라디안(radian, 弧度)이라 부른다.

$$\pi = 3.14159265$$

$$\rho^\circ = \frac{180^\circ}{\pi} = 57.29578^\circ$$

$$\rho' = \frac{180^\circ \times 60'}{\pi} = 3437.7468'$$

그림 2-23

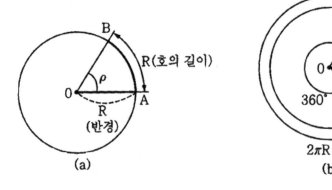

R(호의 길이)

(a)

360° (반경)

$2\pi R$

(b)

$$\rho'' = \frac{180° \times 60' \times 60''}{\pi} = 206264.806''$$

$$\therefore 1\,radian = 57.2958° = 57°17'45'' = 206265'' \tag{2.26}$$

3. 시(時, time)

(1) 시(時)의 종류

① 항성시[(Local) Sidereal Time: LST 또는 ST]

1항성일(sidereal day)은 춘분점이 연속해서 같은 자오선을 두 번 통과하는데 걸리는 시간이다(23시간 56분 4초). 이 항성일을 24등분하면 항성시(恒星時)가 된다. 즉 춘분점을 기준으로 관측된 시간을 항성시라고 한다. 항성시는 그 지방의 경도에 따라 다르므로 지방시(地方時, LT: Local Time)라고도 한다.

② 태양시(solar time)

지구에서의 시간법은 태양의 위치를 기준으로 한다.

가) 시태양시(apparent time)

춘분점 대신 시태양(視太陽, apparent sun)을 사용한 항성시이며 태양의 시간각(hour angle)에 12시간을 더한 것으로 하루의 기점은 자정이 된다.

$$시태양시 = 태양의 \ 시간각 + 12^h \tag{2.27}$$

태양의 연주운동은 그 각도가 고르지 않기 때문에 태양의 시간각은 정확하게 시간에 비례하지 않으므로 시태양시는 고르지 못하고 시태양일(apparent solar day)의 길이도 연중 일정하지가 않다.

나) 평균태양시[mean solar time: (local) civil time, LMT(Local Mean Time)]

시태양시의 불편을 없애기 위하여 천구 적도상을 1년간 일정한 평균각속도로 동쪽으로 운행하는 가상적인 태양, 즉 평균태양(mean sun)의 시간각으로 평균태양시를 정의하며 이것이 우리가 쓰는 상용시(civil time)이다. 평균태양일(mean solar day)은 항상 1/365.2564년이다.

③ 세계시(Universal Time: UT, GCT, GMT)[1]

가) 지방시와 표준시[LST(Local Sidereal Time) and standard time]

천체를 관측해서 결정되는 시(항성시, 평균태양시)는 그 시점의 자오선마다

---

1) GCT=Greenwich Civil Time, GMT=Greenwich Mean Time

다르므로 이를 지방시라 한다. 지방시를 직접 사용하면 불편하므로 이러한 곤란을 해결하기 위하여 경도 15° 간격으로 전 세계에 24개의 시간대(time zone)를 정하고, 각 경도대 내의 모든 지점을 동일한 시간을 사용하도록 하는데 이를 표준시라 한다. 우리나라 표준시는 동경 135°를 기준으로 하고 있다.

　나) 세계시

　표준시의 세계적인 표준시간대는 경도 0°인 영국의 Greenwich를 중심으로 하며, Greenwich 자오선에 대한 평균태양시(Greenwich 표준시)를 세계시라 한다.

　한편 지구의 자전운동은 극운동(자전축이 하루 중에도 순간적으로 변화하는 것)과 계절적 변화(연주변화와 반연주변화)의 영향으로 항상 균일한 것은 아니다. 이러한 영향을 고려하지 않은 세계시를 $UT0$, 극운동으로 생기는 천구에 대한 각각의 경도값의 변화량 $\Delta\lambda$를 고려한 것을 $UT1$, 계절적 변화의 수정값 Δs를 $UT1$에 고려한 것을 $UT2$라 한다. 이들 사이의 관계는 다음과 같다.

$$UT2 = UT1 + \Delta s = UT0 + \Delta\lambda + \Delta s \tag{2.28}$$

　④ 역표시(曆表時, ET: Ephemeris Time)

　태양계에 있는 천체의 위치를 예측하기 위한 천체역학에서는 일정한 속도로 꾸준히 계속되는 시간의 기준이 필요하여 역표시를 사용한다. 지구는 자전운동뿐 아니라 공전운동도 불균일하므로 이러한 영향 ΔT를 고려하여 균일하게 만들어 사용하는 것을 역표시라 한다.

$$ET = UT2 + \Delta T \tag{2.29}$$

　역표시에서는 1900년 초(1899년 12월 31일 정오)에 태양의 기하학적 평균황경이 $279°41'48.04''$인 순간을 1900년 1월 0일 12^h ET로 한다.

4. 측량의 좌표계 및 좌표의 투영

　위치는 공간상에서 대상이 어느 계(系)에서 다른 대상과 어떤 기하학적 상관관계를 갖는가를 의미하는 것으로 이 때 어느 계의 기준이 되는 고유한 1점을 원점(origin), 매개가 되는 실수를 좌표(coordinate) 또는 좌표계라 한다.

(1) 차원별 좌표계

좌표계(coordinate system)에는 1차원 좌표계, 2차원 좌표계(평면직교좌표, 평면사교 좌표, 2차원극좌표, 원·방사선좌표, 원·원좌교, 쌍곡선·쌍곡선좌표), 3차원 좌표계(3차원직교좌표, 3차원사교좌표, 원주좌표, 구면좌표, 3차원직교곡선좌표) 등이 있다.

① 1차원 좌표계(one-dimensional coordinate)

1차원 좌표는 주로 직선과 같은 1차원 선형에 있어서 점의 위치를 표시하는 데 쓰인다. 예를 들면, 직선상을 등속운동하는 물체를 생각할 때 어느 시점에서 이 물체의 위치는 기준점으로부터의 거리로 표시되며 이것은 시간과 속도의 함수로 나타낼 수 있다.

② 2차원 좌표계(two-dimensional coordinate)

가) 평면직교좌표(plane rectangular coordinate)

평면 위의 한 점 O를 원점으로 정하고, O를 지나고 서로 직교하는 두 수직직선 XX', YY'을 좌표축으로 삼는다. 평면상의 한 점 P 위의 위치는 P를 지나며 X, Y축에 평행한 두 직선이 X, Y축과 만나는 P' 및 P''의 좌표축상 $OP''=x$, $OP''=y$로 나타낼 수 있다. 즉 평면상 한 점 위치는 두 개의 실수의 순서쌍 (x, y)에 대응하며, 역으로 순서쌍 (x, y)가 주어지면 두 좌표축으로부터 P의 위치가 평면상에 결정된다.

② 평면사교좌표(plane oblique coordinate)

평면상 한 점의 위치를 표시하기 위해서 서로 교차하는 두 개의 수치직선

그림 2-24 평면직교좌표와 평면사교좌표

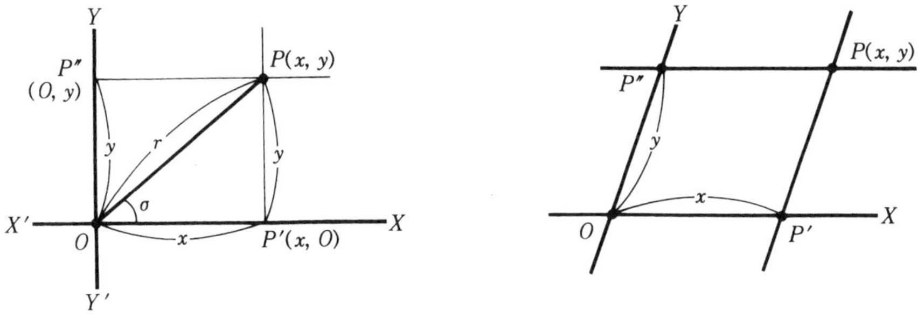

을 좌표축으로 도입한다. 〈그림 2-24〉에서와 같이 평면상에서 교차하는 두 개의 수직직선을 각각 X, Y 좌표축으로 잡고 그 교점 O를 원점으로 한다. 평면상 한 점 P를 지나고 Y축에 평행한 직선이 X축과 만나는 점을 P', P를 지나고 X축에 평행한 직선이 Y축과 만나는 점을 P''이라 하면 P점의 위치는 두 좌표축상에 투영된 두 점 P', P''의 1차원좌표 x, y를 조합하여 표시할 수 있다. 따라서 평면상 한 점 P의 위치는 두 개의 실수의 순서쌍 (x, y)에 대응하며, 역으로 실수의 순서쌍 (x, y)가 주어지면 확정된 원점과 두 좌표축으로부터 한 점 P의 위치가 평면상에 결정된다.

다) 2차원극좌표(plane polar coordinate)

2차원극좌표는 평면상 한 점과 원점을 연결한 선분의 길이와 원점을 지나는 기준선과 그 선분이 이루는 각으로 표현되는 좌표이다.

평면직교좌표와 2차원극좌표는 다음과 같은 관계가 성립된다.

$$r=\sqrt{x^2+y^2}, \quad \theta=\tan^{-1}\left(\frac{y}{x}\right)$$
$$x=r\cos\theta, \quad y=r\sin\theta \tag{2.30}$$

그림 2-25 2차원극좌표 ●●●

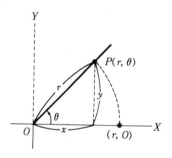

라) 원 · 방사선좌표

원점 O를 중심으로 하는 동심원과 원점을 지나는 방사선을 좌표선으로 하는 좌표로서 각 좌표선이 되는 원과 방사선은 평면상 모든 곳에서 서로 직교하므로 이 좌표계는 일종의 평면직교좌표계를 형성한다. 이 좌표계는 레이더탐지에 의한 물체의 위치표시나 지도투영에서 쓰인다.

그림 2-26 원·방사선좌표

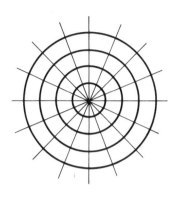

마) 원·원좌표

한 점을 중심으로 하는 동심원과 또 다른 동심원은 좌표선으로 하는 좌표계에 의한 좌표이다. 각 좌표선은 한 정점으로부터 등거리인 위치선으로서 원을 이루고 좌표선 간의 간격은 일정하다. 한 점의 위치는 두 개의 원호의 교점으로 결정되며 그 좌표는 한 정점에서의 거리 r_a와 다른 정점에서의 r_b에 의해 (r_a, r_b)로 표시될 수 있다. 이 좌표계는 주로 중단거리용인 Raydist 등의 원호방식에 응용된다.

그림 2-27 원·원좌표

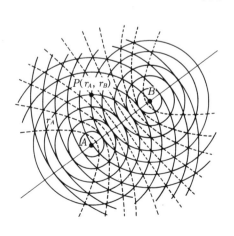

그림 2-28 쌍곡선·쌍곡선좌표

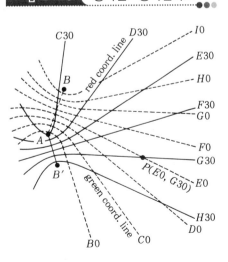

바) 쌍곡선 · 쌍곡선좌표

두 정점을 초점으로 하는 하나의 쌍곡선군과 또 다른 두 정점에 의한 쌍곡선군을 좌표선으로 하며, 좌표선 간의 간격은 원점에서 멀어질수록 커지고 좌표선들은 서로 사교하므로 위치결정의 정확도는 거리에 비례하여 낮아진다. 이 좌표계는 전자기파측량에서 주로 장거리용인 LORAN, DECCA 등의 쌍곡선방식에 응용된다. 이 경우 쌍곡선인 위치선마다 고유번호를 부여하고 두 개의 쌍곡선군을 적·녹으로 구분하면 한 점의 위치는 녹색위치선 L_G 및 적색위치선 L_R에 의한 좌표 (L_G, L_R)로 표시된다.

③ 3차원 좌표계(three-dimensional coordinate)

가) 3차원직교좌표(three-dimensional rectangular or cartesian coordinate)

3차원직교좌표계는 공간의 위치를 나타내는데 가장 기본적으로 사용되는 좌표계로서 평면직교좌표계를 확장해서 생각하며, 서로 직교하는 세 축 OX, OY, OZ로 이루어진다.

$$\rho = \sqrt{x^2 + y^2 + y^2}$$
$$\cos^2\alpha + \cos^2\beta + \cos^2\gamma = \frac{x^2}{\rho^2} + \frac{y^2}{\rho^2} + \frac{z^2}{\rho^2} = 1 \qquad (2.31)$$

그림 2-29 3차원직교좌표

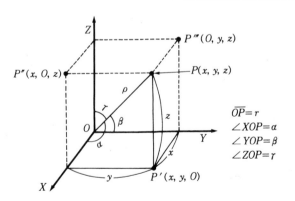

나) 3차원사교좌표(three-dimensional oblique coordinate)

공간에 한 점 O를 원점으로 정하고, O를 지나며 서로 직교하지 않는 세 평면상에서 O를 지나는 세 개의 수치직선 XOX', YOY', ZOZ'를 좌표축으로

그림 2-30 3차원사교좌표

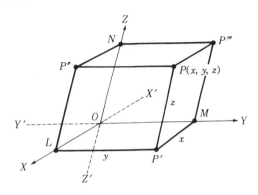

잡는다. OX, OY, OZ를 양의 반직선으로 하는 좌표계를 도입하면 공간상 한 점 P에 대하여 세 개의 실수의 순서쌍이 대응된다. 이 대응을 3차원공간에서의 사교(또는 평행) 좌표계라 한다.

다) **원주좌표**(cylindrical coordinate)

공간에서 점의 위치를 표시하는데 원주좌표가 종종 편리하게 쓰인다. 원주좌표에서는 평면 $z=0$ 위의 (x, y) 대신 극좌표(r, θ)를 사용한다.

원주좌표와 3차원직교좌표 사이에는 다음과 같은 관계가 성립된다.

그림 2-31 원주좌표

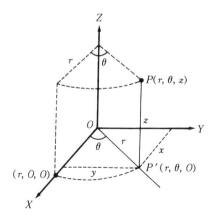

$$r=\sqrt{x^2+y^2}, \quad \theta=\tan^{-1}(\frac{y}{x}), \quad z=z$$
$$x=r\cos\theta, \quad y=r\sin\theta, \quad z=z \tag{2.32}$$

라) 구면좌표(spherical coordinate)

구면좌표는 원점을 중심으로 대칭일 때 유용하다. 구면좌표에서는 하나의 길이와 두 개의 각으로 공간상 위치를 나타낸다.

3차원직교좌표, 원주좌표, 구면좌표 사이에는 다음 관계가 있다.

$$\begin{pmatrix} x \\ y \\ z \end{pmatrix}=\begin{pmatrix} r\cos\theta \\ r\sin\theta \\ z \end{pmatrix}, \quad \begin{pmatrix} r \\ \theta \\ z \end{pmatrix}=\begin{pmatrix} \rho\sin\phi \\ \theta \\ \rho\cos\phi \end{pmatrix}, \quad \begin{pmatrix} x \\ y \\ z \end{pmatrix}=\begin{pmatrix} r\cos\theta \\ r\sin\theta \\ z \end{pmatrix} \tag{2.33}$$

(2) 지구좌표계

① 지구형상

지구형상은 물리적 지표면(육지나 해양 등이 자연상태의 지표면), 지오이드(중력의 등포텐셜면), 회전타원체(수학적으로 계산을 유효하게 수행하기 위하여 간단히 정의되는 타원체), 수학적 지표면(중력장에 의한 지표면을 수학적으로 표시하는 텔루로이드, 의사지오이드 등의 수학적 지표면)으로 크게 구분한다.

한 타원체의 주축을 회전하여 생기는 입체를 회전타원체라 한다. 지구는 단축을 주위로 회전하는 타원체로 실제 지구의 부피와 모양에 가장 가까운 것으로 규정하고 있다. 이 회전타원체를 지구타원체라 한다. 지구타원체는 기하학적 타원체로 굴곡이 없는 매끈한 면으로 지구의 부피, 표면적, 반경, 표준중력, 삼각측량, 경위도측량, 지도제작 등에 기준으로 한다.

② 지오이드(geoid)

지구타원체는 지표의 기복과 지하물질의 밀도차가 없다고 생각한 것이므로 실제 지구와 차가 너무 커서 좀 더 지구에 가까운 모양을 정할 필요가 있다. 지구타원체를 기하학적으로 정의한 데 비하여 지오이드는 중력장이론에 따라 물리학적으로 정의한다. 지구표면의 대부분은 바다가 점유하고 있다. 정지된 평균해수면(mean sea level)을 육지까지 연장하여 지구 전체를 둘러쌌다고 가상한 곡면을 지오이드라 한다. 지오이드면은 평균해수면과 일치하는 등퍼텐셜면으로 일종의 수면이라 할 수 있으므로 어느 점에서의 중력방향은 이 면에 수직이며, 주변지형의 영향이나 국부적인 지각밀도의 불균일로 인하여 타원체면에 대하여 다

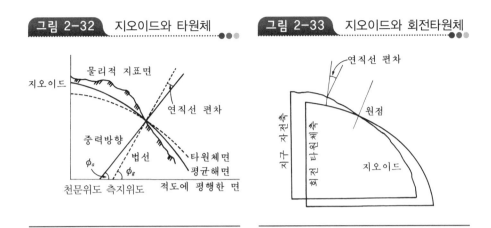

그림 2-32 지오이드와 타원체

그림 2-33 지오이드와 회전타원체

소의 기복이 있는(최대 수십 m) 불규칙한 면으로 간단한 수식으로는 표시할 수 없다. 고저측량은 지오이드면을 표고 0으로 하여 측량한다. 따라서 지오이드면은 높이가 0m이므로 위치에너지($E=mgh$)가 0이다. 일반적으로 지구상 어느 한 점에서 타원체의 수직선과 지오이드의 수직선은 일치하지 않게 되며 두 수직선의 차, 즉 수직선편차(또는 연직선편차)가 생긴다. 지오이드면은 대륙에서는 지오이드면 위에 있는 지각의 인력 때문에 지구타원체보다 높으며, 해양에서는 지구타원체보다 낮다.

③ 경위도좌표

지구상 절대적 위치를 표시하는데 일반적으로 가장 널리 쓰이는 곡면상의 좌표이다. 어느 지점의 경도는 본초자오선으로부터 적도를 따라 그 지점의 자오선까지 잰 최소각거리로 동, 서쪽으로 0°에서 180°까지 잰다. 한편 위도는 자오선을 따라 적도에서 어느 지점까지 관측한 최소각거리로써 남·북쪽으로 0°에서 90°까지 관측한다.

기본측량과 공공측량에 있어서 기준타원체(또는 준거타원체)에 대한 지점위치를 경도, 위도 및 평균해수면에서부터의 높이로 표시한 것을 측지측량좌표(〈그림 2-34〉 참조)라 부르는데, 일반적으로는 지리좌표라 말한다.

경도는 본초자오선(그리니치 천문대를 통과하는 자오선)을 기준으로 하여, 어떤 지점을 지나는 자오선까지의 각거리 λ로 표시하고, 위도는 어떤 지점에서 기준타원체에 내린 수직선[또는 법선(法線)]이 적도면과 이루는 각 ϕ로 표시한다. 천문학적으로 관측한 위도는 그 지점에서 연직선, 즉 지오이드를 기준하여 내린 수직선이 적도면과 이루는 각이며 측지위도는 기준(또는 준거)타원체를 기준하여

그림 2-34

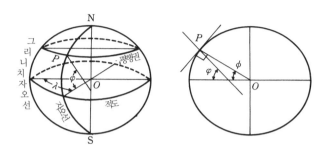

내린 수직선이 적도면과 이루는 각이다. 기준이 다른 면(타원체, 지오이드면)에 내린 연직선으로 인하여 연직선 편차가 발생한다. 기준(또는 준거)타원체를 기준으로 한 경우를 측지경위도(geodetic longitude and latitude), 지오이드를 기준으로 한 경우를 천문경위도(astronomic longitude and latitude)라 한다.

또 경위도 원점값은 천문측량에 의해 정해지므로 천문경위도이지만 기준타원체상의 측지 제점에 관해서는 측지경위도로 간주한다.

측량의 목적, 지역의 광협, 측량의 정확도 등에 따라서 지구를 구로 보고 그 표면상에서 지점의 위치를 표시하는 경우가 많다.

이 경우 구의 반경은 주로 다음 식으로 표시되는 평균 곡률반경을 이용하고 있다.

평균 곡률반경: $r=\sqrt{R_m N}$ (2.34)

단, R_m: 자오선의 곡률반경

N: 횡(묘유선방향)의 곡률반경

④ 평면직교좌표

측량범위가 크지 않은 일반측량에서는 평면직교 좌표가 널리 사용된다. 평면직교 좌표에서는 측량지역에 1점을 택하여 좌표원점으로 정하고 그 평면상에서 원점을 지나는 자오선을 X축, 동서방향을 Y축으로 하며, 각 지점의 위치는 평면상의 직교좌표값, X, Y로 표시된다.

⑤ UTM좌표계(Universal Transverse Mercator coordinate)

UTM 투영법에 의하여 표현되는 좌표계로서 적도를 횡축, 자오선을 종축으로 한다. 이 방법은 지구를 회전타원체로 보고 지구 전체를 경도 6°씩 60개의 구역으로 나누고 그 각 종대의 중앙자오선과 적도의 교점을 원점으로 하여 횡메르카토르 투영법으로 등각투영한다. 각 종대에는 $180°W$ 자오선에서 동쪽으로 $6°$간격으로 1부터 60까지 번호를 붙인다. 종대에서 위도는 남·북에 $80°$까지만 포함시키며 다시 $8°$간격으로 20구역으로 나누어 C에서 X까지(단 I와 O는 제외) 20개의 알파벳문자로 표시한다. UTM 좌표에서 거리단위는 m 단위로 표시하며 종좌표에서는 N을, 횡좌표에는 E를 붙인다.

⑥ **UPS좌표계**(Universal Polar Stereographic coordinate)

UPS 좌표는 위도 $80°$ 이상의 양극지역의 좌표를 표시하는 데 사용한다. UPS 좌표는 극심입체 투영법에 의한 것이며 UTM 좌표의 투영법과 같은 특징을 가진다. 이 좌표계는 양극을 원점으로 하는 평면직교 좌표계를 사용하며, 거리좌표는 m 단위로 나타낸다.

⑦ **3차원직교좌표계**(three-dimensional or space cartesian coordinate)

3차원직교좌표의 원점은 지구중심이고, 적도면상에 X 및 Y축을 잡고, 지구의 극축을 Z축으로 한다. 인공위성이나 관측용 장비에 의한 천체를 관측할 경우 측량망 결합에 이용된다.

(3) 세계측지측량기준계

나라마다 다른 국가기준계로부터 얻은 위치정보는 대규모 지역에 대해서는 요구를 충족시킬 수 없으므로 하나의 통합된 측지측량기준계가 필요하게 되었다.

세계측지측량기준계(WGS: World Geodetic System)는 다음과 같다.

WGS(1960)는 미 국방성에서 전세계에 대하여 하나의 통일된 좌표계를 사용할 수 있도록 만든 지심좌표계로서 당시에 이용할 수 있었던 모든 중력, 천문측량 등의 관측자료를 종합하여 결정되었다.

WGS(1966)는 확장된 삼각망과 삼변망 도플러 및 광학위성자료를 적용하여 정하였으며 WGS(1972)는 도플러 및 광학위성자료, 표면중력측량, 삼각 및 삼변측량, 고정밀 트래버스, 천문측량 등으로부터 얻은 새로운 자료와 발달된 전산기와 정보처리기법을 이용하여 결정하였다. WGS(1984)는 WGS72를 개량하여 지구질량중심을 원점으로 하는 좌표체계로, GRS 80(Geodetic Reference System, 1980)은 IUGG/IGA 제17차 총회(1979)에서 새로이 제정된 것으로 우리나라의 측량 기준의 기준 타원체로 채택하고 있다.

■■ 표 2-1 타원체별 제원

구분	벳셀	GRS80	WGS84
장반경(a)	6,377,397.155m	6,378,137m	6,378,137m
편평률(f)	1/299.152813	1/298.257222	1/298.257223

(4) 국제지구기준좌표계(ITRF)

국제지구회전관측연구부(IERS)[2]에서 설정한 국제지구기준좌표계(ITRF)는 IERS Terrestrial Reference Frame의 약자로 국제지구회전관측연구부라는 국제기관이 제정한 3차원국제지심직교좌표계이다. 세계 각국의 VLBI, GPS, SLR 등의 관측 자료를 종합해서 해석한 결과에 의거하고 있다.

IERS는 국제시보국(BIH: Bureau International De L'euve)의 지구회전부문과 국제극운동연구부(IPMS)[3]를 종합해서 1988년에 설립되었다. ITRF는 좌표원점을 지구중심(대기를 포함)으로 한 지구중심계이며, ITRF에서 위도와 경도가 필요할 때는 GRS80을 이용할 수 있다. 1996년에 WGS84가 ITRF의 구축에 이용되고 있는 지구동력학에 대한 국제 GPS 사업(IGS)[4]의 관측자료를 이용하여 조정한 후부터 ITRF와 WGS84의 차이는 cm단위로 접근하게 되었다.

ITRF는 IERS에서 제공하고 있는 지구중심의 국제기준계이며, IERS는 1987년 국제천문학연합인 IAU[5]와 국제측지·지구물리학연합인 IUGG[6]에 의하여 공동으로 설립된 기구로서 초장기선간섭계(VLBI),[7] SLR(Satellite Laser Ranging) 등의 관측에 의하여 결정된 값이다. ITRF는 현제 국제시보국의 BTS(BIH Terrestrial System)을 승계하고 있으며 WGS84보다 더 정확한 기준계로서 각국에서 사용되고 있다.

GPS위성의 궤도정보에 대한 정확도가 관측정확도에 큰 영향을 미치므로 위성추적관제국(Terrestrial System)을 통한 정밀력(ephemeris)의 제공이 필요

2) IERS: International Earth Rotation Service
3) IPMS: International Polar Motion Service
4) IGS: International GPS Geodynamics Service or International GPS Service for Geodynamics
5) IAU: International Astronomical Union
6) IUGG: International Union of Geodesy and Geophysics
7) VLBI: Very Long Baseline Interferometry

하다. GPS의 정밀력은 미국 국방성의 NIMA[8]에서 관장하고 있다. 또한 IGS 와 국제협동 GPS망(CIGNET)[9]은 전 지구에 걸쳐 실시되고 있는 민간의 GPS 위성 궤도추적을 위한 망이다.

IGS는 1991년에 IUGG 산하기구인 국제측지학협회(IAG)[10]에서 제안한 것으로서 연속추적을 위한 주된 관측망과 보다 많은 수의 기점망으로 구성하고 있다.

CIGNET는 1992년에 운용된 약 20점의 추적국으로 구성되며 미국 NGS(National Geodetic Survey)에서 관장하고 있는 민간용 추적체계이다. 국가기본망의 구축을 위해서는 먼저 국제적인 ITRF/IGS와 관련되는 대륙망이 결정되어야 하며 구성이 곤란한 경우는 국제적인 VLBI/SLR 관측점을 활용하는 것이 필요하다.

(5) 좌표의 투영(projection for coordinates)

엄격히 표현하면 지표면은 평면이 아닌 구면이다. 삼각측량의 경우에도 삼등 삼각측량 이하와 같이 거리가 짧을 때는 곡면이란 것을 생각지 않아도 되지만 일등, 이등 삼각측량과 같이 1변의 거리가 길게 되고 범위가 넓게 되면 지구의 곡률을 고려하지 않으면 안 되게 된다. 이와 같이 하여 둥근 지구 표면의 일부에 국한하여 얻어진 측량의 결과를 평탄한 종이 위에 어떤 모양으로 표시할 수 있겠는가 하는 문제를 취급하는 것이 투영법(投影法)이다.

투영법에는 그 지도를 사용하는 목적에 따라 여러 가지 방법이 있다. 그러나 어떤 방법이든 지구를 평면으로 표시하는 이상 무리가 일어나는 것은 당연하므로 어디에서도 비틀어짐이 생기지 않게 평면상에 표시할 수는 없다. 그러므로 지구면의 형상을 정확히 표시할 수 있는 것으로서는 지구의밖에는 없다. 그러나 지구 전체를 1/50,000로 축소한 지구의를 만들어 이를 이용하는 것은 더욱 곤란하다. 그래서 지금 이와 같은 지구의가 되었다고 하고 그 표면을 충분히 평면으로 간주할 수가 있을 정도로 좁은 간격의 자오선과 평행하게 잘라 본다. 그리고 그 1편을 1장의 지도로 하면 그 지도를 충분히 정확한 지구의 표면을 축도한 것으로 할 수 있다. 이와 같이 하여 지도를 만드는 방법을 다면체투영법이라 한다(〈그림 2-35〉 참조).

같은 경도차라 하여도 위도가 변하면 그 평행권의 길이가 변한다. 따라서

---

8) NIMA: National Imagery and Mapping Agency
9) CIGNET: Coorperative International GPS Network
10) IAG: International Association of Geodesy

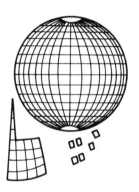

그림 2-35 다면체투영법

다면체투영법에 의한 지도는 사각형이 아니고 등각의 사다리꼴로 되고 또 1장의 지도에 포함되는 면적도 남과 북이 다르게 된다. 이것을 순서대로 붙여 나가면 이음이 차차 둥글어져 구형이 될 것이다.

현재 발행되고 있는 지형도는 〈표 2-2〉과 같은 표준에 의하여 1장의 지형도가 되고 있다.

지구의 투영법으로서는 다면체투영법 외에 메르카토르법(경선은 경도차에 따른 등간격의 평행직선이고 위선은 그것에 직교하는 직선으로 표현한다. 두 지점 간의 등각항로가 항상 직선이므로 방위각이 올바로 표시된다. 해도의 투영법으로서 중요하다), 본느법(면적을 똑같이 나타내도록 한 도법), 도레미법(각 경선상에서는 거리가 옳게 나타난다) 등 목적에 의하여 여러 방법이 사용된다. 횡원통도법(transverse cylindrical projection)은 적도에 지구와 원통을 접하여 투영하는 것으로 대표적인 방법은 다음과 같다.

■■ 표 2-2 국가기준계의 특징

축 척	경 도 차	위 도 차
1/5,000	1′30″	1′30″
1/25,000	7′30″	7′30″
1/50,000	15′	15′

① **가우스 이중투영**(Gauss double projection)

가) 지구를 원으로 가정하여 타원체에서 구체로 등각투영하고 이 구체로부터 평면으로 등각횡원통 투영하는 방법이다.

나) 소축척지도에서는 지구 전체를 구에 투영하고 대축척지도에서는 지구의 일부를 구에 투영한다.

다) 우리나라 지적도 제작에 이용하고 있다.

② **가우스-크뤼거도법**(Gauss-Krügers projection)

가) 회전타원체로부터 직접 평면으로 횡축등각원통도법에 의해 투영하는 방법으로 횡메르카토르도법(TM: Transverse Mercator projection)이라고도 한다.

나) 원점은 적도상에 놓고 중앙경선을 X축, 적도를 Y축으로 한 투영으로 축상에서는 지구상의 거리와 같다.

다) 투영범위는 중앙경선으로부터 넓지 않은 범위에 한정한다.

라) 투영식은 타원체를 평면의 등각투영이론에 적용하여 구할 수 있다.

마) 우리나라 지형도 제작에 이용되었으며 남북이 긴 우리나라 형상에는 적합한 투영방법이다.

③ **국제횡메르카토르도법**(UTM: Universal Transverse Mercator projection)

가) 지구를 회전타원체로 보고 $80° \text{N} \sim 80° \text{S}$의 투영범위를 경도 $6°$, 위도 $8°$씩 나누어 투영한다.

그림 2-36 본느도법과 도레미법

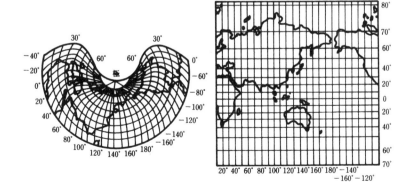

나) 투영식 및 좌표변환식은 가우스-크뤼거(TM)도법과 동일하나, 원점에서의 축척계수를 0.9996으로 하여 적용범위를 넓혔다.

다) 지도제작시 구역 경계가 서로 30° 씩 중복되므로 적합부에 빈틈이 생기

■■ 표 2-3

도 법	성 질	용 도	예
등각도법	등각, 미소지역에서의 상사성(相似性)	미소지역의 관측	측량좌표계, 해도, 항공도, 천기도
등적도법	임의의 면적이 항상 일정한 비율로 나타난다.	면적으로 분포를 비교할 때	분포도
등 거 리 도 법	거리가 바르게 나타난다. 왜곡이 균등하고 작도하기 쉽다.	특정점을 기준으로 한 거리의 관측, 전체의 관찰	일람도
심사도법	측지선이 항상 직선으로 나타난다.	대원항로의 조사	무선방향 탐지도
메르카토르 도 법	등방위선이 항상 직선으로 나타난다.	항로의 조사	해도

■■ 표 2-4

투영면 성질	방위도법	단원추도법		다원추도법 다면체도법	원통도법		의사(방위ㆍ원추ㆍ원통)도법
		접원추	할원추		접원통	할원통	
정리(正距) (등거리)	정사도법	토레미 도법(정)	De L'isle	정규다원추도법	정사각형도법 카시니	직사각형도법	
정각(正角) (등각)	평사도법	람베르트 도법	상사원추	메르카토르	메르카토르(정) 람베르트정각원통(횡) 가우스ㆍ크뤼거(횡) 〈메르카토르〉 U.T.M		
정적(正積) (등적)	람베르트 정적방위 도법	람베르트 정적원추 도법(정)	알베르		람베르트정적원통(정)		본느(추) 상송(통) 몰와이데(통) 햄머(방) 에케르트(통)
기 타	심사도법 외사도법	심사원추 (정)		직각다원추도법 다면체도법	심사원통(정) 밀러	갈	에이토프(방)

주: 도법명칭에서 ( )는 천정도법(천), 방위도법(방), 정축(정), 횡축(횡), 사축(사), 원통(통), 원추(추).

지 않는다.

라) 우리나라 1/50,000 군용지도에서 사용하였으며 UTM좌표는 제2차 세
계대전에 이용되었다.

투영법은 그 성질에 따라 등거리도법, 등각도법, 등적도법으로 분류되고
(〈표 2-3〉 참조), 투영면에 따라서는 방위도법, 원통도법, 원추도법, 의사도법으
로 크게 나눌 수 있다(〈표 2-4〉 참조).

5. 우리나라의 측량원점과 기준점

우리나라는 3개의 측량원점(경위도원점, 수준원점, 중력원점)과 위성기준점,
수준점, 중력점, 통합기준점, 삼각점, 지자기점, 수로기준점, 영해기준점 등과
같은 국가기준점 및 지적기준점(datum point) 등이 있다.

(1) 측량원점

① 경위도원점

경위도원점은 한 나라의 모든 위치의 기준으로서 측량의 출발점이 되는 점
이다. 우리나라의 측지측량은 1910년대에 일본의 동경원점으로부터 삼각측량방
법으로 대마도를 건너 거제도, 절영도를 연결하여 우리나라 전역에 국가기준점
을 설치 국가기간산업의 근간으로 활용하였으며, 1960년대 이후 정밀측지망 설
정사업으로 서울의 남산에 한국원점이라고 설치되었으나 시통장애 및 주변 여건
의 변화 및 독자적인 경위도원점의 설치가 요구됨에 따라 새로이 현재의 국토지
리정보원 구내에 대한민국경위도원점이 설치 운영되고 있다.

우리나라 경위도좌표계의 원점으로서 국토지리정보원에서는 정밀측지망측
량의 기초를 확립하기 위해 1981부터 1985년까지 5년간에 걸쳐 정밀천문측량을
실시하였다. 또한 세계측지계에 따른 우리나라 모든 측량 및 위치결정의 기준을
규정하여 새로운 측지계의 효율적 구현을 도모하고자 국제 측지VLBI(Very
Long Baseline Interferometry) 관측을 실시하여 2002년 경위도원점(국토지리정
보원에 있는 대한민국 경위도원점 금속표의 십자선 교점)의 세계측지계좌표로 설정하
였다.

- 설치: 1985. 12. 27
- 위치: 국토지리정보원 내(수원)

– 좌표: 동경 127°03′14.8913″
　　　　 북위 37°16′33.3659″
– 원방위각: 3°17′32.195″[원점으로부터 진북을 기준으로 오른쪽 방향으로
　관측한 서울과학기술대학교(공릉동) 내 위성기준점 금속표 십자선 교점의
　방위각]

그림 2-37　대한민국 경위도 원점

출처: 좌(국토지리정보원), 우(인하공전 박경식 교수)

　　경위도원점을 기준으로 한 삼각점은 토지의 형상, 경계, 면적 등을 정확하
게 결정하거나 각종 시설물의 설계와 시공에 관련된 위치결정을 하기 위하여 측
량을 실시할 때에 그 기준이 되는 점이다. 삼각점은 전국에 일정한 분포로 등급
별 삼각망을 형성하고, 그 지점에 삼각점을 매설하여 경도와 위도, 높이, 직각
좌표(또는 직교좌표), 진북방향과 거리를 관측하고 그 결과를 성과표로 작성하여,
각종 GIS사업, 시설물 관리, 수치지형도 제작, 공공측량, 일반측량, 지적측량
등 각종 국토건설계획 및 시공, 유지 관리시 이용할 수 있도록 그 성과표를 제
공한다. 현재 전국에 16,410여 개의 삼각점이 설치·관리되고 있다.

　　② **수준원점**(고저기준원점)

　　우리나라의 육지표고의 기준은 전국의 검조장에서 다년간 조석 관측한 결
과를 평균 조정한 평균해수면(중등 조위면, Mean Sea Level: MSL)을 사용한다.
평균해수면은 일종의 가상면으로서 수준측량(또는 고저측량)에 직접 사용할 수 없
으므로 그 위치를 지상에 연결하여 영구표석을 설치하여 수준원점(Original

그림 2-38 수준원점 전경과 원점표석의 수정판(영눈금)

수준원점은 이 원통형 시설물(높이 3.46m,
넓이 2.2평) 안에 설치되어 있다.

출처: 좌(국토지리정보원), 우(인하공전 박경식 교수)

그림 2-39 우리나라 수준점 개요도

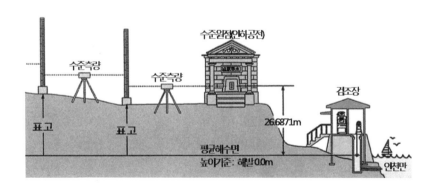

Bench Mark: OBM)으로 삼고 이것으로부터 전국에 걸쳐 주요 국도를 따라 수
준망(또는 고저측량망)을 형성하였다. 수준원점(또는 고저측량원점)의 형태는 원점
을 보호하는 원형 보호각 안의 화강석 설치대에 부착된 자수정에 음각으로 십자
(+) 표식을 하였다. 측량·수로조사 및 지적에 관한 법률에 의하여 우리나라의
높이의 기준은 대한민국 수준원점을 기준하도록 되어 있다. 대한민국 수준원점
(인하공업전문대학 교정 내에 있는 원점표석 수정판의 영 눈금선 중앙점)은 1963년에
1910년대에 설치된 인천수준기점으로부터의 연결관측에 의하여 설정되었고 인

천만의 평균 해면상으로부터 26.6871m이다.

현재 전국에 수준원점을 기준으로 약 7,220여 개의 수준점(고저기준점)을 설치·운영하고 있으며, 이를 이용하여 일상생활에 필요한 상·하수도를 비롯하여 하천 제방공사 및 교량높이기준설정 등의 치수사업과 도로 경사나 구조물 등 각종 토목공사시 높이를 결정하고 있다.

③ **중력원점**

중력원점은 2000년 한일 측지협력사업으로 국토지리정보원과 일본의 국토지리원이 공동으로 절대중력관측을 실시하여 그 값을 아래와 같이 국토지리정보원 고시 제2001-82호(2001.3.6)로 고시하였다.

- 관측목적: 국제중력망과의 결합 및 높은 정확도의 대한민국 중력관측망 구축을 위하여 대한민국 중력원점 설치
- 관측기간: 1999.12.10~12.16(7일간)
- 관측장비: 절대중력계 FG5
- 관측결과

경위도좌표	중력값(mgal)	표고(m)	표준편차
경도 127°3′21.979″E 위도 37°16′21.576″N	979918.775±0.0001	56.5273	0.0115 mgal

중력원점을 설치하는 이유는 크게 두 가지로 구분할 수 있는데, 첫째는 중력량을 안정적으로 관리함으로써 상대중력 관측값의 망조정으로 중력망의 뒤틀림이나 편이 등을 제거할 수 있다. 두 번째로 중력의 변화를 정기적으로 모니터링하

그림 2-40 중력원점(좌)과 중력기준점(우)

출처: 국토지리정보원

여 지구 동역학적인 문제를 연구한다. 지하에 광물이 있거나 지각운동이 일어나
면 중력이 변하기 때문이다. 전 세계적인 절대중력망의 연결조직망(NETWORK)
은 이러한 지구 동역학을 규명하는 데 중점을 두어 노력하고 있으며, 지각, 지하
수, 맨틀 상부의 밀도변화 등 다양한 문제에 응용된다.

현재 중력원점으로부터 전국 주요 지점의 상대중력을 관측한 중력기준점이
12점이고 중력보조점이 약 6,970여 개가 설치·관리되고 있다.

(2) 국가기준점 및 지적기준점

① 위성기준점(GPS상시관측소)

위성기준점은 지리학적 경위도, 지구중심 직교좌표의 관측 기준으로 사용
하기 위하여 대한민국 경위도원점을 기초로 정한 기준점이다.

국가 기준 좌표계로서의 활용, 자동항법시스템의 활용, 지도제작, 지각변
동 등의 목적으로 1995년 3월 수원 GPS상시관측소 운영을 시작으로 1997년
GPS 무인 원격관측소를 4곳 설치하였고, 1998년 GPS 무인원격관측소 중앙국
을 설치하였으며, 2012년 현재 국토지리정보원은 72개의 GPS상시관측소를 운
영하고 있다.

위성기준점은 지상 약 20,200km에서 지구 주위를 하루에 2회 회전하는 24
개의 GPS 위성으로부터의 수신된 자료를 국토지리정보원 GPS 중앙처리센터로

그림 2-41 위성기준점(GPS상시관측소) 현황과 위성기준점(국토지리정보원 내)

출처: 국토지리정보원

전송하고 정밀 기선 해석을 통하여 위성기준점 위치를 높은 정확도로 결정한다. 이러한 GPS수신자료를 사용자가 우리나라 어느 곳에서든지 손쉽게 이용할 수 있도록 전국에 등분포로 위성기준점을 설치하고, 이에 대한 측량성과는 국토지리정보원 고시 제2001-153(2001. 6. 4)호로 공표하였으며, 그 측량성과 및 GPS 관측자료는 국토지리정보원 홈페이지 등을 통하여 일반에게 제공하고 있다.

② 통합기준점

2008년부터 국토지리정보원에서는 위치, 높이 및 중력값의 정보를 담고 있는 통합기준점을 설치하여 왔다. 통합기준점이란 평탄지에 설치·운용하여 측지, 지적, 수준, 중력 등 다양한 측량분야에 통합 활용할 수 있는 다차원·다기능 기준점을 말한다. 경위도(수평위치), 높이(수직위치), 중력 등을 통합 관리 및 제공, 영상기준점 역할을 한다. 현재 약 1,200여 개의 통합기준점이 설치·관리되고 있다.

그림 2-42 통합기준점(수원)

③ 지자기점(地磁氣點)

지구가 가지는 자석의 성질 즉, 지자기 3요소인 편각, 복각, 수평분력을 관측하여 관측지역에 대한 지구자기장의 지리적 분포와 시간변화에 따른 자기장 변화를 조사, 분석하는 것이 지자기측량으로 이를 위하여 설치한 점이 지자기점이다. 전국의 지자기도, 지형도, 항로 및 항공도 작성과 위성측지측량, 수준측량, 중력측량 등의 관측자료와 함께 이를 이용한 지구 내부 구조해석에 활용하

그림 2-43 지자기점(국토지리정보원 내)

출처: 국토지리정보원

고 국가 기본도의 지침편차자료와 지하자원의 무굴삭 탐사, 지각 내부구조연구 및 지구 물리학의 기초자료로 활용된다. 지자기점은 현재 약 30여 개가 설치ㆍ관리되고 있다.

④ **수로기준점**

수로조사 시 해양에서의 수평위치와 높이, 수심관측 및 해안선 결정 기준으로 사용하기 위하여 위성기준점과 기본수준면을 기초로 정한 기준점으로서 수로측량기준점, 기본수준점, 해안선기준점으로 구분한다.

가) **수로측량기준점**

수로조사시 해양에서의 수평위치 측량의 기준으로 사용하기 위하여 위성기준점, 통합기준점 및 삼각점을 기초로 정한 국가기준점을 말한다.

나) **기본수준점**

수로조사시 높은 관측의 기준으로 사용하기 위하여 조석관측을 기초로 정한 국가기준점을 말한다. 〈그림 2-44〉의 기본수준원점은 인천지역의 수심기준인 약최저저조면과 우리나라 해발고도의 기준인 평균해수면으로부터의 높이를 정한 점이다.

다) **해안선기준점**

수로조사시 해안선의 위치 측량을 위하여 위성기준점, 통합기준점 및 삼각점을 기초로 정한 국가기준점을 말한다.

그림 2-44 인천 기본수준원점(국립해양조사원 내)

출처: 국립해양조사원

⑤ **영해기준점**

영해기준점은 우리나라의 영해를 획정(劃定)하기 위하여 정한 기준점이다.

⑥ **지적기준점**

지적측량 시 수평위치 측량의 기준으로 특별시장·광역시장·도지사 또는 특별자치도지사나 지적소관청이 지적측량을 정확하고 효율적으로 시행하기 위하여 국가기준점을 기준으로 하여 따로 정하는 측량기준점이다. 우리나라의 지적기준점은 구소삼각원점, 특별소삼각원점, 특별도근측량원점 및 통일원점 등 다양한 원점체계를 기준으로 하고 있다. 지적기준점에는 지적삼각점, 지적삼각보조점, 지적도근점 등이 있다.

가) **지적삼각점**(地籍三角點)

지적측량 시 수평위치 측량의 기준으로 사용하기 위하여 국가기준점을 기준으로 하여 정한 기준점이다.

나) **지적삼각보조점**

지적측량 시 수평위치 측량의 기준으로 사용하기 위하여 국가기준점과 지적삼각점을 기준으로 하여 정한 기준점이다.

다) **지적도근점**(地籍圖根點)

지적측량 시 필지에 대한 수평위치 측량 기준으로 사용하기 위하여 국가기

그림 2-45 지적삼각점

준점, 지적삼각점, 지적삼각보조점 및 다른 지적도근점을 기초로 하여 정한 기준점이다.

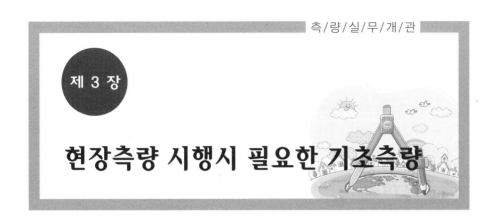

제 3 장

현장측량 시행시 필요한 기초측량

현장측량에서 시행하는 기초측량에서는 수평거리측량, 고저(수준, 또는 수직 거리)측량, 기준점측량, 용지측량에 대한 기본 사항만을 간단히 기술한다. 보다 자세한 내용은 측량학개관(박영사 간)을 참고하면 도움이 될 것이다.

1. 수평거리측량

(1) 거리관측의 개요

거리측량은 모든 측량의 기본으로 한 점의 수평위치를 정하려면 수평각과 거리를 관측하여야 하며, 각을 정밀하게 관측한 경우에도 최소한 한 번 이상 거리를 재서 확인하는 것이 바람직하다. 거리측량 방법에는 줄자를 이용하는 직접 관측법을 비롯하여 기하학적 상사성(相似性)과 물리학적 법칙을 이용하는 여러 가지 방법이 있지만, 일반적으로 줄자에 의한 직접 관측법, 광학적(光學的) 상사 성에 의한 시거법(視距法) 및 전자기파(電磁氣波) 거리 측량기에 의한 관측법, 레이저 광에 의한 방법, 영상탐측에 의한 방법, 전파(VLBI)에 의한 방법, 인공위 성(GPS, SLR) 방법 등이 있다. 또한 측량의 목적에 부합하는 정밀도에 따라서 간략법과 엄밀법으로 구분할 수도 있다. 최근 줄자는 전파, 광파 등에 의한 기 기로 바뀌어가고 있으나 본서에서는 거리관측 원리를 익히기 위해 종전부터 시 행하던 관측방법도 기술하기로 한다.

(2) 수평거리 관측방법

① 목측(eye-measurement)

일기, 지형, 시력, 위치, 주변물체 등에 따라 영향을 받으나 반복관측방법으로 오차를 줄일 수 있다. 대략적인 기준은 다음과 같다.

100m ········사람의 눈, 코의 위치가 확인된다.

150m ········양복의 단추가 보인다.

400m ········사람의 팔, 다리를 구분할 수 있다.

800m ········사람이 움직이고 정지함을 판단한다.

2,000m ······사람이 검은 점으로만 보인다.

■■ 표 3-1 수평거리측량을 위한 관측법

간략법······1) 목측(目測), 2) 보측(步測), 3) 시각법(視角法), 4) 음측(音測), 5) 윤정계(輪程計), 6) 평판 시준기(平板視準器), 7) 항공영상과 지형도(地形圖), 8) 줄자에 의한 간략법
엄밀법······1) 줄자에 의한 엄밀법, 2) 전자기파(電磁氣波) 거리측량, 3) 수평표척(水平標尺), 4) 수직표척(垂直標尺), 5) 직교 기선법(直交基線法)

② 보측(pacing)

보폭(步幅)이 d일 때 구하려는 거리 D를 N보(步)에 통과했다면 $D=Nd$이다. 일반적으로 $d=75$cm로 하여

$$D=0.75N=(1-1/4)N=N-N/4[\mathrm{m}] \tag{3.1}$$

이다. 예를 들어 $N=80$보일 때 $D=80-80/4=60$m이다. 먼 거리를 잴 때는 보수계(步數計, pedometer)를 사용하면 좋다.

③ 시각법(視角法)

팔을 쭉 펴서 높이를 아는 물체를 시준했을 때 팔길이가 l, 물체의 높이가 H, 자의 길이가 h이면 구하는 거리 D는 다음 관계로부터 알 수 있다(〈그림 3-1〉 참조).

$$D=\frac{l}{h}\times H \tag{3.2}$$

그림 3-1 시각법

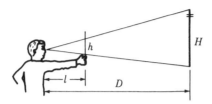

④ **음측**(音測, acoustic measurement)

온도 t℃일 때 음속 v[m/sec]

$$v = 331 + 0.609t \tag{3.3}$$

이다. 1초에 넷을 세도록 훈련하면(10초에 40)을 헤아린 수에 100m를 곱하여 개략적인 거리를 알 수 있다(예를 들어 야간에 번개불빛을 보고 천둥소리가 들릴 때까지 35를 세었다면 거리는 $D = 35 \times 100 = 3,500$m이다).

⑤ **윤정계**(odometer)

윤정계(輪程計)는 원둘레를 정확히 알고 있는 바퀴의 회전수로부터 거리를 환산해 내는 기구이다. 윤정계는 차량이나 자전거에 연결하여 주행거리를 관측하거나 노선 측량예비선점, 마라톤 경로 등을 관측하는 데 활용한다. 일반적으로 정밀도는 약 1/200이나 기선검정을 통한 윤정계의 사용시는 1/1000까지도 가능하다. 바퀴의 크기가 작은 것은 단거리관측용 또는 곡선거리를 관측하는 데 매우 유용하다. 도면상에서 곡선길이를 관측하는 곡선계(curvimeter)의 원리도 이와 동일하다.

⑥ **평판시준기**(alidade)

평판시준기(peep-sight alidade)의 시준판에 나타난 눈금을 이용하면 A, B점 간의 수평거리 D를 구할 수 있다. 평판시준기의 전시준판(前視準板)에는 전·후 시준판간격의 1/100을 간격으로 하여 눈금을 새겨 놓았다. 따라서 〈그림 3-2〉에서 $\triangle On_1n_2 \backsim \triangle Oab$인 관계로부터 눈금 하나의 간격을 s라 하면 $100s/(n_1-n_2)s = D/l$이므로

$$D = \frac{100}{n_1 - n_2} \cdot l = \frac{100}{n} l \tag{3.4}$$

그림 3-2   평판시준기에 의한 거리관측

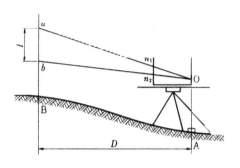

여기서 l은 시준판의 눈금 n_1, n_2에 상당하는 표척의 읽음값, a, b간의 길이이다.

예제 3.1   〈그림 3-3〉에서 $l=2.0$m, $n_1=20$, $n_2=15$일 때 두 점 간의 거리는?

[풀이]   식 (3.1)에 의해

$$D=\frac{100}{20-15}\times2.0=40\text{m}$$

그림 3-3

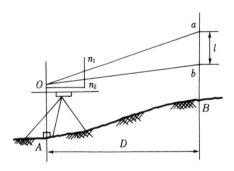

⑦ 항공영상과 지형도

항공영상으로 촬영된 영상은 중심 투영상(投影像)이고, 지형에도 기복이 있으므로 엄밀하게는 한 영상면상이라도 각각 축척(縮尺)이 다르다. 정확한 수평거리를 측량하려면 입체 도화기(立體圖畵機)나 정밀좌표관측기(精密座標觀測機)를 사용하여야 하지만 항공영상의 축척을 안다면 영상면상에 찍혀진 두 점 A, B 간의 실제 거리 D_{AB}의 개략적인 값을 알 수 있다. 영상면상에서 관측한 두 점 간의 거리가 l_{AB}, 영상면의 축척분모(縮尺分母)가 s이면

$$D_{AB}=s \cdot l_{AB}=(H/f) \cdot l_{AB} \tag{3.5}$$

이다. 영상면의 축척분모는 촬영고도 H, 촬영 카메라의 초점거리 f의 관계로부터 구할 수 있다. 또, 촬영된 지역의 지형도(축척 $1/\bar{s}$)가 있을 경우에는 지형도 상에 그 위치가 명확하게 나타난 다른 두 점 C, D 간의 도상거리(圖上距離) $\bar{l}_{CD}$ 와 영상면상 거리 l_{CD}를 비교하여 영상면의 축척을 구할 수도 있다.

즉, $s \cdot l_{CD}=\bar{s} \cdot \bar{l}_{CD}$이므로

$$s=\bar{s} \cdot \bar{l}_{CD}/l_{CD} \tag{3.6}$$

이다.

⑧ 줄자에 의한 간략법

가) 줄 자

정확을 요하지 않는 측량이나 답사를 할 경우에는 천줄자(또는 포권척–布卷尺, cloth tape), 합성섬유 줄자(glass–fiber tape), 잼줄(또는 측승–測繩, measuring rope)이 간편하게 사용되어 왔다.

근래 정확성을 요구하는 거리측량에는 쇠줄자(또는 강권척–鋼卷尺, steel tape)와 인바줄자(invar tape 또는 invar wire)가 사용되는데, 이들을 사용하면 매우 정확한 값을 얻을 수 있으나 보관과 취급에 주의하여야 하므로 삼각측량의 기선측량(基線測量) 등에서와 같이 매우 정확한 값을 필요로 할 때 이외에는 이용하지 않았다. 쇠줄자와 인바줄자가 보편화되기 전에는 대나무자(또는 죽척–竹尺, bamboo chain)와 측쇄(測鎖, chain)가 정밀기구로 사용되었었다.

나) 거리관측법

(ㄱ) 평지에서의 관측법

줄자의 길이보다 긴 거리를 관측할 경우에는 일정구간씩 끊어서 관측하고, 마지막 구간의 끝수를 더하면 좋다. 이 때 각 구간이 정확하게 일직선상에 있도록 주의해야 한다.

그림 3-4   직선의 연장

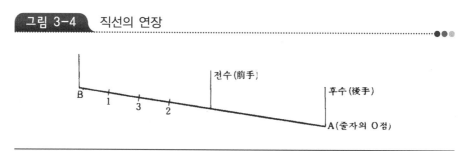

그림 3-5   경사지에서 거리관측법

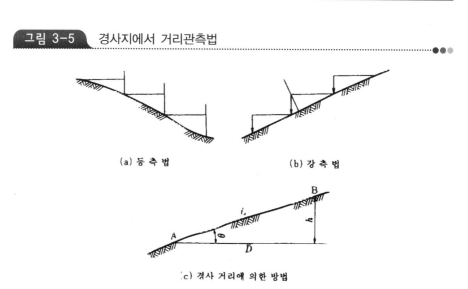

(ㄴ) 경사지에서의 관측법

경사지에서 거리를 관측할 경우에는 계단식으로 수평 거리를 관측해서 더하는 방법 〈그림 3-5(a) 등측법(登測法), (b) 강측법(降測法)〉과 경사 거리와 경사각, 또는 경사 거리와 높이차를 재서 환산하는 방법이 있다(〈그림 3-5(c)〉).

(ㄷ) 방해물이 있을 경우

거리관측시 장애물이 있는 경우 〈그림 3-6〉과 같이 사각형, 정삼각형 또는 닮은꼴 삼각형의 원리를 이용하여 간접적으로 거리값을 구할 수 있다.

(3) 거리관측값의 정오차 보정

줄자를 사용하여 최초 관측한 거리는 많은 오차를 포함하고 있다. 이 중에

그림 3-6 장애물이 있을 때 거리관측법

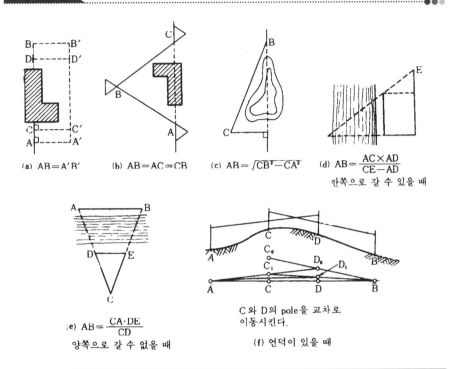

(a) $AB = A'B'$

(b) $AB = AC = CB$

(c) $AB = \sqrt{CB^2 - CA^2}$

(d) $AB = \dfrac{AC \times AD}{CE - AD}$
한쪽으로 갈 수 있을 때

(e) $AB = \dfrac{CA \cdot DE}{CD}$
양쪽으로 갈 수 없을 때

(f) 언덕이 있을 때
C와 D의 pole을 교차로
이동시킨다.

서 줄자의 특성값, 온도, 장력, 처짐, 경사, 표고 등과 같이 그 원인이 분명한
정오차(定誤差)는 다음과 같은 방법으로 그 오차를 보정(補正)해서 표준 조건하의
정확한 값으로 환산해 주어야 한다.

① **표준자에 대한 보정**(특성값 보정, 상수보정)

특성값이 $l \pm \Delta l$ 인(예: 50m+0.006m) 줄자로 관측거리 D를 재었을 때 특성
값에 대한 보정량 C_i는 다음과 같다.

$$C_i = (\Delta l / l) D \tag{3.7}$$

② **온도에 대한 보정**

표준온도를 t_0, 관측시의 온도를 t, 줄자의 선팽창 계수를 α, 관측값을 D,
온도 보정량을 C_t라 하면 다음과 같다.

$$C_t = a(t - t_0)D \qquad (3.8)$$

③ 장력에 대한 보정

표준장력 P_0, 길이 l인 줄자를 장력 P로 당겨서 관측할 때 줄자의 단면적을 $A[\text{cm}^2]$, 탄성계수를 $E[\text{kg/cm}^2]$라 하면 관측값 D에 대한 장력(張力) 보정량 C_p는

$$C_p = \frac{(P - P_0)}{AE}D \qquad (3.9)$$

④ 처짐에 대한 보정

줄자는 자중(自重) 때문에 처지므로 관측값은 실제 거리보다 크게 나타난다. 〈그림 3-7〉에서 거리 d인 한 구간에 생기는 처짐에 대한 보정량 C_s는 단위중량을 $w[\text{kg/m}]$라 하면

$$C_s = -\frac{d}{24}\left(\frac{wd}{P}\right)^2 \qquad (3.10)$$

이고, 전구간($D = nd$)에 대해서는

$$C_s = -\frac{nd}{24}\left(\frac{wd}{P}\right)^2 \qquad (3.11\text{a})$$

또는 $nd = D$, $d = D/n$로부터

그림 3-7　줄자에 의한 엄밀 거리관측 ●●●

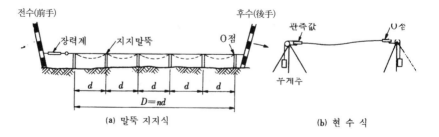

(a) 말뚝 지지식　　　　　　　(b) 현 수 식

$$C_s = -\frac{w^2}{24}\left(\frac{D^3}{n^2P^2}\right) \tag{3.11b}$$

⑤ **경사에 대한 보정**

가) 표고차를 잰 경우

양단에 표고차 h가 있는 두 지점 간의 경사 거리를 관측한 값이 D일 때 정확한 거리 D_0는

$$D_0 = (D^2 - h^2)^{\frac{1}{2}} = D(1 - h^2/D^2)^{\frac{1}{2}}$$
$$= D(1 - h^2/2D^2 - h^4/8D^4 - \cdots) \fallingdotseq D - h^2/2D$$

따라서, 경사 보정량을 C_g라 하면

$$C_g = -h^2/2D \tag{3.12}$$

나) 경사각을 잰 경우

$$D_0 = D\cos\theta = D[1 - 2\sin^2(\theta/2) = D - 2D\sin^2(\theta/2)$$

따라서, 경사 보정량은

$$C_g = -2D\sin^2(\theta/2) \tag{3.13}$$

또는, $\cos\theta$를 전개하면

$$D_0 = D(1 - \theta^2/2 + \theta^4/24 - \cdots) \fallingdotseq D - (\theta^2/2)D$$

그러나 θ를 라디안으로 하려면 $\rho = 206,265''$로 나누어서

$$D_0 = D - (\theta^2/2\rho^2)D$$

따라서, 경사 보정량은

$$C_g = -(\theta^2/2\rho^2)D \tag{3.14}$$

⑥ **표고**(또는 고도, 높이, 수직위치)**에 대한 보정**

표고 H인 곳에서 관측한 값 D'를 지구 반경이 R이고, 표고 O_m인 기준면 상의 거리로 환산할 때의 보정량 C_h는

$$D_0 = D' \cdot R/(R+H) = D'(1+H/R)^{-1}$$
$$= D'(1-H/R+H^2/R^2-\cdots) \fallingdotseq D'(1-H/R)$$

이므로

$$C_h = -(H/R)D'$$

그림 3-8

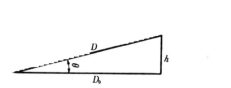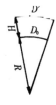

---

⑦ **일반식**

어떤 거리를 관측한 값이 D일 때 앞의 여러 가지 조건을 모두 더한 총보정량을 $\Sigma C(=C_i+C_t+C_p+C_s+C_g)$라 하면 정확한 거리 D_0를 구하는 일반식은 다음과 같다.

$$D' = D + \Sigma C$$
$$D_0 = D' + \left(\frac{D'H}{R}\right) = D' + C_h$$

예제 3.2 특성값이 50m−0.002m인 쇠줄자를 사용하여, 온도 $t=20℃$에서 장력 $P=15$kg을 가해 기선(基線)을 관측한 값이 149.9862m이었다. 줄자의 표준온도 $t_0=15℃$, 표준장력 $P_0=10$kg, 단면적 $A=0.028$cm^2, 탄성계수 $E=2.1\times10^6$kg/cm^2, 선팽창계수 $\alpha=0.000011/℃$, 단위중량 $w=0.023$kg/m이다. 지지 말뚝간 거리 $d=10$m, 기선 양단의 표고차 $h=50$cm, 평균표고는 350m의 관측조건일 때 정확한 기선 길이를 산출하시오. 단, 지구 반경 $R=6,370$km이다.

풀이 ・특성값 보정: $C_i = \left(\dfrac{\Delta l}{l} \right) \times D$

$$= \dfrac{-0.002}{50} \times 149.9862 = -0.0060[\mathrm{m}]$$

・온도보정: $C_i = \alpha(t-t_0)D$

$$= 0.000011 \times (20-15) \times 149.9862 = 0.0082[\mathrm{m}]$$

・장력보정: $C_p = \dfrac{(P-P_0)}{AE}D$

$$= \dfrac{(15-10)}{0.028 \times 2.1 \times 10^6} \times 149.9862 = 0.0128[\mathrm{m}]$$

・처짐보정: $C_s = -\dfrac{nd}{24} \left(\dfrac{wd}{p} \right)^2$

$$= \dfrac{-15 \times 10}{24} \left(\dfrac{0.023 \times 10}{15} \right)^2 = -0.0015[\mathrm{m}]$$

・경사보정: $C_g = -\dfrac{h^2}{2D} = -\dfrac{(0.5)^2}{2 \times 149.9862} = -0.0008[\mathrm{m}]$

・총보정량: $\Sigma C (= C_i + C_t + C_p + C_s + C_g)$

$$= -0.0060 + 0.0082 + 0.0128 - 0.0015 - 0.0008$$
$$= 0.0127[\mathrm{m}]$$
$$D' = D + \Sigma C = 149.9862 + 0.0127 = 149.9989[\mathrm{m}]$$

・표고보정: $C_h = -(H/R)D' = -\dfrac{350 \times 149.9989}{6,370,000}$

$$= -0.0082[\mathrm{m}]$$

∴ 조정 환산값 $= D' + C_h = 149.9989 - 0.0082 = 149.9907[\mathrm{m}]$

(4) 직접거리측량의 오차

① 오차의 특성

기선이나 쇠줄자로 관측할 경우 거리측량에서 신뢰할 만한 값을 구하기 위하여서는 매우 주의를 하여야 한다. 착오를 피해 각종 방법으로 정오차를 없애고, 남아 있는 우연오차를 합리적으로 취급하여 목적하는 바의 정확도에 해당하는 값을 구할 필요가 있다.

이 오차의 가벼운 정오차는 주로 거리의 길이, 관측횟수에 비례하고 우연오차는 관측횟수의 제곱근에 비례한다. 즉, 전길이 L을 구간으로 나누어 한 구간 l의 정오차를 δ, 우연오차를 ε이라 하면,

전길이의 정오차 $\delta_s = n\delta$, 정확도 $\dfrac{\delta_s}{L} = \dfrac{n\delta}{nl} = \dfrac{\delta}{l}$ (3.15)

전길이의 우연오차 $\varepsilon_s=\sqrt{n}\cdot\varepsilon$, 정밀도 $\dfrac{\varepsilon_s}{L}=\dfrac{\sqrt{n}\cdot\varepsilon}{nl}=\dfrac{\varepsilon}{\sqrt{n}\cdot l}$ (3.16)

정오차와 우연오차를 동시에 생각한 전길이의 확률오차 r은 오차전파의 법칙에서 다음 식으로 주어진다.

$$r=\sqrt{(\delta n)^2+(\varepsilon\sqrt{n})^2}=\sqrt{\alpha^2 L+\beta^2 L}$$ (3.17)

여기서 $\alpha=\dfrac{\delta\sqrt{n}}{\sqrt{l}}$, $\beta=\dfrac{\varepsilon}{\sqrt{l}}$

위의 식에서 거리측량의 오차는 일반적으로 거리 L에 비례하는 정오차가 대부분을 차지하므로 구한 정밀도가 높은 한 이 정오차를 보정하여 오차를 되도록이면 우연오차만으로 한다.

② 착오와 정오차의 원인

착오는 논리상의 오차로 취급하지 않으므로 관측값에 중대한 영향을 미친다. 착오는 주로 관측자의 부주의에서 생긴다. 눈금 또는 숫자의 잘못 읽는 경우와 기록의 착오 등이 있다.

관측시 오차는 발생할 수 있으므로 반드시 같은 관측선을 2회 이상 반복하여 평균을 취하거나 관측자를 바꾸어서 측량하여 오차를 방지할 필요가 있다.

정오차의 원인에는

가) 줄자의 길이가 표준길이와 다른 경우(줄자의 특성값 보정)

나) 관측시의 쇠줄자의 온도가 검정시의 온도와 다른 경우(온도보정)

다) 쇠줄자에 가한 장력이 검정시의 장력과 다른 경우(장력보정)

라) 줄자의 처짐(처짐보정)

마) 줄자가 똑바로 수평으로 되지 않은 경우(경사보정)

바) 줄자가 기준면상의 길이로 되지 않은 경우(표고보정)

등이 있다.

③ 관측지역에 따른 허용정밀도

그리고 거리측량시 줄자의 허용정밀도를 장애물의 많고 적음에 따라 구별하여 그 개략을 나타내면 다음과 같다.

가) 평탄한 지역   1/2,500 양호   1/5,000 우량

나) 산 지   1/500 가능   1/1,000 양호

다) 시가지   1/10,000~1/50,000의 정밀도를 요한다.

라) 사용하는 줄자의 정확도

　　천줄자: 1/500~1/2,000

　　측　쇄: 1/1,000~1/5,000 세심한 주의를 할 경우 1/10,000

　　쇠줄자: 1/5,000~1/25,000(특히 면밀한 주의를 하여 충분한 보정을 하면
　　　　　　1/100,000 이상이 가능)

　　검정공차 Δmm(D: 줄자 길이 m)

　　금속제 줄자 $\Delta=0.6+0.1(D-1)=0.5+0.1D$

　　최초의 1m에 대해서는 0.6mm, 나머지 1m 증가하는 데 따라 0.1mm
　　　가산(50m 쇠줄자의 $\Delta=5.4mm$)

　　쇠줄자 이외의 줄자 $\Delta=4+1.5(D-1)=2.5+1.5D$

　　최초의 1m에 대해서는 4mm, 나머지 1m 증가하는 데 따라 1.5mm
　　　가산(50m의 천줄자, 유리섬유줄자, 측쇄 등 측량용 줄자의 $\Delta=77.5mm$,
　　　30cm 스케일의 $\Delta=0.5mm$)

　사용공차라 하는 것도 있다. 이것은 일단 검정에 합격한 자라도 사용 중에
길이가 변하기 때문에 사용해 얻은 한도의 오차를 계량기사용공차령으로 규정한
것이다. 사용공차는 대개 1.5Δ로 정해져 있다.

(5) 관측선의 길이, 분할 및 관측횟수에 대한 정확도

① 줄자의 길이와 정확도의 관계

　관측선 AB를 〈그림 3-9〉와 같이 길이 l의 줄자로 n회 나누어 관측한 것
으로 하고 줄자 1회의 오차를 m이라 하면 전길이 L에 대한 평균제곱근오차(또
는 중등오차) M은 오차전파의 법칙에 의하여 $M=\pm\sqrt{n}m=\pm\sqrt{\dfrac{L}{l}}m$이다. 즉,
거리관측의 오차는 사용하는 줄자 길이의 제곱근에 비례한다. 또한 동일줄자로
관측할 경우에는 관측거리의 제곱근에 비례하여 오차가 커진다.

그림 3-9

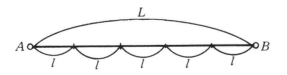

② 관측횟수와 정확도의 관계

어떤 관측선을 동일경중률로 n회 관측하였을 경우 그 최확값 l_0 및 평균제곱근오차 m_0는

$$l_0 = \frac{[l]}{n}, \quad m_0 = \pm \sqrt{\frac{[v^2]}{n(n-1)}} \tag{3.18}$$

이다. 또한 1회 관측한 평균제곱근오차를 m이라 하고 정밀도를 R이라 하면,

$$m = m_0 \sqrt{n}, \quad R = \frac{m_0}{l_0} \tag{3.19}$$

이므로 관측횟수가 많을수록 최확값의 정밀도가 좋아진다.

③ 관측선의 분할관측의 정확도

다각측량, 삼각측량의 기선측량을 할 때 〈그림 3-10〉과 같이 전길이 L을 n구간으로 분할하고 각 구간의 최확값 및 평균제곱근오차를 각각 $l_1, l_2, \cdots, l_n$ 및 $m_1, m_2, \cdots, m_n$이라 하면 전길이의 최확값 L_0 및 평균제곱근오차 M_0는

$$L_0 = l_1 + l_2 + \cdots + l_n \tag{3.20}$$
$$M_0 = \pm \sqrt{m_1^2 + m_2^2 + \cdots + m_n^2}$$

이 된다.

그림 3-10

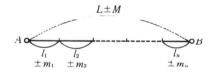

(6) 전자기파거리측량

전자기파거리측량(EDM: Electromagnetic Distance Measurement)은 적외선, 레이저 광선, 극초단파 등의 전자기파를 이용하여 거리를 관측하는 방법으로 지형의 기복이나 장애물로 인하여 장거리 관측이 불가능할 경우, 높은 정밀

도로 장거리측량을 간편하게 할 수 있을 뿐만 아니라 각(수평각, 수직각, 경사각)을 동시에 관측할 수 있고 내장된 컴퓨터에 의해 위치[수평위치, 수직위치(높이)] 및 각종 위치활용분야에 기여하는 장비이다.

① 전자기파거리측량기의 분류

전자기파거리측량기는 크게 다음과 같이 이분된다.

전자기파거리측량기(EDM) electromagnetic distance measuring instrument $\begin{cases} \text{전파거리측량기(electro wave distance meter)} \\ \text{광파거리측량기(optical wave distance meter)} \end{cases}$

가) 전파거리측량기〔테루로메타(tellurometer) 등〕

주국(主局)과 종국(終局)으로 되어 있는 관측점에 세운 주국으로부터 목표점의 종국에 대하여 극초단파를 변조고주파로 하여 발사하고 이것이 종국을 지나 다시 주국으로 돌아오는 반사파의 위상과 발사파의 위상차로부터 거리를 구하는 장치이다.

나) 광파거리측량기〔지오디메타(geodimeter) 등〕

전파 대신에 빛을 쓰는 것으로 강도 변조한 빛(매초 15×10^6회의 명암을 가한 빛)을 관측점에 세운 기계로부터 발사하여 이것이 목표점의 반사경에 반사하여 돌아오는 반사파의 위상과 발사파의 위상차로부터 거리를 구하는 장치이다.

■■ 표 3-2 광파와 전파거리측량기의 특징 비교

항 목	광파거리측량기	전파거리측량기
정확도	$\pm(5mm + 5ppm \times D)$	$\pm(15mm + 5ppm \times D)$ 이내
최소 조작인원	1명(목표점에 반사경이 놓여 있는 것으로 하여)	2명(주·종국 각 1명)
기상조건	안개나 눈으로 시통이 방해받음	안개나 구름에 좌우되지 않음
관측 가능거리	약 10m~60km(원거리용) 약 1m~1km(근거리용)	약 100m~60km
방해물	시준이 필요 광로 및 프리즘 뒤에 방해를 해서는 안 됨	관측점 부근에 움직이는 장애물(가령 자동차)이 있어서 관측되지 않는 경우가 있다. 송전선 부근도 별로 좋지 않음
조작시간	한 변 10~20분 1회 관측시간 8초 내외	한 변 20~30분 1회 관측시간 30초 내외

(ㄱ) 레이저(LASER : Light Amplification by Stimulated Emission of Radiation)에 의한 광파거리측량기   위에서 말한 광파거리측량기의 광원은 백색광이나 최근에는 헬륨 네온 · 가스 · 레이저라고 하는 단색광(파장 6328Å)의 강력한 수평광선을 보내는 광원장치가 개발되어 이것을 이용한 거리측량기로서 미국의 스펙트라피직스사의 데오돌라이트는 그의 일례로 관측가능거리는 야간 80km, 주간 32km, 오차는 ±1mm 이내라 한다. 또한 Geodimeter 8형은 60km 관측이 가능하다.

(ㄴ) 광파종합관측기(TS : Total Station)

TS는 거리(수평거리, 수직거리, 경사거리) 및 각(수평각, 수직각)을 관측하는 기기로서 거리측량에서[(1mm∼2mm)+1ppm(ppm : 1/1,000,000)]의 정확도이다.

② **전자기파거리측량기의 원리 및 보정**

현재의 전자기파거리측량기는 광파나 전파를 일정파장의 주파수로 변조하여 이 변조파의 왕복 위상 변화를 관측하여 거리를 구한다.

전자기파(전파 및 광파)가 왕복하는 대기 중의 온도 · 기압 · 습도는 전자기파의 굴절률에 영향을 주는 것으로 정밀한 거리관측에서는 이러한 요소들에 대한 보정이 필요하다. 또 관측거리는 일반적으로 사거리이므로, 경사보정, 평균해수면에의 보정을 해야 한다. 전파는 기후 장해로는 거의 영향을 받지 않으나 전파거리측량기로부터 발사된 전파는 약 $10°$의 폭으로 퍼지므로 전파장해물이 많은 시가지, 삼림 등 또는 해수면에 가까운 곳이나 지상에 기복이 있는 경우에는 불규칙한 반사 등의 영향을 받아 좋은 결과를 얻지 못한다. 광파는 어느 정도 평행광선이므로 다소의 안개나 비 등에도 영향을 받아 관측이 곤란하다.

전자기파 거리측량기의 원리와 보정에서 고려할 대상인 기상보정, 반사경보정, 거리에 비례하는 오차 및 거리에 비례하지 않는 오차 조정 등에 관한 자세한 내용은 측량학개관(박영사 간)을 참고하기 바란다.

2. 고저측량

(1) 개   요

고저측량(高低測量, leveling)이라 함은 지구상에 있는 점들의 고저차를 관측하는 것을 말하며 수준측량(水準測量) 또는 레벨측량이라고도 한다.

육상에서는 고저측량(수직위치 또는 수준측량), 하천이나 해양에서는 수심측량(또는 측심)이라 하며, 지하에서는 지하깊이측량이라 한다.

(2) 수직위치

수직위치를 결정하는 고저측량(수준측량)에는 레벨에 의한 직접고저측량으로 실시해야 함이 원칙이나, 어느 정도의 허용 오차(거리에 따라 수 cm)를 감안하는 경우에는 GPS 또는 TS에 의한 간접 고저측량을 실시할 수도 있다.

① 직접 고저측량

가) 표고는 지오이드면으로부터 지면까지의 높이를 말하며, 고저측량은 기지점의 표고로부터 미지점의 상대적 표고를 구한다.

나) 직접고저측량은 기포를 이용하여 레벨을 지오이드면과 평행(중력방향과는 직교)되도록 설치하고, 표척의 높이를 직접 관측한다.

■■ **표 3-3** 우리나라의 고저측량(수준측량)의 허용오차

구 분	기본고저측량		공 공 고 저 측 량				
	1등	2등	1등	2등	3등	4등	간 이
왕복차	$2.5mm\sqrt{L}$	$5.0mm\sqrt{L}$	$2.5mm\sqrt{L}$	$5mm\sqrt{L}$	$10mm\sqrt{L}$	$20mm\sqrt{L}$	$40mm\sqrt{L}$
폐합차	$2.0mm\sqrt{L}$	$5.0mm\sqrt{L}$	$2.5mm\sqrt{L}$	$5mm\sqrt{L}$	$10mm\sqrt{L}$	$20mm\sqrt{L}$	$40mm\sqrt{L}$

여기서 S는 관측거리(편도, km 단위)로 한다.

그림 3-11 자동레벨 관측 광경

그림 3-12 디지털레벨 및 바코드 스타프

다) 자동레벨의 경우

가장 일반적으로 사용되는 레벨로 기계가 수평을 이룬 상태에서 기계 및 기포가 다소 기울더라도 일정한 범위 내에서 자동보정장치(compensator)에 의해 기계 수평이 자동으로 유지된다. 망원경의 배율이 높고 기포관 감도가 예민할수록 정밀하다.

라) 전자레벨(디지털 레벨)의 경우

최근 매우 높은 정확도를 요구하는 측량에 사용되고 있으며, 일반 자동레벨과 달리 바코드로 된 스타프를 적외선 광선으로 감지하여 0.01mm 단위로 높이 값을 자동 독취하므로 개인 오차가 없다.

② 직접 고저측량의 야장기입법(野帳記入法)의 종류

고저측량의 결과를 표로 나타낸 것이 고저측량 야장(野帳)이며, 야장기입법에는 고차식(高差式), 승강식(昇降式), 기고식(器高式) 등이 있다.

가) 고차식

고차식은 후시(後視-BS: 기지점에 세운 표척의 눈금값)와 전시(前視-FS: 구하려는 점에 세운 표척의 눈금값)의 2란만으로 고저차를 나타내므로 2란식이라고도 하며, 2점 간의 높이만을 구하는 것이 주 목적으로 점검이 용이하지 않다.

나) 승강식

승강식은 전시값이 후시값보다 작을 때는 그 차를 오름칸(승란: 昇欄)에, 클 때는 내림칸(강란: 降欄)에 기입하여 완전한 검산을 계산할 수 있으며, 높은 정확도를 필요로 하는 측량에는 적합하지만 중간점이 많을 때는 계산이 복잡하며 시간이 많이 소요된다.

다) 기고식

기고식은 시준(視準) 고도를 구한 다음, 여기서 임의의 점의 지반(地盤: 관측지면의 기준) 고도에 그 후시를 더하면 기계 고도를 얻게 되고, 이것에서 다른 점의 전시를 빼면 그 점의 지반 고도를 얻는다. 기고식은 이 관계를 이용한 것으로 후시보다 전시가 많을 때 편리하고, 승강식보다 기입사항이 적고 고차식보다 상세하므로 시간이 절약된다. 또한, 중간시(中間視)가 많은 경우에 편리한 방법이나 완전한 검산을 할 수 없는 결점이 있다. 이 방법은 일반적으로 종단 고저측량에 많이 이용된다.

그림 3-13 우리나라 고저측량망도

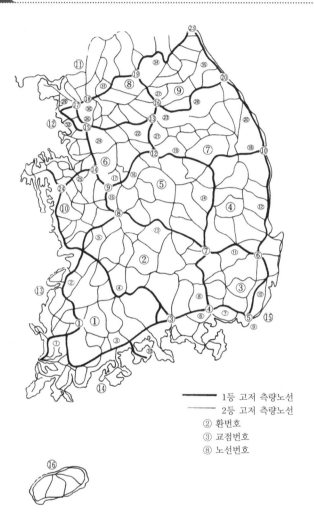

```
━━━  1등 고저 측량노선
───  2등 고저 측량노선
② 환번호
③ 교점번호
⑧ 노선번호
```

예제 3.3 〈그림 3-14〉과 같은 고저측량 결과를 기고식 야장기입법으로 기입하시오.
단, A의 표고는 100.0m이다.

그림 3-14   고저측량 결과

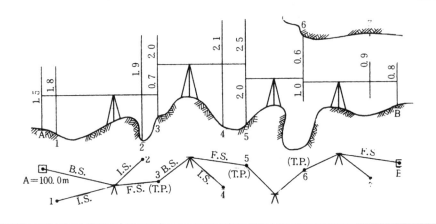

풀이   다음 계산식에 의해 계산된다. i점의 표고는

$$GH_{i-1} + BS = IH \quad \cdots \cdots ①$$

$$IH - FS = GH_i \quad \cdots \cdots ②$$

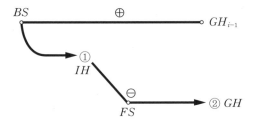

■■ 표 3-4   고차식 야장기입법

관측점	후시(BS)	전시(FS)	기계고(IH)	지반고(GH)	비 고
A			101.5	100	A의 지반고 =100m
3	1.5	0.7	102.8	100.8	
5	2.0	2.5	102.3	100.3	
6	2.0	−0.6	101.9	102.9	
B	−1.0	0.8		101.1	
계	4.5	3.4		$\Delta H = 1.1$	
검 산	$\Delta H = \sum BS - \sum FS = 1.1\text{[m]}, \ \Delta H_B = \Delta H_A = 1.1\text{[m]} \ \therefore \text{O.K.}$				

■■ 표 3-5 승강식 야장기입법

관측점	후시	전 시		승(+)	강(−)	지반고	비 고
		전환점	중간점				
A	1.5					100	$GH_A=100m$
1			1.8		0.3	99.7	
2			1.9		0.4	99.6	
3	2.0	0.7		0.8		100.8	
4					0.1	100.7	
5	2.0	2.5	2.1		0.5	100.3	
6	−1.0	−0.6		2.6		102.9	
B		0.8			1.8	101.1	
계	4.5	3.4				$\Delta H=1.1$	
검산	$\Delta H=\sum BS-\sum FS=1.1[m],\ \Delta H=\Delta H_B=\Delta H_A=1.1[m]\ \therefore\ O.K.$						

■■ 표 3-6 기고식 야장기입법

관측점	BS	IH	FS		GH	비 고
			TP	IP		
A	1.5	101.5	(+)		100.0	$GH_A=100m$
1	〃		(−)	1.8	99.7	IP
2	〃		(+)	1.9	99.6	IP
3	2.0	102.8	0.7		100.8	TP
4	〃			2.1	100.7	
5	2.0	102.3	2.5		100.3	TP
6	−1.0	101.9	−0.6		102.9	TP
7	〃			−0.9	102.8	
B	〃		0.8		101.1	$GH_B=100.1m$
계	$\sum BS=4.5$		$\sum FS=3.4$		$\Delta H=1.1$	

검산 : $\Delta H=\sum BS-\sum FS=4.5-3.4=1.1m$
$\Delta H=H_B=H_A=101.1-100=1.1m\ \therefore\ O.K.$
단, IP점들은 검산이 안 됨

③ 간접 고저측량

간접 고저측량은 레벨에 의해 표고를 직접 관측하지 않고 TS나 GPS에 의해 삼각 고저측량을 한다.

가) TS에 의한 간접 고저측량

(ㄱ) 표고 값을 알고 있는 기지점에 TS를 설치하고 미지점에 반사경을 설치하여 관측하면 즉시 미지점의 표고를 알 수 있다.

(ㄴ) 가까운 거리에서는 지구곡률이나 공기 굴절률이 미소하므로 고려하지 않는다.

(ㄷ) TS에 의한 간접 고저측량시는 TS의 각 정확도(2mm+2ppm 또는 5mm+3ppm 등)에 따라 오차가 발생되므로 매우 정밀한 고저측량에는 적용하지 않는 것이 좋다.

〈그림 3-15〉로부터

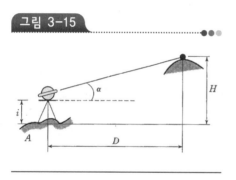

그림 3-15

$$H = H_A + D\tan\alpha + i + \frac{1-\mathrm{K}}{2R}D^2 \quad (3.21)$$

여기서, i=기계고

K=공기의 굴절계수

R=지구의 반지름

나) GPS에 의한 간접 고저측량

(ㄱ) 레벨에 의해 직접 고저측량으로 구해진 높이 값은 표고이나 GPS에 의해 관측된 높이값은 타원체고에 해당한다.

(ㄴ) 표고는 지오이드로부터의 높이값이므로 GPS 측량과 고저측량을 동일 관측점에서 실시하면 그 지점의 지오이드고를 알 수 있다.

(ㄷ) 현재 우리나라는 지오이드 모형이 고시되지 않은 상태이므로 2개의 기지점에서 GPS관측을 하여 두 점 간의 국소지오이드 경사도를 구한 후, 미지점의 위치를 GPS 관측높이를 보정함으로써 GPS 고저측량값을 얻을 수 있다.

그림 3-16 GPS 고저측량

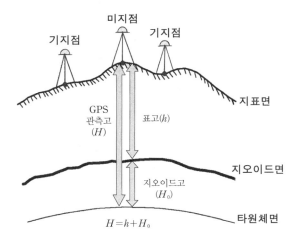

$$H = h + H_0$$

3. 기준점측량

(1) 수평위치

수평위치(X, Y 좌표)를 결정하는 기준점측량에는 삼각측량, 삼변측량, 다각측량 및 GPS에 의한 삼변측량 방법 등이 있으나, 최근에는 TS, GPS 측량과 다각측량이 주로 사용되고 있다.

① **광파종합관측기**(TS: Total Station)

광파종합관측기의 사용시 흐름을 〈그림 3-17〉과 같다.

가) TS의 정확도

(ㄱ) 각관측의 경우

독취각의 초에 상응하는 1초 정확도는 정밀시공 및 관측업무에, 1.5초 정확도는 정밀시공 및 관측업무에, 2초 정확도는 정밀시공 및 정밀설계에, 3초 정확도는 일반시공 및 일반설계에, 5초 정확도는 일반시공 및 일반설계에 사용하고 있다.

(ㄴ) 거리관측의 경우

독취단위가 모두 1mm일 때 1mm＋1ppm는 정밀시공 및 관측에, 2mm＋1ppm는 정밀시공 및 관측에, 3mm＋3ppm는 일반시공 및 설계에,

그림 3-17 관측의 흐름도

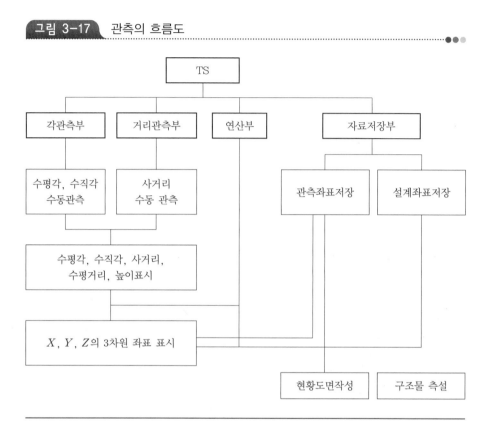

5mm+3ppm는 일반시공 및 설계에 이용되고 있다.[1]

따라서 (5mm+3ppm)의 거리 정확도를 가진 TS를 이용하여 1km의 거리 관측시에는 기계오차 5mm와 거리에 따른 오차 3mm가 더해지는데, 이때 서로 성질이 다른 두가지의 오차에 대한 합이므로 평균제곱근 오차를 적용하면 $\sqrt{(5)^2+(3)^2}$mm=$\sqrt{34}$mm=5.83mm의 오차가 발생하게 된다.

다) TS 사용시 주의사항

TS로 거리관측시는 적외선 광경이 대기중을 통과하여 반사경에 반사된 후 다시 장비로 되돌아올 때까지의 시간을 관측하여 거리를 관측하게 되므로 대기의 온도와 기압에 따라 관측값이 달라지기 때문에 반드시 이를 보정하여야 한다.

(ㄱ) TS 제작시 설계 온도 및 기압: 15℃에서의 표준기압(1,013hp=1,013mbar)

(ㄴ) 측량시 온도 및 기압을 관측하거나 기상청 자료를 입수하여 장비에 입

---

1) ppm(part per million) 1ppm은 1/1,000,000을 뜻하며 1ppm은 거리에 따른 오차량으로서 1km의 거리관측시 1mm의 오차가 더 생긴다는 것을 의미한다.

력을 하여야 한다.

(ㄷ) 현장에서 쇠줄자에 의한 실측값과 TS의 프리즘 상수 및 거리확인, 기표를 통한 수평확인, 연직각확인을 해야 한다.

(ㄹ) 차량으로 이동시 기기박스 안에 안치, 삼각대와 분리 후 이동, 두 손으로 들고 이동시는 연직에 가깝게 해야 한다.

(ㅁ) 겨울철 현장 사용 후 실내온도에 적응시킨 후 보관해야 한다.

② GPS

가) 관측방식

GPS 관측으로 설계도면 작성 및 시공을 할 경우 〈표 3-7〉과 같은 방법을

■■ 표 3-7

Static 측량(후처리 방식)	RTK 측량(실시간처리 방식)	VRS(가상기준국 측량)
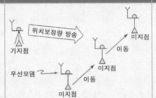		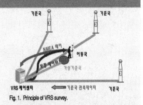
(1) 최소 4대 이상의 GPS 수신기로 기지점과 미지점망을 연결하여 동시 관측(세션관측)	(1) 최소 2대 이상의 수신기가 필요함(기지국 GPS 및 이동국 GPS)	(1) GPS를 이용한 RTK 측량 기술의 하나로 GPS 관측망으로부터 생성된 RTK용 위치정보신호를 인터넷통신을 통해 전송받아 수신기 1대만으로 전국 어디서나 높은 정확도의 RTK 측량을 할 수 있다.
(2) 각 수신기는 단지 위성신호만을 수신하여 자료 저장(최소 30분 이상)	(2) 기지국 GPS는 위성에 의해 관측된 성과와 기지점 성과와의 차이값을 계산하여 위치보정 자료를 생성하고 이를 무선모뎀 등을 통해 이동국 GPS로 송신	(2) 2007.11.21일부터 국토지리정보원에서 VRS 위치정보 신호서비스를 개시함에 따라 수신기 1대만으로 몇 초 만에 높은 정확도의 RTK 측량을 할 수 있다.
(3) 수집된 관측자료의 요구정확도는 간섭위치관측용 소프트웨어에 의해 기선해석 및 망조정계산을 거쳐 미지점의 좌표 결정	(3) 이동국 GPS는 위성에 의해 관측되는 성과와 기지국 GPS에서 송신된 위치보정량을 수신하여 미지점의 좌표를 실시간으로 계산, 결정	
(4) 정확도: 수평 5mm+1ppm 수직 10mm+2ppm	(4) 정확도: 수평 12mm+2.5ppm 수직 15mm+2.5ppm	
(5) 용도: 측지기준점(1등삼각점), 정확도를 위한 망조정용	(5) 용도: 도면화, GIS, 실시간 구조물 변위관측, 10km 이상의 장거리 기준점측량, 공사측량	

사용한다.

(2) 기준점측량시 유의사항

① 수평위치의 기준점측량

(ㄱ) 기준점측량은 평면위치(X, Y)에 대한 기준점을 설치하는 측량으로서 반드시 국토지리정보원에서 발급한 삼각점 성과표의 좌표를 기준으로 해야 한다.

(ㄴ) 기준점측량의 범위에는 삼각점과 신설점[현장기준점: 현장 CP(Control Point)]을 서로 연결한 기준점 망내의 모든 점이 포함된다.

(ㄷ) 도로의 시·종점부와 연결되는 인접 공구의 현장 기준점과도 반드시 연결측량을 실시하여 시공시 흔히 발생되는 인접 공구와의 노선 불일치 원인을 근본적으로 제거한다.

(ㄹ) 단독 공사인 경우에는 도로 시·종점부의 기존 구조물 등에도 신설점을 설치하고 연결측량을 실시하여야 시공시 기존 구조물과의 불부합 문제가 발생하지 않는다.

② 수직위치의 기준점측량

(ㄱ) 고저측량은 반드시 국토지리정보원에서 발급한 고저기준점(수준점) 성과표의 표고를 기준으로 해야 한다.

(ㄴ) 기준점측량에서와 같이 인접 공구의 현장 가설고저기준점(TBM: Temporary Bench Mark)과도 반드시 연결측량을 실시해야 한다.

(ㄷ) 고저측량은 가능한 한 한 점의 국가고저기준점만을 연결하는 폐합노선측량보다는 두 점의 국가고저기준점을 연결하는 결합 노선측량 방식으로 실시하는 것이 좋으며, 현장 인근의 국가고저기준점이 유실되었을 경우는 보다 먼 거리에 위치한 다른 국가고저기준점과 연결하여야 한다. 신설 도로의 길이가 1km도 안되는 경우도 있지만 고저기준점으로부터 고저측량을 하기 위해서는 수십 km 이상을 고저측량을 해야 하는 경우도 있다.

4. 용지측량

(1) 개   요

용지측량은 설계 평면도에 지적도를 중첩하여 매입부지를 확정하고 부지매입에 따르는 예산을 수립하는데 적용되는 측량으로서, 향후 시공과정에서 부지

그림 3-18 　용지도면(용지도) 작성 예

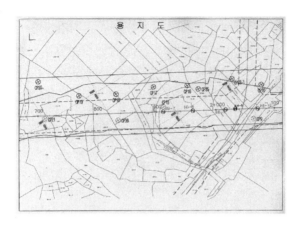

경계와 관련된 민원 발생의 소지가 매우 크므로 그 정확도에 세심한 주의를 기울여야 한다.

　　용지도면(용지도) 작성시 일반적으로 시·군·구 지적과에서 발급한 지적도를 스캐닝하여 설계평면도상에 적당히 중첩하는 경우가 많은데, 수치지적 지구인 경우는 지적도근점을 기준으로 좌표측량을 실시해야 하며, 도해지적 지구인 경우는 지적측량 전문업체(대한지적공사 또는 안전행정부 지적측량 등록업체)에 의뢰하여 경계 말목 위치에 대한 경계측량을 실시하는 것이 좋다.

(2) 용지측량

용지측량에는 주로 평판측량이 이용된다.
① **종래의 평판측량**(평판측량기 사용)
가) 순　서

그림 3-19

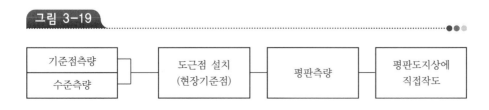

나) 문제점

(ㄱ) 평판 도지의 크기가 제한되어 있어 넓은 구역의 현황도 작성시 여러 장의 도면을 별도로 작도하여 합성하게 되는데 이때 오차가 많이 발생한다.

(ㄴ) 전자지도화(Digital Mapping)를 위해서는 수작업으로 작도된 현황 도면을 다시 CAD(Computer Aided Drafting 또는 Design)로 입력함으로써 이중 작업이 된다.

(ㄷ) 비, 바람 등의 기후에 영향을 많이 받으므로 정확도가 낮아진다.

(ㄹ) 시간이 많이 소요된다.

② **최근의 전자평판측량**(GPS 및 TS 사용)

가) 순 서

그림 3-20

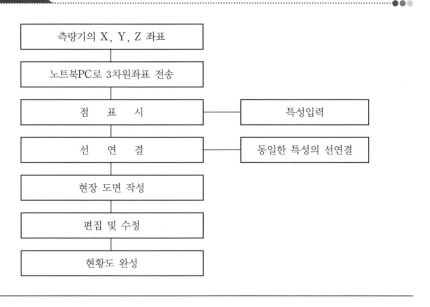

나) 전자 평판측량의 장점

(ㄱ) 현장에서 관측과 동시에 지형도를 작성함으로서 현장과 도면을 직접 눈으로 확인하면서 작업하므로 결측 부분이 발생하지 않는다.

(ㄴ) 컴퓨터 영상면의 이동 기능으로 종래 평판 측량과 같이 종이도면(도지)의 크기에 제한을 받지 않으므로 넓은 지역의 측량이 가능하다.

(ㄷ) 컴퓨터 영상면의 축소, 확대가 가능하므로 매우 복잡하고 세밀한 지형의 정확한 지형도 작성이 가능하다.

(ㄹ) 각 관측점의 특성까지도 현지에서 입력하므로 차후 특성 파악을 위한 별도의 작업이 필요 없다.

다) 전자평판측량 세부 순서

(ㄱ) TS 및 노트북 PC를 도근점(현장 기준점)에 설치한다.

(ㄴ) 작업 전 먼저 현장을 둘러보면서 특성별로 관측점에 대한 코드를 설정하고 측량 순서를 결정한다.

예) 도로 경계석은　　　100번 코드
　　상수도관은　　　　 200번 코드
　　하수관은　　　　　 300번 코드
　　　　·　　　　　　　·
　　　　·　　　　　　　·
　　　　·　　　　　　　·
　　가스관로는　　　　 800번 코드

(ㄷ) 같은 특성의 관측점, 즉 같은 코드 번호의 관측점들을 순서대로 먼저 관측하여 선을 연결한 다음, 다음 특성점을 관측한다(좌우측 도로 및 지하 시설물을 번갈아 가면서 한쪽부터 완벽한 도면을 작성하는 것이 좋을 것이라고 고려되나 기계

그림 3-21 노트북 PC로 도면화(mapping)

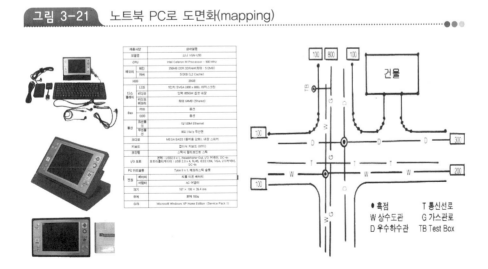

수가 한 사람인 이상 컴퓨터를 조작하는 시간이 필요하며 잦은 관측점 코드의 변경으로 혼동을 초래할 가능성이 있으므로 특성별 관측이 더 효율적이다).

(ㄹ) 외업은 상기와 같이 지형에 대한 실시간 현황도면의 작성으로 종료되며 사무실로 복귀 후 편집 및 수정 보완 작업을 하게 된다.

(ㅁ) 편집은 주로 현장에서 실시한 매핑시 관측점 간의 선연결이 실행되지 않았다던가 혹은 속성이 잘못 입력된 것 등을 검색하여 수정, 보완하는 것이다.

③ 평판측량의 정확도

평판에 의한 다각측량의 정확도는 일반적으로 폐합비로 표시되며 그 허용한계는 다음과 같다.

가) 평탄지: 1/1,000

나) 완경사지: 1/800~1/600

다) 산지 또는 복잡한 지형: 1/500~1/300

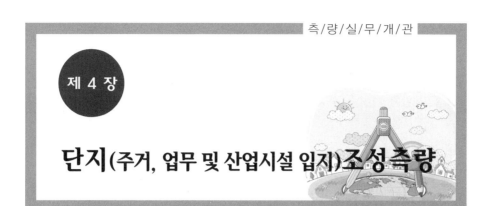

제 4 장

단지(주거, 업무 및 산업시설 입지)조성측량

1. 개   요

단지조성(plant construction)은 토지의 이용도 및 효율성을 증대시키기 위하여 집단적이며 계획적으로 부지(주거, 업무, 상업, 여가 및 운동시설, 국가 및 지방산업단지, 농공, 유통, 관광 등 공용의 목적으로 개발되는 부지형태)를 마련하기 위한 작업이다. 단지조성에는 기준점관리, 지형 및 현황관리, 용지경계설정, 도로 및 관로관리, 종·횡단측량, 연약지반 및 호안관리, 확정 및 준공측량작업 등을 수행하여야 한다.

2. 단지조성측량 사전준비작업

(1) 기준점관리

① 기준점 설정

일반적인 단지조성인 경우 국토지리정보원의 좌표체계를 이용하나 택지조성인 경우 지적공사의 좌표체계를 이용한다. 두 좌표의 제원은 다르나 좌표전환을 거치면 지형의 위치는 일치함을 알 수 있다.

② 시공 전 기준점측량계획서 작성

시공 전 설계측량 시 수평기준점(X, Y) 및 수직(고도 또는 수준) 기준점(Z)을

확인 후 이 기준점을 이용한 용지경계측량, 공구경계측량, 종·횡단측량, 중요
구조물의 위치에 관한 수량산출 및 문제점을 조사하여 공사가 원활히 이루어지
도록 계획서를 작성한다.

(2) 지장물조사 및 처리

용지보상과 관련되는 사유재산 및 육상에 설치된 모든 시설물(건축물, 구조
물, 농작물, 묘지, 전주, 가로등, 신호등, 표지판 등)을 지장물(또는 지상시설물)이라
한다. 지장물을 표시한 자료를 설계서 후면에 명기하고 있다.

측량사는 설계 시 누락된 지장물의 유·무를 점검하여 공사담당자에게 업
무를 이관한다.

지하매설물은 도로(차도, 도보), 하천의 제방 및 고수부지, 교량의 상·하류
부의 도강(渡江)한 부분의 개구(맨홀)부 등이 있다. 설계도에 있는 지하매설물도를
기준으로 개구부의 정확한 위치 및 종류를 정밀 답사하여 확인한 후 유관관계자
의 업무협조요청과 현재 관련자료를 취득한다. 취득된 확인자료를 설계도와 비
교검토 후 정비된 도면자료를 공사관계자에게 인계한다. 지하매설물의 이설 및
신설, 철거 및 폐기업무를 수행할 시는 관련관계자의 입회를 요청하여야 한다.

■■표 4-1 도로의 종류 및 설계속도

구분	도로 폭(m)	설계속도(km/hr)	도로구분
광로	50	80(60)	주간선도로
광로	40	80(60)	주간선도로
대로 1류	35	80(60)	주간선도로
대로 2류	30	60	부조간선도로
대로 3류	25	60	부조간선도로
중로 1류	20	50	집산도로
중로 2류	15	50	집산도로
중로 3류	12	50	집산도로
소로 1류	10	40(30)	국지도로
소로 2류	8	40(30)	국지도로
소로 3류	6	40(30)	국지도로

( )는 부득이한 경우 적용 설계속도

(3) 도로의 형상과 기준

도로는 도시의 골격을 이루는 주간선도로(광로, 대로)와 근린생활권 형성에 연결하는 보조간선도로(대로, 중로), 근린생활권 내 교통집산기능이나 근린생활 외곽을 연결하는 집산도로(중로), 도로지역을 구획하는 국지도로(소로), 보행자나 자전거의 전용도로 등으로 분류하여 기준을 설정한다. 또한 보도와 차도의 경계선은 복합곡선이나 원호를 이용하고 교차지점의 곡선반경은 큰 도로의 곡선반경 기준(주간선도로 15m, 보조간선 12m, 집산도로 10m, 국지도로 6m 이상)을 적용시켜 처리한다. 도로의 종류와 설계속도는 〈표 4-1〉과 같다.

(4) 관   로

관로에는 우수관로와 오수관로로 대별된다.
① 우수관로
우수관로는 우수를 하수본관에 유입시키기 위해 우수받이의 심도는 800~1,000mm, 내경의 크기는 300~500mm, 우수받이의 간격은 30m 이내로 하여 도로의 좌우측 L형 측구에 설치하는 관로이다. 또한 우수관로는 교통의 안전이나 토사 등의 유입을 방지하기 위하여 구멍이 있는 덮개나 연결관의 관거보다 15cm 이상 높게 모래받이를 조성한다.
② 오수관로
오수관로에는 차집관로와 쓰레기압송관로가 있다. 차집관로는 단지 내 소하천에 구간경사와 완만하게 설치하는 것으로 구간 내 역류가 일어나지 않도록 정확한 고저측량을 요하는 관로이다. 쓰레기압송관로는 도로부지와 녹지공간을 이용하여 설치한다.

(5) 호안 및 연약지반

① 호   안
호안은 유수에 의한 훼손 및 침식을 보호하기 위하여 제방 앞 또는 제외지 비탈에 설치하는 구조물이다.
② 연약지반
연약지반은 지질이 연약하거나 다양한 지질형성으로 인하여 부등침하, 유동, 국부전단파괴가 발생하여 기반의 수평상태유지가 곤란한 지반이다. 압밀수의 양이 많아서 샌드메트만으로 배수가 충분하지 않을 때 유공관을 이용하여 배수관의 경사는 1‰ 이상으로 한다. 또한 집수정 배공도나 침하판을 설치 후 주기적인 관측값을 분석할 때 성토 중에는 주위지반의 융기와 붕괴 등을 관찰하여 최종마무리높이의 허용오차가 ±10cm 이내로 하고 후속작업을 진행하도록 한다.

3. 단지조성 현지측량

(1) 착공 전 기준점측량

① 수평위치(X, Y)

측량의 팀(TS팀, GPS팀, 레벨팀, 종·횡단팀, 현황측량팀, 용지 및 공구경계측량팀, 중요구조물 확인팀)이 설계 시 설정된 수평기준점과 수준점을 인수하여 확인측량을 한다. 기준점측량은 국토지리정보원에서 발급하는 국가기준점을 원칙으로 하나 인접공구가 있을 시는 상호 협약하되 공문으로 문서화한다. 지구경계(용지경계)는 대한지적공사에 의뢰하여 경계점을 측량한 다음 측량값을 현장좌표로 변경해야 한다. 공사에 필요하여 적합한 위치에 기준점을 설치할 경우 기반이 견고하고 후속측량 시 시통이 양호한 위치이어야 한다. 또한 교량이나 터널 등의 주요시설물의 시점과 종점 부근에는 반드시 기준점을 설치하여야 한다. 단지조성현장의 기준점측량은 일반적으로 결합트래버스측량을 원칙으로 한다. 각 관측값의 허용오차는 시가지: $0.3\sqrt{n}{\sim}0.5\sqrt{n}$분, 평지: $0.5\sqrt{n}{\sim}1\sqrt{n}$분, 산지: $1.5\sqrt{n}$분으로 하며 트래버스 폐합비 허용오차는 장애물이 적은 평지 또는 시가지: 1/5,000~1/10,000, 평지: 1/2,000~1/5,000, 장애물이 많은 지형이나 산지: 1/1,000~1/2,000로 한다.

② 수직(고저 또는 수준)위치(Z)

국토지리정보원에서 발급하는 국가수준(고저기준)점을 성과를 이용하여 왕복측량을 하되 〈표 4-2〉의 값을 초과 시 재관측을 하여 성과를 이용한다.

■■ 표 4-2 기점과 결합 시 폐합차의 허용범위

환폐합차	1등 고저측량	2등 고저측량	L : 환전장 단위 km
	2.0mm$\sqrt{L}$ 이하	5.0mm$\sqrt{L}$ 이하	

(2) 종·횡단측량 및 수량산정

① 종·횡단측량

설계서를 기준으로 평지는 20m, 또는 굴곡부는 플러스체인으로 종단측량을 수행하고 중심접선의 직교방향으로 횡단측량을 하되 용지경계 밖으로 10~20m까지 횡단측량을 한다. 종·횡단측량에서 평지는 광파종합관측기(TS)로 중심선을 측설하고 레벨을 이용한 고저측량을 수행하며 아울러 구조물 설치점의 위치도 측량하여 성과표를 작성한 후 설계성과와 비교검토한다.

② 종·횡단측량의 수량산출

종·횡단측량에 의한 횡단면도를 이용하여 수량 토적표작성, 공종별 토공수량집계표 및 총괄수량집계표를 작성한다. 토공량계산에서는 흙깎이, 흙쌓기, 누가토량을 산정하고 흙깎기와 흙쌓기에 대한 값은 설계 시와 측량한 성과와의 비교값을 표로 작성하여 필요 시 이용할 수 있도록 한다.

(3) 용지경계측량

용지경계(지구계)측량은 토지소유자의 재산권 및 공사부지면적의 확정과 관련되므로 고도의 정밀성을 요구하며 준공완료시까지 용지경계 측량값은 보존하고 관리하여야 한다. 경계측량이 대규모공사인 경우는 대한지적공사가 직접 측량하나 임야나 구릉지 등 민원의 문제가 별로 없는 구역은 시공사가 우선 측량하여 확인하는 방법과 대한지적공사가 직접 측량하는 방법을 병행하는 경우도 있다. 주택밀집지역이나 재산권 권리행사가 발생하는 지역은 반드시 대한지적공사의 측량에 의존해야 한다. 대한지적공사에서 측량한 경계는 반드시 측량하여 현장좌표로 변환하여 성과표로 보관하여야 한다.

(4) 도로 및 지하매설물 측량

① 도 로

최신 지형공간정보를 토대로 도로의 교차점(IP: Intersection Point) 제원을 토대로 원활하고 충분한 교통조건을 확보하도록 하며 광역도로에 관한 좌표전개도 및 편경사전개도를 이용하여 기능별 도로의 중심 및 경계좌표를 산출하여 단지측량 시 및 단조성완료 후 기본자료로 활용한다.

② 지하매설물

지하매설물은 상수도, 우수관로, 전선관로, 통신관로, 도시가스, 지역난방 등으로 계획고 및 위치를 검토하여 현장측량 및 변경 시공할 경우 이용할 수 있도록 자료를 마련하여 둔다. 또한 우수받이는 노면포장 시 곡선부의 시점, 종점부에 설계고와 도로편경사도가 잘 유지되도록 정확한 측량작업으로 점검되어야 한다.

(5) 확정, 검사 및 준공측량

① 확정측량

확정측량은 측량대상지역을 현지에서 위치, 형상 및 면·체적을 확정하는 작업으로서 가구확정측량과 필지확정측량으로 대별된다.

가) 가구확정측량

가구확정측량은 공공용지(도로, 공원, 수로, 녹지 등)와 사유용지에 대한 좌표값을 이용하여 현지에 표시하는 작업이다.

나) 필지측량

필지측량은 환지설계된 자료를 이용하여 면적을 관측한 후 현지에서 필지의 한계에 대한 말뚝을 현지에 표시하는 작업이다. 확정측량은 공사 완료 후 공동 및 단독택지, 공공용지(공원, 도로, 철도, 도시지원시설, 하천 등)의 경계를 설정하고 기준점을 기준으로 이들에 관한 좌표 및 면적산출과 도면을 작성한다. 등기용 지적도는 등기소에 영구보존된다.

② 검사측량

검사측량은 공사가 완료된 후 시설물(건축물, 도로, 공공시설물) 및 필지경계점의 위치를 관측하여 가구의 형상, 필지의 형상, 면적 등이 기본설계자료와 이상이 있을 경우 계획기관의 지시에 의해 수행하는 작업이다. 검사측량에는 가구의 면적과 형상을 검사하는 가구검사측량과 필지경계점의 위치를 검사하는 필지검사측량 등이 있다.

③ 준공측량

준공측량은 측량시행자가 측량작업을 완료하고 준공검사의 신청을 위한 측량작업의 제반사항[준공도서, 신·구 지적대조도, 공공시설의 귀속조서 및 도면, 조성자의 소유자별 면적조서, 토지의 용도별 면적조서 및 평면도, 시장·군수가 인정하는 실측평면도와 구적평면도, 기타 국토교통부(실시기관의 최고기관)령이 정하는 서류]을 제출하기 위한 작업이다. 준공검사는 택지개발사업이 실시계획대로 완료되었다고 인정되면 국토교통부장관(실시기관의 최고기관장)은 준공검사서를 시행자에게 교부하고 이를 관보에 공고한다.

(참조: 현장측량 실무지침서, (주)케이지에스테크, 구미서관, 2012)

제 5 장

해양, 항만 및 하천측량

1. 해양측량

(1) 개   요

해양(ocean)측량은 해상위치결정, 수심관측, 해저지형의 기복과 구조, 해안선의 결정, 조석의 변화, 해양중력 및 지자기의 분포, 해수의 흐름과 특성 및 해양에 관한 제반정보를 체계적으로 수집, 정리하여 해양을 이용하는 데 필수적인 자료를 제공하기 위한 해양과학의 한 분야이다.

해양측량은 항해용 해도를 작성하기 위한 수로측량(hydrographic survey)을 위주로 발전해 왔으며, 항해용 해도에는 수심, 해저지질, 해저지형, 해류 및 조류 등 항해와 관련된 사항이 기재된다. 최근 해양측량의 범위가 확산되고 해양과학 및 해양공학과의 상호관련성이 높아짐에 따라서 해양측량의 결과는 주로 항해용 해도는 물론, 해저지형도, 천부지층분포도, 중력이상도 등의 다양한 형태의 도면으로 작성되어 제공되며, 이를 기초로 하여 해양의 이용과 개발을 위한 항해안전과 항만, 방파제 등 해양구조물건설, 자원탐사 및 개발계획 등이 이루어진다.

(2) 해양측량의 내용

① 해상위치측량(marine positioning survey)

해상에서 선박의 위치를 정확하게 결정하기 위한 측량으로 해안부근 목표물 확인에 의한 방법, 천문관측법, 전파신호수신법, 인공위성신호수신법, 해저매설표신호수신법 등이 연안, 항로, 대양 등 측량지역과 측량목적에 따라 두루 이용된다.

② 수심측량(bathymetric survey)

해수면으로부터 해저까지의 수심을 결정하기 위한 측량으로 주로 초음파왕복시간차에 의한 방법이 많이 사용되므로 음향측심(sounding)이라고도 한다. 해상위치측량과 함께 가장 활용도가 높은 측량이다.

③ 해저지형측량(underwater topographic survey)

해저지형의 기복을 정확하게 결정하기 위한 측량으로 주로 해상위치측량과 음향측심을 동시에 실시하는 방법이 널리 이용되며, 직접 잠수에 의한 수중측량, 항공영상면 또는 수중영상면에 의한 방법도 이용된다.

④ 해저지질측량(underwater geological survey)

해저지질 및 지층구조를 조사하기 위한 측량으로, 일반적으로 음파조사에 의한 방법이 가장 널리 사용되며 투연에 의한 방법, 탐니기(探泥器)에 의한 방법, 시추공에 의한 방법도 사용된다.

⑤ 조석관측(tidal observation)

해수면의 주기적 승강의 정확한 양상을 파악하기 위한 조석관측은 연안선박통행, 수심관측의 기준면 결정, 항만공사 등 해양공사의 기준면 설정, 육상수준측량의 기준면 설정 등에도 중요하다.

⑥ 해안선측량(coast line survey)

해안선의 형상과 성질을 조사하는 측량으로 해안선 부근의 육상지형, 소도, 간출암, 저조선 등도 함께 측량하여 해안지역의 이용에 중요한 자료를 제공한다.

⑦ 해도작성을 위한 측량(hydrographic survey)

일반적으로 수로측량이라고 하며, 그 측량대상지역 및 측량대상에 따라 다음과 같이 구분된다.

가) 항만측량(harbour survey)

항만 및 그 부근에서 항해의 안전을 목적으로 실시하는 측량이며, 1/5,000~

1/10,000을 표준축척으로 한다. 다만, 선박의 안전항행에 지장을 줄 수 있는 준설지역, 암암, 침선 등의 장해물, 천소 등은 축척과 무관하게 빠짐없이 측량하여야 한다.

나) 항로측량(channel or passage survey)

주로 항로에 있어서 선박의 안전항행을 목적으로 실시하는 측량으로, 항로의 폭은 통항선박 길이의 5배가 확보되도록 정측하는 것이 상례이다. 항만측량과 마찬가지로 천소 및 장해물은 측량축척(1/20,000~1/30,000)과 무관하게 빠짐없이 측량하여야 한다.

다) 연안측량(coastal survey)

연안지역에서 선박의 안전항행을 목적으로 실시하는 측량으로, 1/50,000을 표준축척으로 한다. 역시 천소의 장해물은 빠짐없이 측량한다.

라) 대양측량(oceanic survey)

대양에서의 선박의 안전항행을 목적으로 실시하는 측량이다. 1/200,000~1/500,000을 표준축척으로 하며, 항해에 필요한 모든 해저지형을 측량한다.

마) 보정측량(correction survey)

해저기복의 국지적 변화에 대응하여 해도를 정비하기 위하여 실시되는 측량으로 항만정비에 따른 준설구역, 해안선 및 항로의 변동, 박지의 수심보정, 해양시설물 준공 후의 확인측량 등 필요에 따라 시행한다.

⑧ **소해측량**(sweep or wire drag survey)

천초, 천퇴, 침선 등과 같은 모든 장해물을 수색하여 선박의 안전항행을 위한 최대안전수심을 보장하기 위하여 실시하는 측량이다.

⑨ **해양중력측량**(marine gravity survey)

해상 또는 수중에서 중력을 관측하여 해면 지오이드 결정과 같은 해양측지학, 해양지구물리, 해저지각구조 및 자원탐사 등의 자료를 제공하기 위한 측량이다.

⑩ **해양지자기측량**(marine magnetic survey)

해양에 있어서의 지자기의 3요소를 관측하여 항해용 지자기분포도, 해양자원탐사자료 등을 작성하기 위한 측량이다.

⑪ **해양기준점측량**(marine control survey)

해안부근의 육상지형, 해안선, 도서지방 등의 정확한 위치결정에 필요한 기준점을 설정하기 위한 측량으로 원점측량이라고도 하며, 천문측량, 위성측량, 삼각측량, 삼변측량, 다각측량, 도해수준측량(또는 도해고저측량) 등에 의한다.

(3) 수심측량

① 원   리

해양의 이용 및 시설물(항만, 항로, 방조재축조, 매립간척 등)의 계획, 설계 및 시공에 필요한 자료를 얻기 위해 수심을 관측한다. 수심관측은 탐사선 측면에 송수파기(transducer)를 부착하여 해저면에 음파를 발사하여 이음파가 해저면에서 반사되어 되돌아오는 시간을 관측하여 수심을 결정한다. 음파를 송수신으로 수심을 관측하므로 음향측심(echo sounder)이라 한다.

$$D = \frac{1}{2} tV \tag{5.1}$$

D: 수심
t: 음파가 발사된 후 되돌아오는 데 소요된 시간
V: 음파의 수중음속도

다중음파관측기에 의해 수심을 관측하고, GPS에 의해 평면좌표(X, Y)를 관측하여 이를 컴퓨터에 입력시킨다.

수심측량중 조위계를 사용하거나 직접수준측량(고저측량)을 통해 시간대별 조위차를 관측한 다음, 실제수심(기본수준면과의 높이차)으로 수심을 갱신(갱정수심 취득)한다. 갱신된 수심과 X, Y좌표를 편집한 3차원 좌표를 이용하여 CAD 상에서 각종 목적에 맞는 성과를 작성할 수 있다.

② 작업진행

가) 현지탐사(측량예정지수심, 지모, 지물, 조석관계, 기상상태), 나) 수시측량예정항로 및 수심측량 S/W를 준비, 다) 수심측량실행, 라) 위치 및 수심성과를 노트북에 저장, 마) 외업성과를 음속도 및 조위 등에 관한 보완수정, 바) 도면(수심, 항적)작성 순으로 작업을 수행한다.

③ 수심측량의 현장

그림 5-1   수심측량 개념도

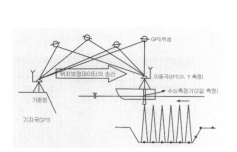

그림 5-2   수심관측기와 GPS설치광경

그림 5-3   수심측량 광경

그림 5-4   수심이 낮은 지점의 수심측량 광경

④ 수심측량 작업방법

가) TS(Total Station 또는 Geodimeter)를 이용

지상의 기준점에 TS를 설치하고 측량선에 설치된 반사경을 이용하여 측량선의 위치를 radio modem으로 측량선을 유도하여 수심을 관측하는 방법이다. 가까운 거리에 대한 수심측량에 많이 이용되고 있다.

그림 5-5 광파거리관측기(Geodimeter) 활용 수심측량 구상도

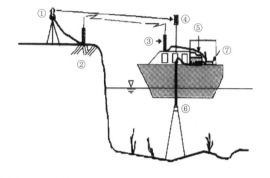

① Geodimeter
② Radio Modem
③ Radio Modem
④ Target(반사경)
⑤ Echo Sounder
⑥ 음향측심봉
⑦ 노트북

나) DGPS(해상전용 또는 RTK)

지상기준점에 GPS기준국(위성안테나, 위성수신기, radio modem)을 설치한 후 측량선에 설치된 이동국으로부터 수신된 위성자료를 처리하여 측량선을 유도함으로써 수심관측을 하는 방법이다. 해상용 관측기의 오차는 1.0~1.5m이나 RTK GPS system을 이용하면 수 cm 내의 정확한 값을 취득할 수 있다.

그림 5-6 DGPS(해상전용 or RTK) 활용 수심구상도

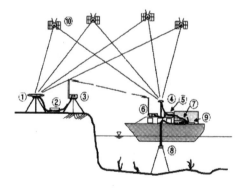

① 기준국 위성 안테나
② 기준국 위성 수신기
③ 기준국 Radio Modem
④ 이동국 위성 안테나
⑤ 이동국 위성 수신기
⑥ 이동국 Radio Modem
⑦ Echo Sounder
⑧ 음향측심봉
⑨ 노트북
⑩ 인공위성

다) DGPS/Beacon system(MX9250)

측량선에 이동국만 설치하여 실시간으로 수심관측을 하는 방법이다. 해상에서 오차가 1.0~1.5m 정도이다. DGPS는 1999년 8월부터 해양수산부에서 우

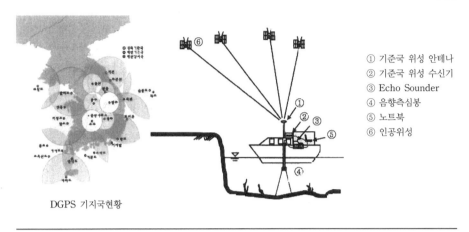

| 그림 5-7 | DGPS/beacon(or VRS) system 활용 수심측량 구상도 |

① 기준국 위성 안테나
② 기준국 위성 수신기
③ Echo Sounder
④ 음향측심봉
⑤ 노트북
⑥ 인공위성

DGPS 기지국현황

참조: 현장측량 실무지침서, (주)케이지에스테크, 구미서관, 2012.

리나라 연안과 항만 입·출항선박의 안전운항을 위하여 서해안(팔미도·어청도)부
터 서비스를 시작했다.

⑤ **수심측량 시 고려사항**

가) 음속도 보정

해수 중의 음속도는 해수의 온도, 염분, 수압 등에 의하여 영향을 받으므로
철재척을 이용하여 바-체크(bar check)로 오차를 보정해야 한다. 바-체크는 수
심관측 전해역의 최심부에서 수행하여야 하며 바의 심도는 송수파기를 기준으로
심도 32m까지는 2m마다 그 이상은 5m마다 관측하며 오차는 32m까지는
2.5cm, 그 이상은 5cm 이내이어야 한다.

나) 조위보정

(ㄱ) 조 위

해수면의 주기적 승강(높아졌다 낮아지는 것)이 조석(潮汐, tide)이다. 조석으
로 인하여 해수면의 높이가 변하는데 이를 조위라 한다.

(ㄴ) 조위의 종류

(i) 고극조위(H.H.W) → Highest High Water

장기 조석관측에서 실측된 가장 높은 조위로서, 천문조에 의한 최고조위와
기상조위에 의한 이상조위가 합쳐진 조위. 즉 일정기간 동안 관측기간 중의 최
고조위 ↔ 저극조위

(ii) 약최고고조위(Approx. HHW) → Approximate Highest High Water

4대 주요 분조의 각각에 의한 최고수위 상승값이 동시에 발생했을 때의 고조위

(iii) 대조평균고조위(HWOST) → Hight Water Of Spring Tide

대조(spring tied) 때 고조의 평균조위, 대조승(spring rise)이라고도 한다.

(iv) 평균고조위(HWOMT) → High Water Of Mean Tide

일정한 관측기간(월, 년) 중의 고조위의 평균값

(v) 소조평균고조위(HWONT) → High Water Of Neap Tide

일정한 관측기관(월, 년) 중의 저조위의 평균값

(vi) 평균해수면(MSL) → Mean Sea Level

일반적으로 해수면의 높이를 어느 일정기간의 높이로 평균한 때의 해수면 (인천항의 평균해수면은 육상수준점(BM)의 기준이 되며, 이때의 BM값은 0가 된다.)

(vii) 소조평균저조위(LWONT) → Low Water Of Neap Tide

소조(neap tide) 때의 저조의 평균조위

(viii) 평균저조위(LWONT) → Low Water Of Mean Tide

일정한 관측기간(월, 년) 중의 저조위의 평균값

(ix) 대조평균저조위(LWOST) → Low Water Of Spring Tide

대조(spring tide) 때 저조의 평균조위

(x) 약최저저조위(Approx. L.) → Approximate Lowest Low Water

4대 주요 분조의 각각에 의한 최조수위 하강치가 동시에 발생했을 때의 저조위로서 우리나라에서 기본수준면(수심, 해도의 기준면)으로 채택하고 있는 해수면

(xi) 저극조위(LLW) → Lowest Low Water

고극조위의 반대로 이해하면 됨

그림 5-8 조위관측을 위한 수준측량 광경

그림 5-9 조위관측 광경

(ㄷ) 조석관측

조석에 따라 해수면의 높이가 변하기 때문에 수심측량시 별도의 조위를 일반적으로 10분~20분 간격으로 관측하나 정조(간조와 만조)의 1시간 30분 전후에는 10분 간격으로 관측해야 한다.

다) 수심관측환경에 관한 보완사항

(ㄱ) 어망이나 기타장애물

음향측심기를 다루는 작업인 이외 다른 작업인이 승선하여 해수면을 잘 살펴야 한다. 이는 어망이나 밧줄에 음향측심봉이 분실되거나 측량선의 스크루(screw)에 어망이나 밧줄이 감겨져 측량을 못하는 경우가 있기 때문이다.

(ㄴ) 사석이나 모래를 투하

사석이나 모래를 투하면서 동시에 수심측량을 할 경우는 부유물이 가라앉는 시간을 추가로 계산하여야 한다.

(ㄷ) 해상의 날씨 변화

해상날씨에 따라 수심성과에 큰 영향을 주므로 너울성 파도가 있을 때는 잔파가 있을 때보다 정확성이 크게 저하될 수 있다.

(ㄹ) 조위와 측량시간

(i) 주기적으로 변하는 조식이므로 측량시기를 놓치면 다음 주기에 측량을 수행해야 한다

(ii) 수심이 얕은 곳은 대조기 만조정조시에 측량을 실시하며 유속이 빠른 곳은 소조기 정조시 측량을 실시한다.

(iii) 측량이 가능한 조위 중 날이 어두워지면 측량이 불가능하기 때문에 17시까지만 실행한다.

(ㅁ) 성토부분 확인측량 시 및 송수파기 위치

(i) 성토부분 측량 시 저주파측심기는 성토가 덜 된 것으로 나타날 수 있으므로 천해(수심 10m 이내)에서는 고주파를 사용해야 한다.

(ii) 송수파기(transducer)는 반드시 측량선에 수직에 가깝게 부착하여야 한다.

(ㅂ) 기초준설 후 단면유지

(i) 해수는 조수간만(밀물과 썰물의 놀이차)이 크고 해수의 토질도 점토(뻘) 성질의 것이 대부분이므로 준설이 완료된 후 후속공정이 곧 실시되어야 한다.

(ii) 부유토가 많아 수심측량이 어려울 때는 네트측량을 실시하여 수심을 확인한다.

⑥ 준설 및 항타에 관한 측량

가) 준설선(항타선) 양단에 GPS를 설치하고, 준설선(항타선)의 길이와 폭을 컴퓨터에 입력한 후, 모니터상에서 현재의 준설선(항타선) 위치를 파악한다.

그림 5-10　현장 사무실 지붕에 GPS 안테나 설치

그림 5-11　현장 사무실 내 기지국 GPS 설치

그림 5-12　작업선 양단에 GPS 안테나 설치

그림 5-13 컴퓨터를 통한 항타선 위치 유도

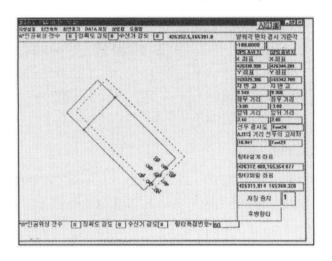

나) 준설선인 경우는 GPS를 1대만 설치하고 나머지는 Gyro 장치를 사용하여 배의 형태를 표시할 수도 있다.

다) 항타선인 경우는 말뚝에 의한 배의 기울기를 고려하기 위하여 경사계를 추가로 부착하여 정확한 항타위치를 유도할 수 있다.

⑦ 케이슨(caisson) 설치

가) 케이슨의 의의

케이슨 설치는 대형선박용 안벽공사에 이용되는 구조물(방파제 및 암벽 등의 본체를 육상에서 제작한 콘크리트구조물)을 해상으로 예인하여 수중에 설치하는 기초형식을 뜻하는 것으로써 우물통(오픈케이슨), 공기케이슨, 박스케이슨 등이 있다.

나) 케이슨 설치시 측량

해상의 공사에 구조물(케이슨. 블록 등)을 설치할 경우 유동성이 많기 때문에 변위량을 점검하기 위해 설치 전에 법선을 결정해야 한다. 설계된 법선에 따라 구조물을 설치하여야 한다. 구조물 뒷채움 사석투하 및 배후매립 시 토압증가로 구조물이 바다쪽으로 밀리는 현상이 발생할 수 있다. 이러한 변동량을 관측하기 위해 케이슨을 인양하기 전에 법선 설치를 알 수 있게 경계위치부위를 표시한다. 케이슨의 전도 및 유동을 고려하여 기존 케이슨에 붙여서 설치하는데 이때 법선상에 TS 설치하고 측량을 수행한다. TS에 의한 측량을 할 경우 프리즘

target을 세우지 않아도 케이슨 설치상태를 잘 관찰할 수 있다. 또한 법선의 측량 시 케이슨의 전면과 후면의 여성고(reinforcement height : 용접시 보강 부위의 높이) 차이에 따라 케이슨이 기울어질 수 있으므로 이에 대한 관측도 고려해야 한다. 케이슨 설치시 1함당 두 곳 이상을 측량하여야 케이슨의 변형 여부를 확인할 수 있다. 케이슨 설치의 순서는 케이슨 인양, 법선 확인, 설치, 설치간격 및 법선의 재확인·설치, 설치완료 후 양수기 철수 및 각종 보조자재를 제거한 후 설치상태를 측량(법선, 설치간격, 테벨 등)하여 성과표를 작성한다.

(4) 해도(marine chart)

해도는 바다를 주체로 한 지도로서 육지의 지도와 마찬가지로 그 대상지역 및 사용 목적에 따라 다양한 종류가 있으나, 크게 보아서 바다의 기본도와 항해용 해도 및 특수해도로 구분할 수 있다.

해도는 항해자에게는 없어서는 안 될 필수적인 구비품목으로서, 해상시설물건설 및 정비, 해양자원개발, 어업, 해상교통, 관광, 기타 해운경제운용면에도 필수불가결한 자료가 된다. 또한, 최대축척의 해도상에 기재된 저조선은 국제해양법상 영해의 폭원을 정하는 중요한 기준이 되기도 한다.

① 국가해양기본도(basic map of the sea)

국립해양조사원은 해양부존자원 및 에너지개발 등 해양개발을 위한 기초 자료의 제공과 해상교통의 안전항로 확보, 해양환경보존 및 해양정책 수립시 필수 정보를 확보하기 위해 우리나라 관할 해역 중 영해외측 375,000km²를 대상 해역으로 하여 제1 단계 사업으로 1996년부터 2011년 완료 목표로 처음으로 동해남부해역에서 국가해양기본도조사를 시작하였다.

국가해양기본도조사는 바다 밑의 정보를 조사한 다음 그 자료를 분석하여 해저지형도, 중력이상도, 지자기전자력도, 천부지층분포도 등 4개의 도면을 1조로 하는 국가해양기본도를 간행하는 사업으로 선박에 탑재된 각종 조사측량장비를 이용한다. 즉, 해저지형측량은 심해용 다중음향탐측기(MBES: Mulit Beam Echo Sounder)를 사용하며, 중력계(gravity meter)와 지자기관측기(magneto meter) 및 천부지층탐측기(sub-bottom profiler)를 사용하여 중력, 지자기 천부지층을 조사 측량하고 있다. 국가해양기본도의 축척은 1:250,000, 1:500,000이 있다.

② 항해용 해도(nautical or navigational chart)

항해의 안전을 목적으로 항로, 해저수심, 장해물, 목표물, 연안지형지물,

좌표, 방위, 거리 등 항해상 필요한 제반사항을 정확하고 이용하기 쉽게 표현한 도면으로서, 일반적으로 「해도」라 함은 이 항해용 해도를 가리키는 경우가 많다. 항해용 해도는 수로측량의 성과를 기초로 하여 간행되며, 간행된 후에 기재 내용이 변동될 경우에는 즉시 항로고시에 의하여 변동사항을 항해자에 통보함으로써 안전항해를 보장한다.

항해용 해도는 항만, 박지 등 대축척으로 표현되는 항박도로부터 광대한 지역을 소축척으로 표현하는 총도에 이르기까지 여러 가지가 사용되며, 일반적으로 축척에 따라 다음과 같이 구분된다.

가) 총도(general chart)

매우 광대한 해역을 일괄하여 볼 수 있도록 만든 해도로서, 원양항해나 항해계획수립용으로 사용된다. 일반적으로, 축척은 1/400만 이하로 되어 있다.

나) 원양항해도(sailing chart)

원양항해에 사용되는 해도로서 외해의 수심, 주요 등대, 등부표, 관측 가능한 육상물표 등이 게재되며, 축척은 1/100만 이하이다.

다) 근해항해도(coast navigational chart)

육지의 가시거리 내에서 항해할 때 사용되는 해도로서 선박위치(또는 선위)를 육지의 제반 물표, 등대, 등부표 등에 의하여 결정할 수 있게 되어 있다. 축척은 1/30만 이하로 적당한 구역을 중복시켜 통일된 연적도(連續圖)로 되어 있다.

라) 해안도(coast chart)

연안항해에 사용되는 해도로서 연안의 제반지형, 물표가 상세하게 표시되어 있다. 축척은 1/50,000 이하로 통일된 연속도로 함을 원칙으로 한다.

마) 항박도(harbour plan)

비교적 소구역을 대상으로 항만, 묘박지,[1] 어항, 수도,[2] 착안시설 등을 상세하게 게재한 해도로서, 축척은 1/50,000 이상이며, 항만, 임해공업단지의 규모나 중요도에 따라 1/5,000, 1/15,000 등으로 축척이 다양하다.

③ 특수해도(special chart)

기본도, 항해용 해도 및 다음과 같은 해도 등이 있다.

가) 수심도, 해저지형도(Bathymetric Chart)

해저지형을 정밀한 등심선이나 음영법으로 표시하여 대륙붕이나 해산, 해구 등 해저 지형특성을 파악하기 쉽도록 제작된 도면으로 해저자원조사 및 개

---

1) 묘박지: 선박이 지나다니는 해로(항로)
2) 수도: 선박이 정박할 수 있는 구역(박지)

발, 학술연구 등에 적합하다.

나) 어업용도(fishery chart)

연안어업에 편의를 제공하기 위하여 일반항해용 해도에 각종 어업에 관한 정보와 규제내용 등을 색별로 인쇄한 도면으로서 해도번호앞에 'F' 자를 덧붙여 구분한다.

다) 전파항법도(electronic positioning chart)

일방항해용 해도에 Loran, Decca, Hi-Fix 등 어느 해역 내에서 운용 가능한 전파항법체계(system)의 위치선과 그 번호를 기입한 해도로서 Loran해도인 경우, 해도번호 앞에 'L' 자를 덧붙인다.

라) 조류도

연안수로에서의 선박통행에 참고가 되도록 조류의 흐름과 분포를 기재한 도면이다.

(5) 해양측량의 정확도와 축척

① 지형표현의 축척과 등심선간격

해저지형을 상세하게 표현하기 위해서는 가능한 대축척이어야 하고, 등심선의 간격도 작을수록 좋다. 이를 위해서는 측량의 정확도를 높이고 측심선간격을 보다 조밀하게 하여야 하므로, 일반적으로 측량대상해역과 해저지질에 따라서 다음 표들과 같은 값들을 기준으로 한다.

■■ 표 5-1 해양측량의 지형표현과 축척

측량구역	축척	등심선간격	보조등심선
해 안 선 부 근	1/ 10,000 이상	1~2m	
대 륙 붕	⎰ 1/ 50,000	5m	
	⎱ 1/200,000	20m	10m
대 륙 붕 사 면	1/200,000	100m	50m
대 양 저	1/ 50,000	500m	100m

■■ 표 5-2 해저지질에 따른 등심선간격과 측심간격

등 심 선 간 격	측 심 간 격	
	사니질해저	암초해저
1m	80m	0~7m
10m	400m	70m
100m	4,000m	700m
500m	20,000m	3,500m

위와 같은 기준은 해저지형도뿐만 아니라 지질구조도, 지자기분포도, 중력이상도 등을 작성하기 위한 해양측량에도 적용된다. 예를 들어서, 1,000m급의 지질구조측량, 50γ 단위의 전자력선도 작성을 위한 측량, 10mgal 단위의 중력이상도 작성을 위한 측량의 경우, 측심선 간격은 4,000m, 축척 1/200,000을 기준으로 한다.

② **항행안전을 위한 측심선간격**

주요 항로와 준설구역 등에 대하여 선박의 안전한 항행을 보장하기 위하여 실시하는 수로측량은 최천부의 확인이 가장 주된 목적이므로 누락되는 부분이 없도록 정밀한 측량을 실시하여야 하며, 수심 및 저질에 따라서 측량도의 축척과 무관하게 다음과 같은 값들을 기준으로 한다.

■■ 표 5-3 항행안전을 위한 측심선간격

측량구역	해저상태 및 수심	미측심폭	측심등급
항로, 박지 및 준설 구역	암반 및 장애물 철 거 지 역	0.5~ 2m	A급
	사니질준설구역	3~ 5m	B급
	사니질자연해저	3~ 20m	C급
		20~ 50m	D급
기타 구역	수심 30m 미만	50~150m	
	수심 30m 이상	150~250m	

여기서 미측심폭은 음파의 지향각 밖에 있어서 음향측심이 되지 않는 폭을 말한다. 한편, 해안 부근의 수심측량에서 측심선간격은 다음과 같은 기준을 사용한다.

■■ 표 5-4 연안수심측량의 측심선간격

수 심	10m	50m	100m
측심선간격	200m	300m	500m

　　암반의 자연해저에 대해서는 위 기준의 2배 이상의 밀도로 하며, 그 결과에 따라서 보측 및 심초를 실시한다. 또한, 수심측량결과를 검사하기 위한 검측심격은 주측심의 5~10배를 기준으로 한다.

(6) 해안선측량(cost line survey)

① 개   요

　　해안선측량은 해안선의 형상과 그 종별을 확인하여 도면화하기 위한 측량으로 해안선 부근의 육상지형, 소도, 이암, 간출암, 저조선(간출선) 등도 함께 관측하는 것이 일반적이다.

　　해안선 및 부근 지형은 일반적으로 영상탐측에 의함을 원칙으로 하며, 사진측량에 의할 수 없는 경우에는 실측에 의한다. 여기서는 실측법을 위주로 기술한다.

　　육지의 표고는 평균해수면으로부터의 높이임에 비하여 해안선과 해저수심은 이보다 높거나 낮은 평균수면을 기준으로 정한다.

　　즉, 해안선은 해면이 약최고고조면에 달하였을 때의 육지와 해면의 경계로 표시한다.

　　또한, 해저수심, 간출암의 높이, 저조선은 약최저저조면을 기준으로 한다.

　　또한, 해안선의 종별은 그 지형과 지질에 따라 평탄안, 급사안, 절벽안, 모

그림 5-14 해안선과 수심

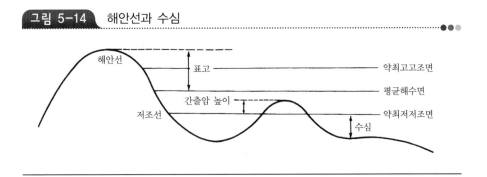

래해안(사빈), 암빈, 암해안, 군석안, 수목안, 인공안 등으로 구분되며, 해안선
의 형태와 함께 이들 종별이 해도나 연안지도상에 표기되어야 한다.

급사안(steep coast)은 해안지형의 경사가 45° 이상이며, 그 높이가 그다지
높지 않는 것으로 암질안 또는 토질안으로 구분된다.

절벽안(cliffy coast)은 급사안보다 경사가 더욱 급하여 90°에 가까운 해안
으로 일반적으로 높이 10m 이상의 것을 말한다.

해안선 중에는 그 경계를 뚜렷이 정하기 힘든 것이 있는데, 수목안, 덤불안
및 군석안이 이런 성질의 대표적인 것들이다. 수목안은 망그로우브(Mangrove)
와 같은 수중생장수목이, 덤불안에서는 갈대와 같은 수초가 무성하여 해안선의
경계가 뚜렷하지 못하며, 군석안의 경우는 크고 작은 암석이 산재하여 해안선을
획일적으로 결정하기 곤란하다.

이 밖에도 보다 자세하게 구분할 수 있으나 그 대표적인 예를 〈표 5-5〉와
같다.

■■ 표 5-5 해안선의 종별

종 별	안 선	간 출	종 별	안 선	간 출
실측안선 (홍 색)			절벽해안		
구 안 선			수 목 안		
미측안선			습 지 안		
모래안선			노 출 암	(25) (표고는 홍색으로 기재)	간 출 암	(홍색)
자갈안선						
사 석						
군 석			세 암	(홍색)	암 암	(홍색)
바 위						

② 항공영상탐측에 의한 해안선측량

항공영상면상에 나타난 수애선이 바로 정의에 맞는 해안선이라면 문제가 없으나 실제로 해수면은 조석현상에 따라 변동을 거듭하므로 촬영 당시 항공영상면에 나타난 수애선과 실제 지도상에 표기해야 할 해안선의 관계를 정확하게 규명해 두어야 한다.

해안의 경사가 작을수록 조석에 따른 수애선의 변동이 커지게 되며, 촬영시각이 만조시일 때는 대략 영상면상에서 수애선 위치를 그대로 채택하여도 크게 지장이 없으나, 그 이외의 경우에는 촬영시각과 현지의 조석시간을 비교하여 해안지형의 경사에 따른 보정을 해 주어야 한다.

또한, 해안의 종별이 암해안 등과 같은 경우에는 해안지형이 크게 달라지지 않지만, 모래사장 등의 경우에는 연안류, 파랑, 바람 등에 의하여 해안지형의 변동이 커지게 된다.

따라서, 항공영상면으로부터 해안선을 결정하려면 위에 언급한 사항과 함께 다음과 같은 요소들을 잘 고려하여 항공영상면을 판독해야 한다.

가) 항만, 방파제 등의 인공안은 그대로 해안선으로 결정한다.

나) 촬영시각이 약최고고조시와 일치할 때는 영상면상에서의 해면과 육지의 경계를 해안선으로 채용한다.

다) 해안경사가 완만한 바위 또는 모래해안에서는 해안에 떠밀려온 부유물의 흔적, 즉 고조량을 해안선으로 한다.

라) 고조량이 없는 지역에서는 촬영시의 조도와 약최고고조면의 조차(l)를 현지의 조석표에서 구하고, 도화기로 해안선과 직각방향의 평균경사각(θ)을 구하여 보정량(s)을 다음 식으로 정한다(〈그림 5-15〉 참조).

그림 5-15 조착보정에 의한 해안선 결정

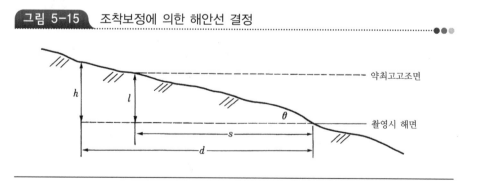

$$s = l \cot \theta$$
$$= \tan^{-1}(h/d) \tag{5.2}$$

마) 대축척항공영상면(1/1,000~1/5,000)일 경우, 영상면상 기준점의 높이를 기준으로 하여 약최고고조시의 높이를 도화기에 입력한 다음, 등고선도화와 같은 원리로 해안선의 위치를 결정한다.

바) 천연색 또는 적외선 영상면을 사용하면 판독이 더욱 용이하다.

사) 촬영시각을 저조시로 선택하면 저조선과 함께 암초, 간출암, 모래톱 등을 발견하는 데 도움이 된다.

(7) 해상위치측량(marine positioning survey)

① 개 요

해상에서의 선박의 위치를 결정하기 위한 해상위치측량은 선박의 항로유지, 수심측량 등 해양측량뿐만 아니라 모든 해상활동에 있어서 가장 기초적이고도 중요한 것이다. 계획된 항로를 정확하게 유지하며 항행하기 위한 해상위치결정의 기법을 일반적으로 항법(navigation)이라고 한다. 해양위치측량은 대부분 항법의 원리와 방법을 동일하게 사용하지만, 일반적인 항법에 비하여 그 정확도와 관측방법을 더욱 엄밀하게 하는 것이다.

해상위치측량의 방법은 관측장비에 따라서는 광학기기에 의한 방법, 전자파에 의한 방법, 인공위성에 의한 방법, 기타 방법(초음파에 의한 방법, 광학기기와 전자파를 병용하는 방법 등)으로 구분할 수 있다.

② 위성항법(satellite navigation)

인공위성은 지구중력장의 성질을 반영하면서 궤도운동을 하므로, 위성궤도를 정확히 관측함으로써 지구의 중력장해석, 지오이드결정 등과 같은 측지학, 지구물리학적 연구에 중요한 자료를 제공할 수 있을 뿐만 아니라, 인공위성으로부터의 전파교신을 수신함으로써 수신점의 위치를 결정할 수 있다.

최근에, 지구상 장거리 지점간 상호위치관계를 신속하고 상당히 정확하게 결정할 수 있는 위성측량(satellite survey)의 기법이 실용화되고 있는 추세이며, 이 위성측량은 원래 대양을 항해하는 선박 또는 항공기의 전천후 위치결정을 목적으로 개발된 위성항법을 모체로 발전한 것이다.

위성항법은 전파신호를 이용하여 위성과 관측자 사이의 거리 및 거리변화율을 관측함으로써 위치를 결정하게 되며, 현재 실용중인 위성항법방식으로는 미해군항행위성방식인 NNSS(Navy Navigation Satellite System)와 범세계위치결정방식인 GPS(Global Positioning System)가 있다.

NNSS는 1959년 최초로 실시된 위성항법방식으로 도플러 효과를 이용한 거리변화율관측의 원리에 의한다.

현재 65개의 위성이 작동중이며 정확도는 수 m 정도이다.

GPS는 1973년 시작된 방식으로 총 31개의 위성으로 지구 전체를 포괄하여 지구상 어느 지점, 어느 시각에서도 위치결정이 가능하도록 계획된 방식이다. GPS는 도플러 효과와 함께 전파도달시간차에 의한 거리관측을 병용한 원리에 의하며, NNSS가 수 분 내지 수십 분의 관측소요시간을 요하는 데 비하여 수초 이내에 위치결정이 가능하고, 정확도면에서도 양호하다. 따라서, NNSS가 저속으로 운항하는 선박에 적합한 데 비하여 GSP는 고속운항 중인 항공기에서도 적용 가능한 방식이며, 앞으로 범세계측지측량망결합 및 기준점측량에서도 큰 몫을 담당하게 되었다.

2. 항만측량

항만(harbor)은 화물의 수륙수송을 전환하는 기능으로 선박이 안전하게 출입하고 정박할 수 있는 시설이어야 한다. 따라서, 항만은 선박이 안전하게 입출항하고 하역을 하기 위한 평온한 수면적과 접안시설, 하역장비, 보관시설, 수송시설 등이 필요하며 선박수리시설, 급유, 급수 등의 보급시설과 외항선의 입출항에 따른 세관, 검역소 등의 시설이 있어야 한다.

항만은 해항과 하항 및 항구항을 총괄하여 사용되며, 대륙국가에서는 해항보다는 하항 및 하구항이 많은 편이고, 해양국가에서는 해항이 많으며 우리나라도 해항의 수가 많다.

(1) 항만계획시 조사사항

항만계획이란 항만건설 이전에 그 건설에 대한 정당성 여부, 추진방법, 유형과 무형의 결과 및 이해관계를 검토하는 것으로, 이 계획은 항만건설 및 건설 후의 운영의 난이와 항만과 관계되는 공장입지의 가부를 좌우하는 아주 중요한 사업단계이다.

항만계획은 기술적인 조사와 경제적 조사가 행해지는데, 특히 경제적 조사는 기술적인 조사보다 선행해야 하며, 경제적 조사는 항만의 기능에 따라 달라

지나 기술적 조사는 어느 항만이든 거의 비슷하다.

첫째, 기술적 조사는 해안선 지형측량, 수심측량, 수질조사, 기상조사 (10m/sec 이상의 바람에 대한 풍향별 빈도 고려), 해상조사, 토질조사(해저지반 및 지질조사), 표사 및 침식, 공사장 및 장비조사 등을 한다.

둘째, 경제적 조사는 배후권의 경제지표(인구, 산업별 소득, 공업출하액의 실적), 산업입지조건, 배후교통(철도, 도로의 운송능력의 현상과 장래), 도시계획 등을 한다.

셋째, 환경조건조사는 대기질(환경기준, NO_2, SO_2, CO 등), 수질(환경기준, COD, DO, SS, PH, N, P 등), 저질(수은, Cd, 납, 크롬화합물 등), 생태계, 문화재 등을 조사한다.

넷째, 이용상황조사는 취급화물량(품목별, 내외화물별, 시계열분석), 배후측량 (출발지, 도착지, 육상반출입유동조사 등), 입항선박, 시설이용 등을 조사한다.

(2) 항만시설과 배치

항만시설과 배치에는 수역시설, 항로, 박지, 외곽시설 등에 대해 고려한다.

① 수역시설

항로, 박지, 조선수면 및 선유장과 같이 선박이 항행 또는 정박하는 항내 또는 만내의 수면을 수역시설이라 한다.

② 항   로

항로는 선박의 안전조선을 위해 바람과 파랑방향에 대해 $30° \sim 60°$ 정도의 각을 갖는 것이 좋으며, 조류방향과 작은 각을 갖는 것이 좋다. 항로에 있어서 굴곡부가 없는 것이 좋으나 부득이한 경우 중심선의 교각이 $30°$를 넘지 않도록 해야 하며, 곡선반경은 대상선박 길이의 4배 이상이 되어야 한다.

항로는 특별한 경우를 제외하고는 왕복항로를 원칙으로 하나 일반적으로 항로의 폭은 왕복항로의 경우 선박길이의 $1 \sim 1.5$배, 편도항로는 선박길이의 0.5 배 이상으로 한다.

항로의 수심은 대상선박의 운항에 필요한 수심을 사용하는 것을 표준으로 하나, 파랑, 바람, 조류 등이 특히 강한 항로와 간만차가 매우 큰 항로에 대해서는 파랑에 의한 선박의 진동, 선박의 전후요동(pitching), 선박의 복강(squat) 등을 고려하여 여유 수심을 더한다.

③ 박   지

박지는 묘박지, 부표박지, 선회장 및 슬립(slip) 등으로 구분되며, 방파제

■■ 표 5-6 묘박지의 표준면적

목 적	묘박방법	지반조건, 풍속	반 경
대 기 및 하 역	단묘박	양 호	$L+6D$
		불 량	$L+6D+30$m
	쌍묘박	양 호	$L+4.5D$
		불 량	$L+4.5D+25$m
피 난		풍속 20m/sec	$L+3D+90$m
		풍속 30m/sec	$L+4D+145$m

주) D: 박지수심 L: 선장

그림 5-16 묘박방법

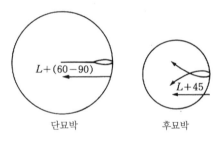

단묘박   후묘박

부두의 배치계획과 대상선박의 조선, 바람 및 파랑 등의 외력을 고려하여 설계되어야 한다.

묘박지의 크기는 사용목적, 묘박방법에 따라 〈표 5-6〉의 값 이상으로 하는 것이 좋다.

부표박지의 크기는 단부표, 쌍부표묘박지에 따라 〈그림 5-16〉과 같은 값을 기준으로 한다.

④ 외곽시설

외곽시설에는 방파제, 파제제, 호안, 갑문, 도류제 등이 있으며, 본 절에서는 방파제의 배치에 관해서만 논하기로 한다. 방파제의 배치는 해안지형, 기상, 해상, 대상선박 등의 조건에 따라 좌우되지만 파랑을 방지하며, 항내의 흐름을 방지하고, 표사에 의한 매몰이 방지되도록 항구를 설치해야 한다.

또한, 파랑에너지가 집중하는 부분에 항구를 배치해서는 안 된다. 일반적인 방파제 배치를 나타내면 〈그림 5-17〉과 같다. (a), (b)는 사빈해안의 굴입항만에 많이 적용되며 A 및 B 부분은 자연해빈 또는 소파호안으로 하는 것이 많다. (c)는 하구를 분리하여 만든 항에 많이 적용되며, 하구측의 돌제는 하구도유제와 같은 역할도 한다. (d)는 항내의 파가 비교적 작은 항에 적용된다. (e), (f)는 어항에 많이 적용되는 형이며, (g), (h), (i)는 해안선이 만곡된 곳에 많이 적용된다. (j), (k), (l)은 하구항의 배치로서 (l)에서와 같이 하구를 좁히면 수심 유지면에서는 좋으나 하천의 홍수유량의 배출상 문제가 된다.

그림 5-17   방파제 배치의 형식

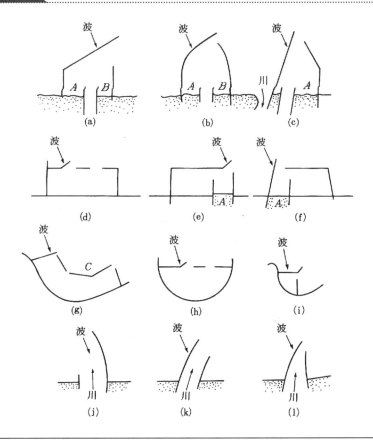

3. 하천측량

(1) 개   요

하천(rivers or water ways) 개수공사나 하천 공작물의 계획, 설계, 시공에 필요한 자료를 얻기 위하여 실시하는 측량을 하천측량(河川測量)이라고 한다. 하천측량에서는 하천의 형상, 수위, 심천단면, 기울기, 유속 및 지물의 위치를 측량하여 지형도, 종단면도, 횡단면도 등을 작성한다. 하천측량의 결과는 치수·이수의 계획에 이용되므로 측량을 실시하는 데 있어서는 하천에 대한 기술이나 하천공학의 기초적 지식을 습득하여 둘 필요가 있다.

그림 5-18   하천측량의 작업순서

① 도상조사 ……1/50,000의 지형도를 이용하여 유로(流路)상황, 지역면적, 지형, 토지이용상황, 교통이나 통신시설 상황을 조사

② 자료조사 ……홍수의 피해나 수리권(水利權)의 문제, 물의 이용상황, 기타 현재까지의 제반 자료를 모아 조사

③ 현지조사 ……도상조사, 자료조사를 기초로 하여 실시하는 측량으로 답사선점을 말한다. 하천이나 양안의 상황을 답사하여 삼각측량, 기선의 위치나 유량관측을 행할 지점 및 수목의 벌채를 요하는 장소를 조사

④ 지형측량 ……1. 평면측량 : 삼각측량, 다각측량에 의하여 세부측량의 기준이 되는 골조측량을 실시하고 전자평판측량에 의하여 세부측량을 실시하여 평면도를 제작
2. 고저측량 : 종단측량, 횡단측량을 행함. 유수부는 심천측량에 의하여 종단면도, 횡단면도를 제작할 경우 거리표를 사용하고 있음.

⑤ 유량측량 ……각 관측점에서 수위관측, 유속관측, 심천측량을 행하여 유량을 계산하고 유량곡선을 제작

⑥ 기타의 측량 ……필요에 따라 강우량측량, 하천구조물의 조사를 실시

(2) 하천측량의 순서

하천측량의 일반적인 작업 순서를 표시하면 〈그림 5-18〉과 같다.

(3) 하천의 지형측량

지형측량의 범위는 하천의 형상을 포함할 수 있는 크기로 한다. 일반적으로 그 범위는 유제부(有堤部)에서는 제외지(堤外地) 및 제내지(堤內地) 300m 이내, 무제부에서는 홍수가 영향을 주는 구역보다 약간 넓게(약 100m 정도) 한다.

또한 주운(舟運)을 위한 하천 개수공사의 경우 하류는 하구까지로 하며, 홍수방어가 목적인 하천공사에서는 하구에서부터 상류의 홍수피해가 미치는 지점까지, 사방공사의 경우에는 수원지(水源池)까지를 측량 범위로 한다.

그림 5-19

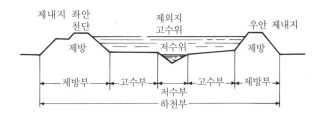

(4) 하천이나 해양의 측심측량

최근 하천이나 해양에서 많이 이용되고 있는 음향측심기로 단일빔음향측심기(SBES: Single Beam Echo Sounder)가 있으며 SBES보다 성능이 좋은 다중빔음향측심기(MBES: Multi Beam Echo Sounder)가 있다. MBE에 대한 자세한 설명은 측량학개관(박영사 간) 5장 고저측량편에서 다루었으므로 여기는 생략하기로 한다.

(5) 수위관측

하천의 수위는 주기적 혹은 계절적으로 변화되고 있다. 이 변화하는 수위의 관측에는, 수위표(양수표)와 촉침(觸針)수위계가 이용되고 있다.

① 수위관측기기

가) 보통수위표

보통수위계라고도 하며 〈그림 5-20〉과 같이 목제 또는 금속제의 판에 눈금을 새긴 것에, 보조말뚝을 세워 장치한 것이다. 또, 교대, 교각, 호안에 직접 눈금판을 붙이고, 또 직접 페인트로 쓴 경우도 있다. 보조말뚝을 세울 때는, 하상을 1m 이상 파서 매설하는데, 지반이 약할 경우에는 콘크리트 기초를 하는 것이 좋다. 수위표의 눈금의 0은 최저수면 이하로 되고, 고수시, 즉 홍수 때에 수위를 읽을 수 있도록 〈그림 5-20〉과 같은 방법으로 수위표를 설치할 때도 있다.

그림 5-20

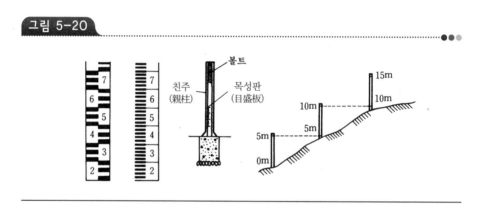

수위의 관측은, 일반적으로 조석으로 일정시각에 2회 행하는데, 원칙적으로 12시간 또는 6시간마다 행한다. 특히, 고수시에는 1시간 또는 30분마다, 최고수위의 전후에는 5~10분마다 관측할 필요가 있다.

나) 자동기록수위표

하구부근이나 치수·이수의 중요지점, 또는 관측에 불편한 곳에 수위변화를 자동기록장치에 의해서 기록할 경우에 이용되며, 일반적으로 부자식(浮子式)이 많다. 기록지는 시계에 의해 회전된다. 기록시간은 1일에서부터 1주간 또는 수개월에 이르는 것도 있고, 부자의 상하의 움직임에 의한 수위의 변화를 직접 pen의 움직임으로 회전되는 기록지에 기입하도록 되어 있다.

풍파 등에 의한 수면의 움직임으로 기록되는 것을 방지하기 위해 도관에 도수하여, 우물모양으로 함으로써 수면을 정온상태가 되도록 한 것이 많으며 기타 각종의 수위계가 있다.

그림 5-21

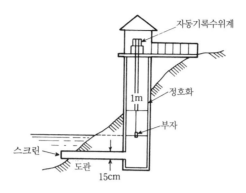

자동기록수위계

정호화

1m

부자

스크린

도관

15cm

② 하천 수위의 종류

하천측량에서 관측한 수위를 다음과 같이 구분하고 있다.

가) 최고수위(HWL)와 최저수위(LWL)

어떤 기간에 있어서 최고·최저의 수위로, 연단위나 월단위의 최고·최저로 구분한다.

나) 평균최고수위(NHWL)와 평균최저수위(NLWL)

이것은 연과 월에 있어서의 최고·최저의 평균으로 나타낸다. 전자는 축제(築堤)나 가교, 배수공사 등의 치수적으로 이용되고, 후자는 주운(舟運)·발전·관개 등 이수관계에 이용된다.

다) 평균수위(MWL)

어떤 기간의 관측수위를 합계하여 관측횟수로 나누어 평균값을 구한 수위

라) 평균고수위(MHWL)와 평균저수위(MLWL)

어떤 기간에 있어서의 평균수위 이상의 수위의 평균, 또는 평균수위 이하의 수위로부터 구한 평균수위

마) 평수위(OWL: Ordinary Water Level)

어떤 기간에 있어서의 수위 중 이것보다 높은 수위와 낮은 수위의 관측횟수가 똑같은 수위로 일반적으로 평균수위보다 약간 낮다.

바) 최다수위(MFW: Most Frequent Water Level)

일정기간중에 제일 많이 기록된 수위

사) 지정수위

홍수시에 매시 수위를 관측하는 수위

아) 통보수위

지정된 통보를 개시하는 수위

자) 경계수위

수방요원의 출동을 필요로 하는 수위

③ 수위관측소의 설치

하천의 수위관측은 하천의 개수계획, 하천구조물의 신축공사, 하천수의 이수계획을 세우기 위해 하는 것으로 관측지점은 다음과 같은 사항을 고려하여 적당한 장소를 선정한다.

가) 관측지점의 위치는 그 상하류의 상당한 범위까지 하안과 하상이 안전하고 세굴(洗掘)이나 퇴적이 되지 않아야 한다.

나) 상하류의 길이 약 100m 정도의 직선이어야 하고 유속의 변화가 크지 않아야 한다.

다) 수위를 관측할 경우 교각이나 기타 구조물에 의하여 수위에 영향을 받지 않아야 한다.

라) 홍수 때는 관측지점이 유실, 이동 및 파손될 염려가 없는 곳이어야 한다.

마) 평시는 홍수 때보다 수위표를 쉽게 읽을 수 있는 곳이어야 한다.

바) 지천의 합류점 및 분류점으로 수위의 변화가 생기지 않는 곳이어야 한다.

(6) 유속관측

유속관측은 유속계에 의한 방법, 부자(浮子)에 의한 방법, 하천기울기를 이용한 방법 등이 있으며 유속관측장소는 다음과 같은 곳을 선정하여 관측한다.

① 유속관측의 위치

가) 직류부로서 흐름이 일정하고 하상(河床)의 요철이 적으며 하상경사가 일정한 곳

나) 수위의 변화에 의해 하천횡단면형상이 급변하지 않고 지질이 양호한 곳

다) 관측장소의 상하류의 유로는 일정한 단면을 갖고 있으며 관측이 편리한 곳

② 유속의 관측

〈그림 5-22〉에서 표시한 바와 같이 하천 횡단면을 따라서 와이어 등으로 약 5m 사이의 구간에 표를 하여 각 구간마다 각각 평균유속을 구한다. 각 구간

그림 5-22

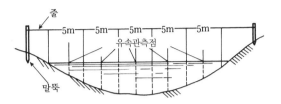

의 유속관측점은 각 구간의 중심연직선상으로 하는 것이 좋다.

양안에 긴 와이어로 달아맨 통의 가운데로부터 유속측량기를 달아 매어 관측할 수 있지만 유수의 흐름으로 충분한 정확도를 기대할 수는 없다.

소정의 깊이까지 유속측량기를 내리고 30초 경과한 후의 회전수를 관측한다. 이때 유속측량기는 항상 수평으로 유지하도록 한다. 흐름이 경사질 때는 추를 달든지 미리 마련된 밧줄로써 균형을 유지하도록 한다. 또한 회전수 관측시의 시간은 스톱워치(stopwatch)를 사용하여 관측한다. 동일연직선을 따라서 유속을 관측할 때는 낮고 가까운 쪽에서부터 순차적으로 수면에 가까운 곳으로 실시한다. 유속측량기는 횡단면과 직교하는 방향으로 향하도록 한다.

가) 유속계 및 유속관측 방법

유속계(current meter)에는 연직축에 붙어 있는 수개의 원추상배(杯)가 유수의 작용에 의한 연직축의 회전으로 유속을 구하는 배형 유속측량기(cup-type current meter), 수평축에 붙어 있는 날개의 유수의 작용에 의한 수평축의 회전으로부터 유속을 구하는 익형유속측량기(propeller type current meter) 및 날개의 회전으로부터 생기는 전기출력으로부터 유속을 구하는 전기유속측량기(electric current meter) 등이 있다. 관측범위는 0.08m/sec~ 3m/sec 정도로 되어 있다.

익형유속측량기에 의한 유속의 공식은 다음과 같다.

$$v = a + bn \tag{5.3}$$

여기서 v: 유속

　　a, b: 기계의 특유정수

　　n: 1초 동안의 회전수

나) 평균유속을 구하는 방법

하천횡단면에 있어서 임의의 연직선상의 각각의 수심에서 유속을 관측하고
〈그림 5-23〉과 같이 종유속곡선을 만든 후 구적기 등으로 그 면적을 구한다.
전수심을 분할하면 그 연직선상에서의 평균유속이 구하여진다. 평균유속을 구하
는 방법에는 평균유속계산식, 1점법, 2점법, 3점법 등이 있다.

그림 5-23

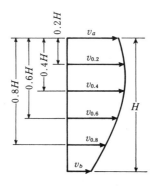

(ㄱ) 평균유속계산식

가우스의 평균치법을 사용하여 유속계의 관측점수에 대한 연직선상의 관측
위치와 평균유속의 관계를 구하는 식으로 유속관측점수를 n으로 하면 평균유속
v_m은

$$n=2의 \ 경우 \quad v_m=\frac{1}{2}(v_{0.211}+v_{0.789}) \tag{5.4}$$

$$n=3의 \ 경우 \quad v_m=\frac{1}{18}(5v_{0.113}+8v_{0.5}+5v_{0.887}) \tag{5.5}$$

$$n=4의 \ 경우 \quad v_m=0.174(v_{0.07}+v_{0.93})+0.326(v_{0.33}+v_{0.67}) \tag{5.6}$$

여기서 v_i: 수표면에서 i로 나눈 깊이의 유속

식 (5.4), (5.5), (5.6)은 수위나 유량이 변동하는 경우 될 수 있는 한 단시간
에 전단면에서의 유속을 관측할 필요가 있다.

③ 유속계 및 평균유속 산정

가) 유속계(current meter)

유속계는 연직축에 붙어 있는 수개의 원추상배가 유수의 작용에 의한 연직축의 회전으로 유속을 구하는 배형(杯型) 유속관측기(cup-type current meter), 수평축에 붙어 있는 날개의 유수의 작용에 의한 수평축회전으로부터 유속을 구하는 익형(翼型) 유속관측기(propeller type current meter), 날개회전에 의해 생기는 전기출력으로 유속을 구하는 전기유속관측기(electric current meter)가 있다.

나) 관측선간격 및 유속관측

관측선간격은 하상의 형태, 하폭의 대소 및 관측정확도에 따라 다르나 유속관측수는 7~10 이상을 등간격으로 관측하며 수류횡단면 중 하나의 연직선에 따른 유속은 〈그림 5-24〉와 같이 수심에 따라 변한다.

유속계를 관측점 수에 따라 평균유속은 다음과 같다.

(ㄱ) 1점법

수면에서의 수심의 60%되는 지점($0.6H$)의 유속을 관측하여 평균유속으로 하는 방법이다.

$$V_m = V_{0.6} \qquad\qquad (5.7)$$

(ㄴ) 2점법

수면에서 수심의 20%($0.2H$) 및 80%($0.8H$)인 지점의 유속을 관측하여 평균

그림 5-24   유속의 분포

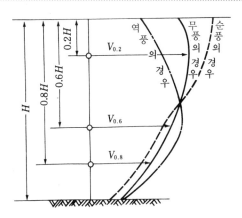

유속을 구하는 방법이다.

$$V_m = \frac{1}{2}\,(V_{0.2} + V_{0.8}) \tag{5.8}$$

(ㄷ) 3점 및 4점법

수면에서 수심의 20%(0.2H), 40%(0.4H), 60%(0.6H), 80%(0.8H)인 지점의
유속을 관측하여 평균유속을 구하는 방법이다.

$$3점법 : V_m = \frac{1}{4}\,(V_{0.2} + 2V_{0.6} + V_{0.8}) \tag{5.9}$$

$$4점법 : V_m = \frac{1}{5}\,(V_{0.2} + V_{0.4} + V_{0.6} + V_{0.8}) + \frac{1}{2}\left(V_{0.2} + \frac{1}{2}V_{0.8}\right) \tag{5.10}$$

④ 부자에 의한 유속관측

유속이 매우 빠르거나 유속관측기에 의해 관측이 어려운 경우, 부자를 흘
려 보내면서 부자의 속도를 관측하여 유량을 계산한다. 이것은 하천의 적당한
구간을 부자가 유하하는 시간을 관측하여 유속을 구한다.

가) 부자의 종류

(ㄱ) 표면부자

나무·코르크·병·죽통(竹筒) 등을 이용하여 작은 돌이나 모래를 넣어 추
로 하고 흘수선(吃水線)은 0.8~0.9로 한다. 평균유속은 표면부자의 속도를 v_s로
한 경우, 큰 하천에서는 $0.9v_s$, 얕은 하천에서는 $0.8v_s$로 한다.

(ㄴ) 이중부자

표면부자에 실이나 가는 쇠줄로 수중부자와 연결시켜 만든 부자로 수면에

그림 5-25   부자의 종류

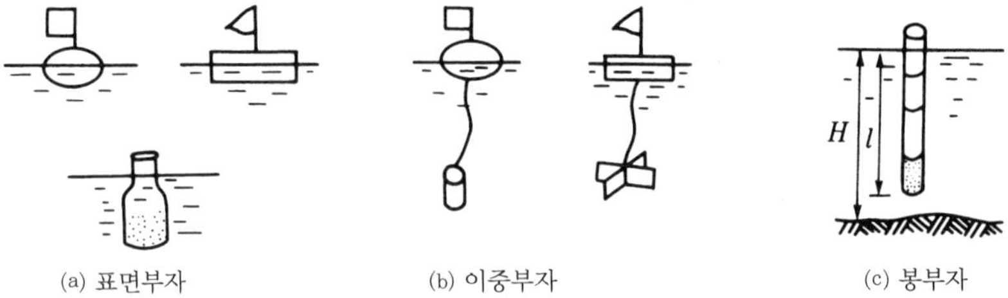

(a) 표면부자   (b) 이중부자   (c) 봉부자

서 수심의 3/5인 곳에 수중부자를 가라앉혀서 직접 평균유속을 구할 때 사용되나 정확한 값은 얻을 수 없다.

(ㄷ) 봉부자

봉부자는 〈그림 5-26〉과 같이 거의 수심과 같은 길이의 죽통이나 파이프의 하단에 추를 넣어 연직으로 세워 하천에 흘려보낸다. 상단은 눈에 띌 정도로 수면에 약간 나타나도록 한다.

그림 5-26

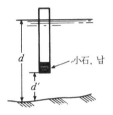

小石, 납

봉부자는 수면에서부터 하천바닥에 이르는 전수심의 유속에 영향을 받으므로 평균유속을 비교적 얻기 쉽다. 하천바닥의 상태가 불규칙할 때는 전수류를 d, 부자상단에서 하천바닥까지의 거리를 d', 부자의 유속을 v_r이라면 평균유속 v_m은 프란시스공식 (5.11)으로 구하여진다.

$$v_m = v_r \left(1.012 - 0.116 \sqrt{\frac{d'}{d}} \right) \qquad (5.11)$$

윗 식에서 $d' \leqq \dfrac{d}{4}$로 한다.

또 $v_m = K v_r$로 하여 간단히 평균유속을 구하는 경우도 있다. 이 경우 K를 보정계수라 하고 〈표 5-7〉의 값으로부터 취하게 된다.

또 일반적으로 수심에 따라 부자를 5개로 분리하여 각각의 수심에 따라 사

■■ 표 5-7 K의 값

$(d-d')/d$	0.95	0.90	0.80	0.70	0.65
K	0.99~1.00	1.97~1.00	0.94~0.97	0.92~0.95	0.91~0.94

■■ 표 5-8 K의 값

부자번호	1	2	3	4	5
수심(m)	0.7 이하	0.7~1.3	1.3~2.6	2.4~5.2	5.2 이하
부자의 흘수($d-d'$)m	표면부자 사용	0.5	1.0	2.0	4.0
보정계수 K	0.85	0.88	0.91	0.94	0.96

용하고 있으며 일정한 보정계수를 사용하여 실용상 간단히 유속을 구하도록 되어 있다.

　　나) 부자에 의한 유속관측

　　부자에 의한 유속관측은 하천의 직류부를 선정하여 실시한다. 직류부의 길이는 하폭의 2~3배, 30~200m로 한다.

　　〈그림 5-27〉에서와 같이 부자출발선에서부터 첫번째 시준하는 선까지의 거리는 부자가 도달하는 데 약 30초 정도가 소요되는 위치로 하고 시준선은 유심에 직각이 되도록 한다. 부자출발선상에서 일정한 간격으로 분할하고 각 구간 중앙에 부자를 투하한다. 하폭에 대한 분할수는 〈표 5-9〉의 값을 참고로 하는 것이 좋다.

그림 5-27

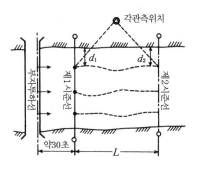

■■ 표 5-9

하천폭(m)	50 이하	50~100	100~200	200~400	400~800	800 이상
분할수	3	4	5	6	7	8

분할폭은 각 구간의 유량이 거의 같게 되도록 하고 계획고 수위에서의 하폭을 기준으로 하여 구분한다. 분할의 폭은 하천의 중앙부에서는 약간 넓게, 하천안(河川岸) 부근에는 수심의 변화가 심하므로 약간 좁게 한다.

거리 L과 부자가 유하한 시간 t를 관측할 때, 부자의 유속은 $v=\dfrac{L}{t}$에 일정한 계수를 붙여 평균유속으로 한다.

부자의 투하는 다리를 이용하든가 하천을 따라 케이블을 건네고 투하장치를 사용한다. 또 투하된 부자가 시준선상의 어떤 위치에 있는가를 찾기 위하여 하안으로부터의 거리를 구한다.

다) 부자에 의한 유속계산

부자의 유속관측은 하천의 직선부를 선정하여 실시하며 직선부의 길이는 하폭의 2~3배로서 30~200m로 한다. 부자투하선에서부터 약 30초 정도 소요되는 위치에 제일시준선을 정하고 거리(L)와 부자가 유하한 시간(t)을 관측하여 부자 속도(V)를 구하여 평균유속(V_m)을 계산한다.

$$V_m = C \cdot V$$

여기서, V_m : 평균유속, V : 봉부자의 속도(L/t), C : 보정계수

그림 5-28 부자에 의한 유속관측

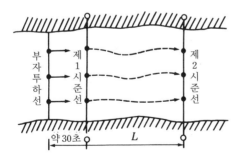

■■ 표 5-10 C 보정계수값(봉부자인 경우)

$(H-l)/H$	0.05	0.10	0.20	0.30	0.40
C	0.986	0.969	0.942	0.919	0.908

* $l = (0.87 \sim 0.996)H$

⑤ 하천의 기울기를 이용한 유속관측

기울기를 이용한 유속관측은 부자나 유속관측기에 의한 유속관측이 불가능하거나 수로신설에 따른 설계에 이용되며, 하천의 수면기울기, 하상상태, 조도계수(粗度係數)[3]로부터 평균유속을 구한다.

가) Chezy의 식

$$V_m = C\sqrt{RI} \qquad\qquad (5.12)$$

여기서, V_m = 평균유속(m/sec)　　　　　C : Chezy의 계수
　　　　R = 경심(유적/윤변)[徑深(流積/潤邊)]　　I : 수면기울기

나) Manning의 식

$$V_m = \frac{1}{n} R^{2/3} I^{1/2} \qquad\qquad (5.13)$$

여기서, n은 하도의 조도계수

(7) 유량관측

유량계나 부자 또는 하천기울기를 이용하여 평균유속을 구하고 하천의 횡단면적을 곱하여 유량을 계산한다.

$$Q = A \cdot V_m (\text{m}^3/\text{sec}) \qquad\qquad (5.14)$$

여기서, Q : 유량(m³/sec),　A : 단면적(m²),　V : 평균유속(m/sec)

유량관측은 하천측량에서의 중요한 작업의 한 가지이다. 그러나, 하천의 흐름은 대단히 복잡하여 관측방법도 완전한 것이 아니고, 다른 일반측량과 비교하여도 정확도의 면에서 낮다. 일반적으로 유량을 관측하는 방법에는 다음과 같은 것이 있다.

① 유량을 관측하는 방법

가) 유수(流水)를 일정용량의 용기에 받아 만수에 이르기까지의 시간을 관측하여 유량을 구하는 방법이 있다.

나) 벤추리 미터(venturi meter), 오리피스(orifice)나 양수계 등의 계기에

---

3) 조도계수(粗度係數: coefficient of roughness, roughness coefficient — 유수에 접하는 수로의 벽면의 거친 정도를 표시하는 계수)

그림 5-29 저수량(低水量)관측에 의한 수위유량곡선

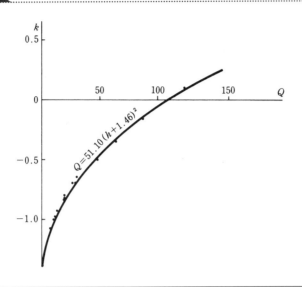

의해 구하는 방법이 있으며 관로 등의 경우에 이용한다.

　다) 수로 내에 둑을 설치하고, 사방댐의 월유량의 공식을 이용하여 유량을 구하는 방법이 있다.

　라) 수위유량곡선을 미리 만들어서 필요한 수위에 대한 유량을 그래프상에서 구하는 방법이 있다.

　마) 유량과 유역면적의 관계로부터 하천유량을 추정하는 방법이 있으며 하천개수계획이나 수력발전계획 등의 자료로 이용된다.

　이것들의 유속·유량의 관측에는 다음과 같은 곳을 택할 필요가 있다.

　(ㄱ) 직류부로서 흐름이 일정하고, 하상의 요철이 적고 하상경사가 일정한 곳이 좋다(와류가 일어나는 곳은 피한다).

　(ㄴ) 수위의 변화에 의해 하천 횡단면형상이 급변하지 않고, 지질이 양호한 하상이 안정하여 세굴·퇴적이 일어나지 않는 곳(저로의 위치가 시시각각 변화되거나 섬(洲)이 만들어지는 곳은 피한다)

　(ㄷ) 관측장소의 상·하류의 유로는 일정한 단면을 갖는 곳(초목 등의 하천공작물의 장애 때문에, 유수가 저해되는 곳은 피한다)

　(ㄹ) 관측이 편리한 곳, 예를 들면 다리 등을 이용할 수 있는 곳

그림 5-30

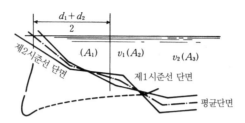

② 유량을 구하는 방법

〈그림 5-30〉과 같이 제1, 제2 시준선의 측심측량결과에 의해 작성된 2개의 단면도를 겹쳐 수면위치와 수로폭중심을 일치시켜 각 단면의 중간을 통하는 선을 구하여 이것을 평균단면을 나타내는 선으로 한다. 부자의 평균위치 사이의 각 단면적을 A_1, A_2, A_3, …로 하고 평균유속을 계산하여 v_1, v_2, v_3, …로 하면 전체 유량은, 식 (5.15)로 표시된다.

$$Q = \frac{2}{3}v_1 A_1 + \frac{v_1 + v_2}{2}A_2 + \frac{v_2 + v_3}{2}A_3 + \cdots \tag{5.15}$$

예제 5.1   부자에 의한 유량관측에서 유하거리는 시간 및 거리의 관측오차에 의한 유속의 정확도에 따라 정하여진다.

지금 유하거리의 관측오차를 0.1m, 유하시간의 관측오차를 1′로 하면 최대유속 1.5m/sec일 때 유속의 오차를 2% 이내로 하기 위해 필요한 부자유하거리를 구하시오.

풀이   유하거리의 오차 $\dfrac{dl}{l} = \dfrac{0.1}{l} \times 100 = 10/l\,(\%)$

유하시간의 오차 $\dfrac{dt}{l} = \dfrac{1}{l/1.5} \times 100 = 150/l\,(\%)$

그러므로

유속의 오차 $\dfrac{dV}{l} = \sqrt{\left(\dfrac{10}{l}\right)^2 + \left(\dfrac{150}{l}\right)^2} = \dfrac{150.3}{l}$

이 결과 $l = \dfrac{150.3}{2} = 75.2 \rightarrow 75.2$ 이상으로 한다.

또 〈그림 5-33〉과 같이 깊이관측점에서 각각의 평균유속을 구할 때는 식 (5.16)에 의해 유량을 구하여도 좋다.

$$Q = \frac{2}{3}v_1 \frac{h_1 \cdot b_1}{2} + \frac{v_1 + v_2}{2} \cdot \frac{h_1 + h_2}{2} b_2$$

$$+ \cdots + \frac{v_{n-1} + v_n}{2} \cdot \frac{h_{n-1} + h_n}{2} b_{n-1} + \frac{2}{3}v_n \cdot \frac{h_n b_n}{2} \tag{5.16}$$

도식적으로 구하면 〈그림 5-34〉와 같이 유속관측점에서의 평균유속에 각 점의 수심을 곱한 $v_1 h_1$, $v_2 h_2$, $\cdots$, $v_n h_n$의 값을 취한다. 이것을 이어서 $v_m h$ 곡선을 그리고, $v_m h$ 곡선과 수면과 이루어진 면적을 구적기 등으로 관측하여 그 값을 소요유량으로 한다.

그림 5-31

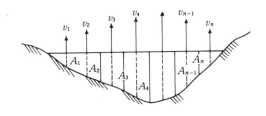

그림 5-32

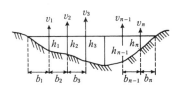

그림 5-33

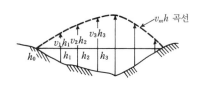

예제 5.2 오른쪽 그림에 표시된 것 같은 어떤 하천의 유속을 좌안(左岸)에서 5m 간격으로 1점법 및 2점법에 의해 유속측량기로써 관측한다. 유속공식을 $v = 0.7n + 0.02$로 하고 각 관측수선에서 평균유속을 구하고 전유량을 계산하시오. (n은 초당회전수)

그림 5-34

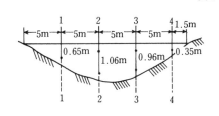

유속관측결과는 아래 〈표 5-11〉과 같다.

■■ 표 5-11 유속관측결과

관측수점 번호	거 리		수 심	관측점수심	회전수	초 수
1	좌안관측점에서	5m	0.65m	0.39m	50	88
2	〃	10	1.06	0.21	100	56
				0.85	70	72
3	〃	15	0.96	0.19	70	58
				0.77	50	63
4	〃	20	0.35	0.21	20	77

[풀이] 관측결과로부터 평균유속을 구하면 〈표 5-12〉와 같이 된다.

■■ 표 5-12 평균유속계산결과

관측수점 번호	거 리		수심 (m)	관측점 수심(m)	회전수	초수	매초 회전수	유속 (m/sec)	평균유속 (m/sec)
1	좌안관측점에서	5m	0.65	0.39	50	88	0.57	0.42	0.42
2	〃	10	1.06	0.21	100	56	1.77	1.26	0.98
				0.85	70	72	0.97	0.70	
3	〃	15	0.96	0.19	70	58	1.20	0.86	0.72
				0.77	50	63	0.80	0.58	
4	〃	20	0.35	0.21	20	77	0.26	0.20	0.20

평균유속의 결과로부터 유량을 계산하면 〈표 5-13〉과 같이 된다.

■■ 표 5-13 유량계산

관측수점 번호	평균유속 (m/sec)	평균유속평 균(m/sec)	관측점간 거리(m)	수심 (m)	평균수심 (m)	유적 (m²)	유량 (m³/sec)
1	0.42	0.28	5.0	0.65	0.325	1.625	0.455
2	0.98	0.70	5.0	1.06	0.855	4.275	2.993
3	0.72	0.85	5.0	0.96	1.010	5.050	4.293
4	0.20	0.46	5.0	0.35	0.655	3.275	1.507
우안수애	0	0.13	1.5	0	0.175	0.2625	0.034
						합계	9.282

그림 5-35 하천단면의 분할 ●●●

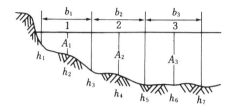

〈그림 5-35〉와 같이 하천단면을 분할하여 각각의 면적을 A_1, A_2, …, A_n으로 하고 각 구간의 평균유속을 V_1, V_2, …, V_n으로 하면 전 유량(Q)은 다음과 같다.

$$Q = V_1 A_1 + V_2 A_2 + \cdots + V_n A_n \tag{5.17}$$

여기서, $A_1 = \dfrac{b_1}{2}(h_1 + h_3)$

$A_2 = \dfrac{b_2}{2}(h_3 + h_5)$

…………

b_1, b_2 : 유속관측선간격

h_1, h_2 : 수심

③ **유량계산**

가) 부자에 의한 유속관측에서 유량계산

제1, 제2시준선의 횡단면도를 서로 겹쳐 수면단위와 수로폭중심을 일치시켜 각 단면의 중간을 통하는 선을 구하여 평균단면선으로 한다. 부자의 평균위

그림 5-36 평균단면 ●●●

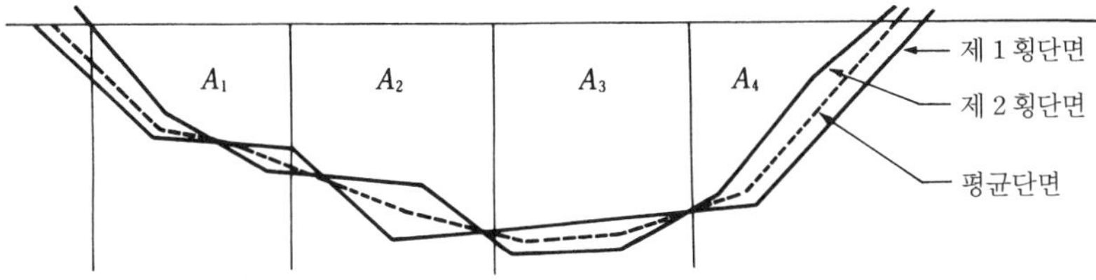

				제1 횡단면
A_1	A_2	A_3	A_4	제2 횡단면
				평균단면

치 사이의 각 단면적을 A_1, A_2, A_3, …로 하고 평균유속을 V_1, V_2, V_3, …라 하면 전체유량은 다음과 같다.

$$Q=\frac{2}{3}V_1A_1+\frac{V_1V_2}{2}A_2+\frac{V_2V_3}{2}A_3+\cdots$$

나) 웨어에 의한 유량관측

하천이 작은 경우, 웨어를 설치하여 유량을 구하며 단면형상에 따라 사각 웨어, 전폭웨어, 삼각웨어, 수중칼날형웨어 등이 있다. 여기에서는 사각웨어와 삼각웨어에 의한 유량계산식을 서술한다.

(ㄱ) 사각웨어

$$Q=cbh^{3/2} \tag{5.18}$$

$$c=1.7859\frac{0.0295}{h}+0.237\frac{h}{D}-0.428\frac{(B-b)h}{BD}+0.034\sqrt{\frac{B}{D}} \tag{5.19}$$

여기서, Q : 유량(m³/sec), b : 월류웨어폭, h : 월류수심

 그림 5-37 사각웨어

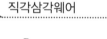 그림 5-38 직각삼각웨어

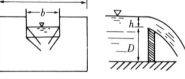

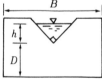

(ㄴ) 직각삼각웨어

$$Q=ch^{5/2} \tag{5.20}$$

$$c=1.354+\frac{0.004}{h}+\left(0.14+\frac{0.2}{\sqrt{D}}\right)\left(\frac{h}{B}-0.09\right)^2 \tag{5.21}$$

다) 유량곡선에 의한 유량관측

어떤 지점의 수위와 이것에 대응하는 유량을 관측하고 수위를 종축에, 유량을 횡축으로 취하여 작도하면 〈그림 5-39〉와 같은 수위유량곡선이 된다.

수위유량곡선을 나타낸 식의 기본형은 2차 포물선이라 가정하고 최소제곱

그림 5-39

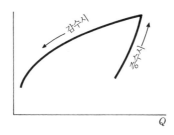

법에 의하여 계수를 구한다. 식의 기본형은 다음과 같이 표시된다.

$$\left.\begin{array}{l} Q=K \cdot (h \pm Z)^2 \\ Q=a+bh+ch^2 \end{array}\right\} \tag{5.22}$$

여기서 Q: 유량

$\qquad$ h: 수심

$\qquad$ Z: 수위표 O점과 하상과의 고저차

$\qquad$ a, b, c, K: 계수

수위유량곡선은 수위와 유량을 동시관측에 의하여 얻은 많은 자료를 근거로 작성한다.

이 경우에는 증수시(增水時)와 감수시(減水時)에는 같은 수위로 되어도 〈그림 5-40〉에 표시한 바와 같이 유량이 다른 것은 보통이다. 또 복단면의 하천에서의 수위가 홍수위를 넘는 경우와 같이 유로단면의 변화가 심할 때 유량곡선은 수위의 고저에 따라 각각 만들어둔다.

홍수시의 경우 유량관측이 되지 않으므로 홍수량을 보정하기 위한 유량곡선을 연장하여 구한 경우가 있다. 그러나 어디까지나 이것은 어림으로써 참고로 하는 정도에 지나지 않는다. 유량곡선이 치수나 이수계획의 참고자료로 쓰이는 경우도 하상의 변동이나 그 이외의 상황의 변화에 따라 유량선식을 만들 필요가 있다.

라) 월류부에 의한 유량관측

작은 하천 또는 수로에 있어서는 월류부(越流部, weir)를 설치하고 웨어의 공식에 의해 유량을 구하는 경우가 있다. 이같이 유량관측을 목적으로 한 웨어를 관측웨어라 말한다.

일반적으로 웨어는 단면의 형에 따라 인형(刃形)웨어와 폭후월류부(幅厚越流部)로 분리된다. 전자는 월류부의 형상이 예민하게 되어 있으며 사각월류부, 전폭월류부, 삼각월류부가 그 예이다. 칼날형 월류부는 월류수맥이 안전하고 월류수심의 관측이 용이하므로 널리 사용되어진다.

(8) 하천도면작성

하천측량에 의하여 다음과 같은 도면이 만들어진다. 즉, ① 평면도, ② 종단면도, ③ 횡단면도 등이다.

도면에는 모두 측량의 연월일, 측량자, 방위, 축척, 기타 필요한 사항을 명기하여야 한다.

① 지형도의 제작

지형도는 하천개수나 하천구조물의 계획, 설계, 시공의 기초가 되는 것으로 골조측량으로 구한 기준점은 전부 직교좌표에 의하여 전개되고 이것에 의하여 정확한 지형도를 결정한다. 지형도에는 축척, 자북, 진북, 측량연월일, 측량자명 등을 기입한다. 도식은 원칙상 국토지리정보원 지형도 도식에 의하지만 하천공사용 목적에 있어서는 단독으로 도식을 사용하는 것도 있다. 또한 축척은 보통 1/2,500이다. 단, 재래의 도면을 이용할 경우나 하폭 50m 이하의 경우에는 1/10,000이 쓰여진다. 그 외에 하천법의 대상이 되는 하천에 관해서는 하천대장을 만들고 이 하천대장의 지형도 축척은 1/2,500, 상황에 따라서는 1/5,000 이상이 쓰여진다.

② 종단면도

종단측량의 결과로부터 종단면도를 제작한다. 종단면도의 축척은 종 1/100~1/200, 횡 1/1,000~1/10,000로 하지만 종 1/100, 횡 1/1,000을 표준으로 하지만 경사가 급한 경우에는 종축척은 1/200로 한다. 종단면도에는 양안의 거리표고, 하상고도, 계획고수위, 계획 제방고도, 수위표, 교대고도(橋臺高度), 수문 및 배수용 갑문 등을 기입하며 하류를 좌측으로 하여 제도한다.

③ 횡단면도

횡단면도는 육상부분의 횡단측량과 수중부분의 심천측량의 결과를 연결하여 작성된다.

축척은 횡 1/1,000, 종 1/100로 하고 고도는 기준 수준면에서 좌안을 좌·우안을 우로 쓰고, 양안의 거리, 표위치, 측량시의 수위, 고수위, 저수위, 평수위 등을 기입한다. 역시 필요에 따라 수면 밑의 유적(流積), 윤변(潤邊) 등도 기

그림 5-40

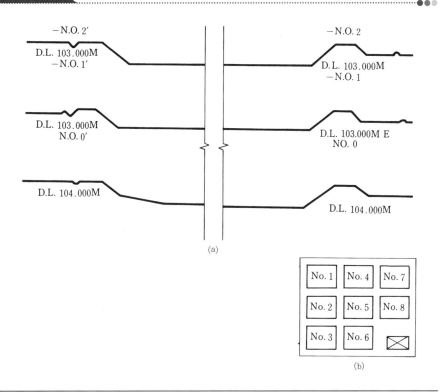

(a)

(b)

입한다. 〈그림 5-40〉 (a)는 하천 횡단면도의 일례이다. 횡단면도의 배치는
〈그림 5-40〉 (b)와 같다.

제 6 장

터널측량

1. 개   요

터널측량은 공사 도중에 결과를 점검하기가 곤란하며 터널이 관통되었을 때 비로소 그 오차를 발견할 수 있으므로 높은 정확도를 요구하고 있다. 따라서 터널측량은 방법과 정확도에 대한 충분한 검토와 신중을 기해야 한다.

터널은 사용목적에 따라 도로터널, 수로터널, 철도터널, 해저터널, 광산터널 등이 있으며, 터널측량을 단계별 작업으로 나누어 보면 지형측량, 갱외측량, 갱내측량, 갱내 · 외측량(관통측량), 터널 완성 후 측량 등으로 구분된다.

(1) 지형측량: 영상탐측 및 지질조사에 의한 지형측량으로 터널의 노선선정이나 지형의 경사 및 지질의 특성 등을 조사한다.

(2) 갱외기준점측량: GPS, TS에 의한 삼변 및 삼각측량 또는 다각측량 및 고저(또는 수준)측량에 의해 굴삭을 위한 측량의 기준점 설치 및 중심선방향의 설치를 하는 측량이다.

(3) 갱내측량: 다각측량과 고저측량에 의해 설계중심선 갱내에서의 기준점 설정, 곡선설치, 갱내 · 외의 연결 및 굴삭, 지보공, 형틀설치 등을 위한 측량이다.

(4) 관통측량

(5) 터널 완성 후의 측량

2. 갱외기준점 및 중심선측량

(1) 갱외기준점

지형도상에 터널의 위치가 결정되면 터널의 위치를 현지에 설치하기 위해 기준점을 측설한다. 기준점은 양쪽 갱구나 작업갱구 부근에 설치하며, 갱구 부근은 지형도 나쁘고 좁은 장소가 많으므로 반드시 인조점을 설치한다. 기준점은 이것을 기초로 하여 터널 작업을 진행하기 때문에 측량의 정확도를 높이기 위해 후시를 될 수 있는 한 길게 하고 고저기준점(또는 수준기준점) 및 수평위치(x, y) 기준점 설치는 갱구 근처에 안전하고 지반이 견고한 장소를 선택하여 2개소 이상 설치하는 것이 좋다. 또한 터널시점부의 기준점과 종점부의 기준점은 반드시 연결측량을 실시해야 한다.

(2) 중심선측량

터널의 중심선측량은 양쪽 갱구의 중심선상에 기준점을 설치하고 이 두 점의 좌표를 구하여 터널을 굴진하기 위한 방향을 설정함과 동시에 정확한 거리를 찾아내는 것이 목적이다. 종전에는 기준점 및 중심선측량에 트랜시트나 TS에 의한 삼각 및 다각측량이 시행되었으나 최근에는 GPS에 의한 삼변측량방식이 이용되고 있다. 트랜시트나 TS에 의한 삼각 및 다각측량은 산지나 도심지의 경우 시통의 불량으로 관측기계를 여러 번 옮기므로 인한 누적오차 발생요인 및 시간의 요소가 많다. 따라서 측량에 소요되는 경비도 증가하게 된다. GPS와 TS의 관측방법 및 장단점은 〈그림 6-1〉~〈그림 6-3〉과 같다.

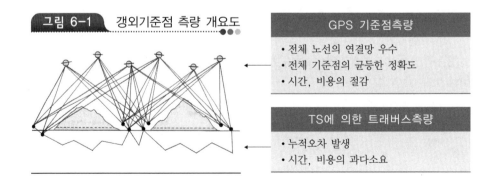

그림 6-1 갱외기준점 측량 개요도

GPS 기준점측량
- 전체 노선의 연결망 우수
- 전체 기준점의 균등한 정확도
- 시간, 비용의 절감

TS에 의한 트래버스측량
- 누적오차 발생
- 시간, 비용의 과다소요

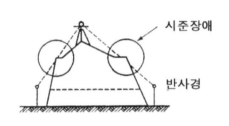

그림 6-2   TS에 의한 기준점 측량 시 시통장애 발생

시준장애

반사경

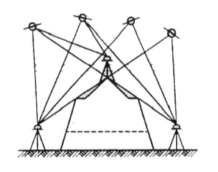

그림 6-3   GPS에 의한 삼변측량

(3) 고저측량

기준점의 평면좌표가 구해지면 다음 표고(또는 양갱구의 고저차)를 구해야 한 다. 지형이 완만하다면 일반적인 노선측량과 같이 설정된 중심선을 따라 level 로 고저측량을 하지만 지형이 급준하여지면 측량이 용이한 길로 우회하든가 가 까이 있는 국토지리정보원의 기본 고저기준점(또는 수준점)을 사용하여 각 갱구 별로 표고를 구한다. 일반적으로 터널의 양갱구간에는 고저차가 있어서 시공상 은 이 상대적인 고저차를 알면 지장은 없으므로 될 수 있는 한 양갱구를 직접 연결하는 고저측량을 행하여 가는 편이 안전하다. 최근에는 수평위치관측과 같 이 고저위치관측값 산정에도 GPS를 활용하고 있다.

3. 갱내측량

(1) 갱내측량시 고려할 일반사항

터널의 굴삭(堀削)이 진행됨에 따라 갱구(坑口)에 설치한 기준점을 기초로 하 여 갱내의 중심선 측량 및 고저측량을 실시한다. 갱내의 중심부는 항상 차량과 장비가 이동하므로 갱내기준점은 주로 배수로 옆의 안전한 장소에 콘크리트를 타설하여 도벨(dowel)이라는 표지를 설치한다. 또한 굴착면의 변위발생으로 설 치한 기준점의 변형이 있을 수 있으므로 주기적(월1회)으로 갱외기준점과 연결확 인측량을 해야 한다. 갱내가 길어져서 갱내에 설치한 기준점만을 사용하여 측량 할 경우 오차가 누적될 가능성이 있으므로 갱내는 일반적으로 200m~300m 간

| 그림 6-4 | 폴 프리즘 세트 | 그림 6-5 | 정밀프리즘 세트 |

격으로 기준점을 설치하며 갱외기준점과 연결하여 폐합트래버스로 관측값을 취득해야 한다. 또한 관측값 취득 시 정밀프리즘(구심경이 부착된 정준대에 프리즘 설치) 세트(〈그림 6-4, 5〉 참조)를 사용하여 최소한 2대회 이상을 관측시행한다.

측량을 실시할 때마다 고저의 변동, 중심선의 이동을 기록하여 두고 몇 회 재관측을 하여도 틀릴 경우에는

① 갱구 부근에 설치한 갱외의 기준점이 움직였나의 여부

② 갱내의 도벨(갱내에 묻어서 설치한 기준점)이 나쁜가의 여부

③ 측량기계가 나쁜가의 여부

④ 지산(地山) 또는 지층이 움직이고 있는가의 여부 등의 원인을 조사할 필요가 있다.

갱내는 공사 중 특히 환기가 잘 안되고 먼지도 많아 흐려져 시통(視通)이 나빠진다. 측량할 때는 조명을 충분히 하는 한편 환기에 매우 주의하여 갱내에 흐려짐이 없도록 주의하여야 한다. 측량의 정확도는 관통시의 오차가 10cm 이내 정도이다.

(2) 갱내 중심선측량

① 도벨(dowel)의 설치

갱내에서의 중심말뚝은 차량 등에 의하여 파괴되지 않도록 견고하게 만들어야 한다. 일반적으로 갱내 기준점인 도벨을 설치한다.

이것은 노반을 사방 30cm, 깊이 30~40cm 정도 파내어 그 안에 콘크리트

그림 6-6

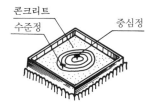

그림 6-7

를 넣고 〈그림 6-6〉과 같이 목괴를 묻어서 만든다. 이것에 가는 정을 연직으로 깊이 박든가 경우에 따라 정두(釘頭)를 남겨 놓는 때도 있다.

설치 장소는 불필요물이나 재료의 반출입에 지장이 없거나 측량기계를 설치하는 데 용이한 곳을 중심선상으로 택한다. 이 경우 배수용의 도랑(溝)이 설치되어 있는 것이 많은데 〈그림 6-7〉과 같이 도랑의 양안을 콘크리트로 메우고 이것에 각재를 넣어 매입하고 중심정을 박는다. 트럭에 의하여 불필요물을 반출하는 경우에는 중심선을 피하여 옆으로 도벨을 설치하는 것도 있다.

도갱을 굴삭하는 경우 적당한 장소를 찾지 못할 때 지보공(支保工)의 천단(天端)에 중심점을 만든다. 그러나 장기간에 걸쳐 사용하는 중심점을 지보공으로 잡는 것은 부적당하며 되도록 빠른 기회에 정식으로 도벨을 설치하는 것이 좋다.

무지보 또는 지보공이 있어도 괘시판(掛矢板)에 간격이 있을 때는 천단의 암반에 구멍을 뚫고 목편을 끼워 그것에 중심정을 박는 것도 있다. 이 천정의 도벨은 터널의 굴삭이 완료된 구간 또는 복공이 완성된 구간 중 하부에 설치할 수 없는 경우에 사용된 경우는 〈그림 6-8〉과 같이 트랜시트와 측량하는 사람이 설 장소는 따로 만든다.

그림 6-8

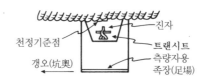

그림 6-9

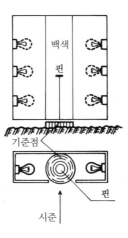

터널 내의 측량에는 특별한 조명을 사용할 필요가 있는데 간단한 경우에는 pin 뒤에 백지를 세워 그 뒤로부터 회중전등이나 홍광램프(flood lamp)로 비추는 방법을 취한다. 여기에서는 호롱을 사용하여 pin을 비추는 것이다. 〈그림 6-9〉는 분도원 및 십자반을 읽기 위해 트랜시트에 조명이 부착된 트랜시트를 사용한 경우이다.

(3) 갱내 고저측량

터널의 굴삭이 진행됨에 따라 갱구 부근에 이미 설치된 고저기준점(BM: Bench Mark)으로부터 갱내의 BM에 고저측량으로 연결하여 갱내의 고저를 관측한다. 갱내 BM은 갱내작업에 의하여 파손되지 않는 곳에 설치가 쉽고 측량

그림 6-10

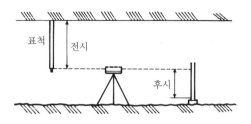

에 편리한 장소를 택하면 된다.

갱내의 고저측량에 표척과 level을 사용하는 것은 갱외와 같지만 먼지나 연기 때문에 흐릴 경우가 많으므로 표척과 level을 조명할 필요가 있으며 때로는 조명이 달린 표척을 사용한다. 갱내는 좁으므로 표척은 3m 또는 그 이하의 짧은 것과 천단에 BM을 설치할 경우를 위하여 5m의 것을 사용하면 된다. 갱내에서 천정에 BM을 만든 경우는 표척을 반대로 하는 '역 rod'를 사용한다(〈그림 6-10〉 참조). 이 경우는

표고＝후시＋전시＋후시점의 표고

가 된다.

(4) 갱내 단면관측

터널의 중심선과 높이가 정해지면 그것에 대응하는 단면을 정하여 굴삭해야 한다. 단면형은 일반적으로 절단의 중심으로부터 지거를 관측하여 만드는 것이 대부분이지만 이것을 정확히 하지 않으면 여굴삭의 증가를 초래하고, 굴삭수량의 증가, 콘크리트의 되비비기 증가 등을 초래하여 큰 손실이 된다. 굴삭을 마치면 단면측량기로 갱구단면의 형태를 관측하고 여굴삭의 상태를 파악한다.

(5) 갱내 곡선설치

터널이 직선인 경우는 트랜시트를 이용하여 중심선을 연장하지만, 곡선인 경우는 정확한 곡선설치를 해야 한다.

갱 내는 협소하므로 현편거법(弦偏距法)이나 트래버스 측량에 의해 설치하며, 트래버스 측량에 의한 방법에는 내접(內接) 다각형법과 외접(外接) 다각형법

이 있다.

① 현편거법

설치작업에서 절우(切羽)의 중심을 찾는데는 현(弦) 길이가 허용하는 범위에서 되도록 길게 잡아 현편거, 접선편거(接線偏距)를 산출하고 이것을 사용하여 현편거법과 접선편거법을 적용한다.

일반적으로 현편거법은 〈그림 6-11〉과 같이, 기설(旣設)의 중심점 A, B의 시통선상에 거리 l을 잡고, 이곳에서 직각으로 $d' = \dfrac{l^2}{R}$인 곳에 점 C를 결정한다. 이 방법은 오차가 누적될 위험이 있으므로, 어느 정도 길어지면 다각형을 짜서 거리와 내각(內角)을 관측하고 정확한 위치를 구해야 한다.

그림 6-11 현편거법

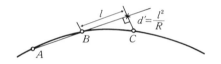

② 내접 다각형법

〈그림 6-12〉에서

$$\overline{AB} = \overline{BC} = \overline{CD} = \cdots = l$$

그림 6-12 내접 다각형법

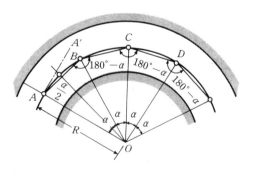

$$\angle AOB = \angle BOC = \angle COD = \cdots = \alpha \tag{6.1}$$

$$\angle A'AB = \alpha/2, \quad \angle ABC = 180° - \alpha$$

$$여기서 \quad \sin\frac{\alpha}{2} = \frac{\overline{AB}}{2R}$$

곡선설치는 다음과 같이 설치한다.

가) 시점(始點) A에 트랜시트를 설치하고 접선 $\overline{AA'}$에서 $\frac{\alpha}{2}$만큼 망원경을 회전한다.

나) 그 시준선상에 $\overline{AB} = l$인 곳에 점 B를 설치한다.

다) 점 B에 트랜시트를 옮겨 $\overline{BA}$선에서 $180° - \alpha$인 방향을 설정하고 $\overline{BC} = l$인 점을 C로 한다.

라) 이상의 방법을 반복하여 곡선을 설치한다.

이 경우 l의 길이는 곡선 반경(R)과 터널의 폭(W)에 제한을 받으며, 〈그림 6-13〉에서

그림 6-13 트랜버스 현 길이의 제한 ●●●

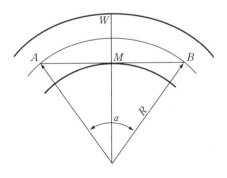

$$\overline{AM} = \sqrt{R^2 - \left(R - \frac{W}{2}\right)^2} = \sqrt{RW - \frac{W^2}{2}}$$

$$\therefore \overline{AB} = 2\sqrt{RW - \frac{W^2}{4}} = \sqrt{W(4R - W)} \tag{6.2}$$

예제 6.1 곡선 반경 300m인 경우, 굴삭 후 터널폭이 도갱에서 4m인 경우와 상부 반단면(半斷面)에서 9m인 경우 각각의 관측선 길이는 얼마인가?

[풀이]   도갱의 경우: $\overline{AB}=\sqrt{4(4\times300-4)}≒69\text{m}$
상부 반단면의 경우: $\overline{AB}=\sqrt{9(4\times300-9)}≒103\text{m}$

③ 외접 다각형법

설치순서를 〈그림 6-14〉에서 사용한 부호에 의해 설명하면 다음과 같다.

가) 시점 A에서 접선방향으로 측벽(側壁)에 근접한 점 B를 정한다.

나) 접선상의 점 A에서 x의 거리에 대한 지거 $y=R-\sqrt{R^2-x^2}$을 계산한다.

다) x, y값을 이용하여 곡선의 중간점을 설치한다.

라) $\varphi=\tan^{-1}\dfrac{R}{AB}$를 계산한다.

마) 점 B에 트랜시트를 설치하고 $\angle ABC=2\varphi$가 되게 방향을 잡고 $\overline{BC}=\overline{CD}=\overline{AB}$로 하면 점 C는 곡선상의 점이 된다.

바) $B\sim C$, $C\sim D$ 간은 접선에 대한 지거를 이용하여 설치한다.

사) 이와 같은 과정을 반복하여 곡선설치를 한다.

이 경우에 관측선 길이의 제한은 〈그림 6-14〉에서 점 B는 측벽에서 50cm 떨어지게 하므로 다음과 같이 표시된다.

$$\overline{AB}=\sqrt{\left(R+\frac{W}{2}-0.5\right)-R^2}=\frac{1}{2}\sqrt{(W+4R-1)(W-1)}$$

$$\therefore \text{관측선 길이}=2\overline{AB}=\sqrt{(W+4R-1)(W-1)} \tag{6.3}$$

갱구 부근에서만 곡선으로 되어 있는 터널은 〈그림 6-15〉와 같이 터널의 직선 부분을 연장한 방향으로 특별한 도갱을 파서 이것을 통하여 중심선측량을

그림 6-14   외접 다각형법

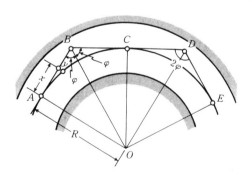

그림 6-15

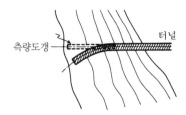

하는 경우가 있다. 이것은 측량도갱(測量導坑)이라 부르는데 일반적으로 배수 또는 불필요물을 반출하는 데도 많이 이용한다.

예제 6.2 앞의 내접 다각형법의 예제와 조건이 동일하다면 관측선의 길이는 얼마인가?

풀이 도갱의 경우: $2\overline{AB} = \sqrt{(4+4\times300-1)(4-1)} \fallingdotseq 60m$
상부 반단면의 경우: $2\overline{AB} = \sqrt{(9+4\times300-1)(9-1)} \fallingdotseq 98m$

4. 갱내외의 연결측량

갱내와 갱외의 측량을 연결하는 방법은 지상과 지하가 어떻게 연결되어 있는가에 따라서 다르다. 수평에 가까운 터널 또는 30° 이상 35° 이하의 사갱으로 연결되어진 경우에는 특별한 방법을 이용할 필요는 없다. 일반적으로 트랜시트는 삼각 대신에 특별한 방법으로 지지하지 않으면 안 될 경우가 있다.

경사가 급한 경우에는 보조망원경이 있는 트랜시트를 이용해야 한다. 단면이 대단히 작을 때, 또는 양측의 지주나 정부(頂部)의 갱목으로부터 적당한 지지대가 있을 때에는 트랜시트는 일반적으로 삼각 대신에 3본의 짧은 pin으로 지탱되는 지지대를 사용하는 것이 좋다.

(1) 1개의 수직갱에 의한 연결방법

1개의 수직갱으로 연결할 경우에는 수직갱에 2개의 추를 매달아서 이것에 의해 연직면을 정하고, 그 방위각을 지상에서 관측하여 지하의 측량으로 연결한다.

(2) 정 렬 식

갱내의 2본의 수선(垂線)을 연결한 직선상에 가능한 한 수선에 가깝게 트랜시트를 고정시킨다. 수선을 연결한 선의 방위각은 미리 지상에서 관측하여 둔다. 이 방향을 기준으로 각을 관측하여 그 시준선상에 2점을 정하고, 이 직선을 기준으로 하여 지하측량을 한다. 그러므로 지하측량은 지상측량과 같은 방위를 기준으로 하여 실시할 수 있다.

2개의 수선을 연결한 직선상에 트랜시트를 세울 경우, 트랜시트는 가능한 한 수선에 가깝도록 설치하여야 한다. 이것은 수선의 간격이 좁으므로, 방위를 결정하는 데 있어서 오차를 될 수 있는 한 작게 하기 위해서이다.

(3) 삼 각 법

이것은 가장 일반적인 방법이다. 〈그림 6-16〉에서 A, B점은 모두 수선점, P, C점은 지상의 관측점, 1, 2는 갱내의 관측점이다. 먼저 지상의 C점에 트랜시트를 세우고 $\angle PCB$, $\angle PCA$를 정밀하게 관측한다. 다음에 삼각형 ABC의 세 변의 길이 S_1, S_2를 쇠줄자로 관측한다.

다음에 트랜시트를 갱내의 관측점 1로 이동하고, 지상과 같이 $\angle A12$,

그림 6-16

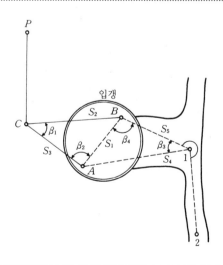

∠B12를 관측한다. 그리고 삼각형 AB1의 세 변의 길이 S_1, S_4, S_5를 잰다. 이들의 값으로부터 sine 법칙을 이용하여 다음의 관계식을 얻는다.

$$\sin \beta_2 = \frac{S_2}{S_1} \sin \beta_1$$

$$\sin \beta_4 = \frac{S_4}{S_1} \sin \beta_3$$

여기서 $\beta_1 = \angle PCA - \angle PCB$, $\beta_3 = \angle B12 - \angle A12$

따라서, 관측선 AB는 관측선 AC와 β_2, 관측선 B1은 관측선 AB와 $(360° - \beta_1)$, 관측선 12는 관측선 B1과 $(360° - \beta_2)$에서 취득한다. 이것에 의해 지하다각형의 각 관측선의 방위각을 점차적으로 결정한다.

5. 관통측량

지상의 개발이 진행될 때 암석이나 광상(鑛床)으로 차단되면 2개의 갱도 사이에 새로운 갱도가 필요하게 된다. 이것은 수평갱뿐만 아니라 사갱이나 수직갱에도 필요하다. 이 2점 간의 굴진방향·경사·거리 등의 측량을 관통측량(貫通測量)이라 한다.

터널의 관통측량은 일반적으로 양쪽에서 굴삭하는데 터널의 길이가 길 때는 적당한 곳에 수직갱이나 횡갱을 판다. 터널의 중심선측량은 중심선이 가능한 한 직선이 되도록 하며 또 터널 내의 배수관계는 일반적으로 중앙을 높게 하고 터널의 양쪽 입구를 낮게 경사를 만들어 배수한다.

터널에서의 곡선은 되도록 피하여야 하나 부득이한 경우 곡선설치를 할 때에는 지상에 곡선을 설치한 후에 지하곡선설치를 한다. 이 방법은 노선측량의 경우와 같다.

6. 터널 완성 후의 측량

터널 완성 후의 측량에는 준공검사의 측량과 터널이 변형을 일으킨 경우의 조사측량이 있는데 방법은 동일하다.

(1) 중심선측량

완성한 측벽 간의 중심 C를 터널 단면의 중심으로 하는 한편 터널의 갱구로부터 소정의 중심선을 추입(追入)하여 중심 C'를 구하고 점 C'가 C와 일치하면 그 터널의 중심은 소정의 중심선상에 있으며 만약 x만큼 떨어져 있다면 그만큼 터널이 횡으로 변위되어 있는 것이다. 간격은 일반적으로 20m로 한다.

수로 터널에서는 이 변위는 문제가 되지 않지만 철도 터널과 같이 궤도를 소정의 중심선에 맞추어 정확히 부설해야 하는 터널에서는 이 최대 편의에 따라 그 부근의 궤도의 중심을 가감해야 한다. 도로 터널의 경우는 적은 편의(偏倚)는 노견의 부분으로 조정할 수 있지만 어느 정도 이상의 편의가 생기면 철도와 같은 최대 편의량에 따라 도로 중심선을 적당히 고칠 필요가 있다.

터널이 지변 등 기타 이유로 이동하고 있는 경우의 조사에서는 측량시 매번 20m 간격으로 C점을 설정하고, 이때의 x값이 어떻게 변동하여 가는가를 관찰한다.

(2) 고저측량

터널의 고저측량의 기준을 어디에 잡는가 하는 것은 여러 가지가 있지만 철도의 경우는 시공기면을, 수로 터널과 같이 역 아치인 인버트(invert)[1]가 있는 경우는 인버트의 중심을, 도로 터널에서는 arch crown 및 포장의 중심을 고저측량의 기준으로 한다. 이 측량도 중심선측량과 같이 20m 간격으로 level을 사용하여 고저측량을 하고 터널의 기울기가 소정의 기울기로 되어 있는가를 점검한다.

터널의 이동관측의 경우는 판정하고 싶은 위치에 도벨을 설치하고 그 높이의 변화를 기록하여 둔다.

(3) 내공단면의 관측

터널의 단면검사 및 변형검사에서는 반드시 실시하는 측량으로 터널이 곡선인 경우는 접선에 직각방향으로, 또한 기울기가 있는 경우는 그 기울기에 수직방향의 단면을 관측해야 한다(〈그림 6-17〉 참조).

---

1) 인버트(invert: 맨홀의 하부에 설치하여, 오수를 하수관으로 유도하여 흐르도록 하는 반원형의 수채)

그림 6-17

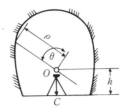

① 터널 내공단면 측량

굴착된 터널단면(터널이 곡선인 경우는 접선에 직각방향으로, 또한 기울기가 있는 경우는 그 기울기에 수직방향의 단면)의 3차원좌표를 관측하고 이를 설계좌표와 비교하여 차이값을 구하고 숏크리트나 라이닝콘크리트의 수량까지 계산한다.

가) TS로 굴착면에 대한 3차원좌표를 관측한다.

나) 설계 좌표값과 실측 좌표값을 비교하여 차이값을 구하고 이를 그래픽 처리하여 내공단면 측량 결과표를 작성한다.

다) TS와 노트북PC 또는 PDA[2]를 호환하여 실시간으로 내공단면의 측량이 가능하다.

그림 6-18 TS와 노트북PC의 호환

그림 6-19 무타깃 TS와 PDA의 호환

2) PDA(Personal Digital Assistant-휴대정보단말기)

그림 6-20	PDA를 이용한 터널내공단면측량

그림 6-21	내공단면 측량결과표

② 최근의 3D(3-Dimension)레이저스캐너를 이용한 터널내공단면 측량

그림 6-22	3D레이저스캐너 측량 광경

그림 6-23	터널전체단면의 3차원 좌표 취득

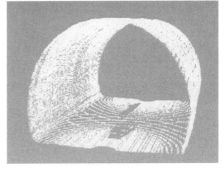

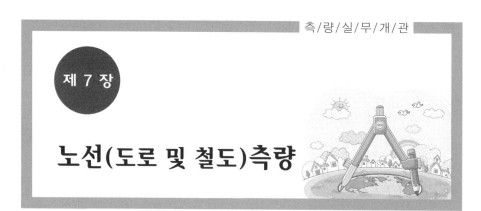

제 7 장

노선(도로 및 철도)측량

1. 개   요

　도로(road) · 철도(rail road) · 운하(canal) 등의 어느 정도 폭이 좁고 길이가 긴 구역의 측량을 총칭하여 노선측량(路線測量, route survey)이라 한다. 따라서 이 작업에서는 삼각측량 또는 다각측량에 의하여 골조를 정하고 이를 기본으로 하여 지형도를 만드는 작업과 종횡단면도의 작성, 토공량, 교량의 경간, 터널의 길이 등을 정하는 작업 등이 포함된다.

　노선의 위치를 어디로 택하는지는 매우 많은 요소에 지배되므로, 여기에서는 다만 노선을 설계하는 데 필요한 자료를 얻기 위한 측량작업을 기술한다.

　노선측량의 순서를 크게 나누면, 노선의 선정, 노선의 결정, 공사량의 산정으로 분류할 수 있다. 그러나 일반적으로 사용하고 있는 순서나 방법은 각종 노선의 특성 및 규격, 각 계획부서에서 정하는 일정한 사무절차의 형식, 측량기계의 종류 및 성능에 따라 달라질 수 있다.

2. 노선의 측량과정 및 순서

　노선측량의 작업을 크게 나누면 ① 노선선정, ② 계획조사측량, ③ 실시설계(또는 중심선)측량, ④ 세부측량, ⑤ 용지측량, ⑥ 공사측량 등이다.

이 중, 중심선측량만을 보아도 여러 가지의 방법이 있다. 지형의 상황, 계획의 내용, 소요정확도 등에 의하여 다른 것은 물론이지만, 현재 실시하고 있는 것을 보면 다음과 같다.

① 현지에서 교선점(IP: Intersection Point) 및 곡선에의 접선을 직접 결정하고, 접선의 교각(IA: Intersection Angle)을 실제 관측하여 주요점·중간점을 설치한다.

② 지형도에 의해, 중심선의 좌표 성과를 현지작업을 하기 전에 계산하여 놓고, 이 성과를 현지에 설치한다.

③ ①과 ②의 방법을 지형 등에 따라서 적당히 병용한다.

(1) 설계측량

노선의 종류에 따라 각각의 설계 과정이 조금씩 다르긴 하지만 기본 원리는 대동소이하므로 본 내용에서는 도로공사의 설계과정에 대해서 기술하기로 한다.

노선의 선정, 조사, 설계 및 공사를 위한 측량의 흐름은 〈그림 7-1〉과 같다.

그림 7-1

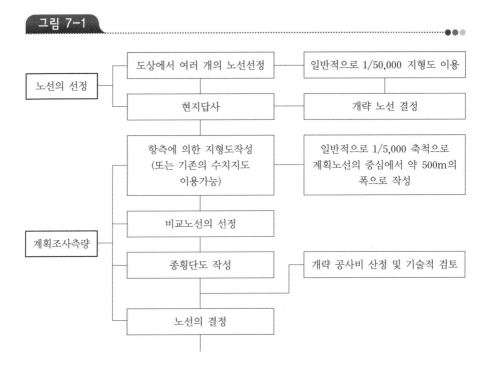

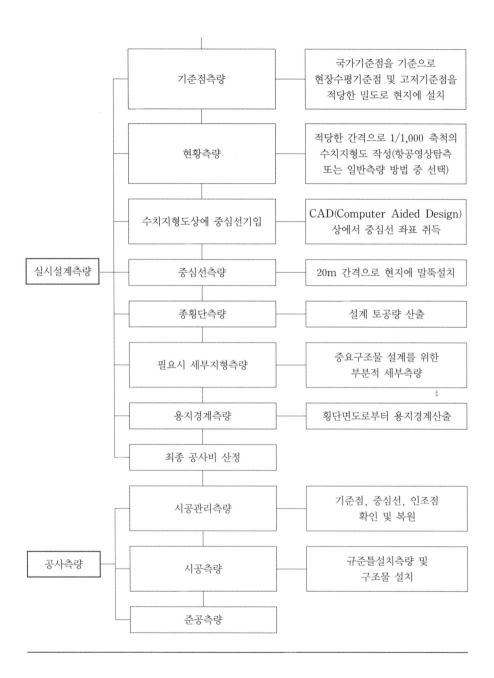

(2) 실시설계측량

노선의 실시설계를 위한 측량의 순서는 〈그림 7-2〉와 같이 수행한다.

① 순서

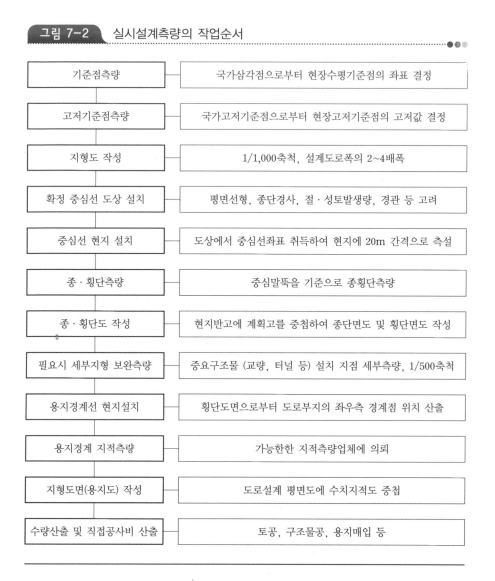

그림 7-2	실시설계측량의 작업순서
기준점측량	국가삼각점으로부터 현장수평기준점의 좌표 결정
고저기준점측량	국가고저기준점으로부터 현장고저기준점의 고저값 결정
지형도 작성	1/1,000축척, 설계도로폭의 2~4배폭
확정 중심선 도상 설치	평면선형, 종단경사, 절·성토발생량, 경관 등 고려
중심선 현지 설치	도상에서 중심선좌표 취득하여 현지에 20m 간격으로 측설
종·횡단측량	중심말뚝을 기준으로 종횡단측량
종·횡단도 작성	현지반고에 계획고를 중첩하여 종단면도 및 횡단면도 작성
필요시 세부지형 보완측량	중요구조물 (교량, 터널 등) 설치 지점 세부측량, 1/500축척
용지경계선 현지설치	횡단도면으로부터 도로부지의 좌우측 경계점 위치 산출
용지경계 지적측량	가능한한 지적측량업체에 의뢰
지형도면(용지도) 작성	도로설계 평면도에 수치지적도 중첩
수량산출 및 직접공사비 산출	토공, 구조물공, 용지매입 등

② 노선측량 작업시 고려사항

가) 수평위치 관측

　　반드시 국토지리정보원에서 발급한 삼각점 성과표의 좌표를 기준으로 하나 경우에 따라 성과심사를 받은 타 공사의 공공 기준점 성과표의 좌표를 사용할 수도 있다.

GPS에 의한 정지측량 방법이 가장 정확하나, RTK-GPS에 의한 실시간 이동측량 방법을 이용하여 효율성을 높일 수 있다.

TS를 사용하여 트래버스측량 방식으로 기준점 설치하는 경우 반드시 2점 이상의 삼각점을 연결하는 결합트래버스 방식을 취해야 한다.

나) 수직위치

국토지리정보원에서 발급한 고저기준점(수준점) 성과표의 표고를 기준으로 해야 하며 경우에 따라 성과심사를 받은 타 공사의 공공 고저기준점 성과표의 표고를 사용할 수 있으며, 왕복측량에 의한 직접고저측량을 원칙으로 하나, 경우에 따라 GPS에 의한 간접고저측량을 실시할 수도 있다.

2점 이상의 국가고저기준점과 결합하여야 함을 원칙으로 하나, 경우에 따라 1점의 국가고저기준점에 폐합시켜야 하며, 국가고저기준점의 경우 유실·망실된 점이 많으므로 부득이 멀리 떨어진 곳의 고저기준점을 사용해야 하는 경우가 많으므로, 적정한 측량비용 산정을 위해서는 측량 전 고저기준점 답사를 필수적으로 해야 한다.

다) 지형도 작성

지형도 작성 방법에는 GPS나 TS에 의한 평판측량방법, 항공영상탐측에 의한 방법 그리고 위성영상에 의한 방법 등이 있는데 소규모 지역의 지형도는 GPS 및 TS를 이용한 전자평판측량 방법이 효율적이다.

평판측량을 할 경우 측량의 경제성을 고려하여 기존의 대축적수치지도를 최대한 활용할 수 있다. 중요한 부분은 전면 실측을 원칙으로 하나, 중요도가 낮은 부분은 수치지도를 수정·보완하여 지형도를 제작할 수도 있다.

지하시설물은 확인측량을 실시(실측 또는 기 GIS 구축자료 활용)해야 한다.

라) 중심선 및 종단측량

중심선의 좌표(X, Y 좌표)를 CAD상에서 취득하여 이를 현지에 측설 하고 중심말뚝을 20m 간격으로 설치하고, 중심말뚝 설치 지점의 표고를 TS로 관측하여 종단측량을 실시한다.

마) 횡단측량

중심말뚝을 기준으로 중심선의 직각방향으로 도로 경계선 예상지점보다 10m 정도 더 바깥지점까지 지형이 변하는 변곡점의 표고를 TS로 관측한다.

절토 또는 성토로 인한 사면의 길이를 미리 설정하고 설정된 사면의 끝 지점에서 10m 정도의 여유 폭을 감안하여 넓게 횡단측량을 실시한다.

바) 용지경계측량

용지경계선은 설계된 횡단면도로부터 구한 사면의 끝 지점에 1m 여유폭을 둔 지점으로 하며, 용지경계 말뚝은 중심말뚝을 기준으로 하여 중심선의 직각방향으로 설치하고 각 말뚝의 위치는 측지좌표로 관측하여야 한다(차후 용지도 작성이나 경계복원 측량시 필요하다).

사) 지형측량(용지측량)

설치된 용지경계 말뚝을 지적좌표에 의해 현황측량한 다음 수치지적도를 만든 후 설계평면도에 중첩하여 사용지역의 지형도면(용지도)을 작성한다.

도해지적 지구인 경우에는 지적측량 전문업체에 의뢰하여야 한다.

아) 수량산출

CAD상에서 각 횡단면에 대한 면적, 절·성토량 등을 프로그램을 이용하여 산출한다.

(3) 시공측량

설계측량을 마친 후 시공을 위한 측량은 〈그림 7-3〉과 같다.

① 순서

그림 7-3

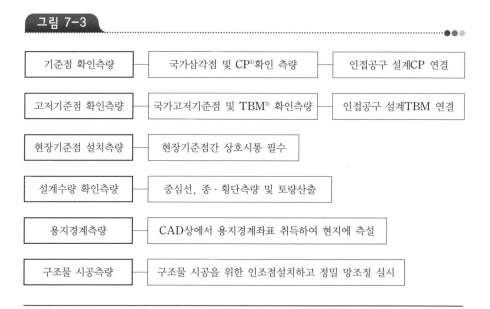

---

1) CP(설계기준점: Control Point)
2) TBM(임시고저기준점 또는 가고저기준점: Temporary Bench Mark)

② 착공전 측량

착공전 측량은 공사계약즉시 설계수량의 이상 유무를 확인하기 위하여 실시하는 측량으로서 도로나 철도공사의 경우 일반적으로 다음의 내용과 같이 실시한다.

가) 기준점 확인측량

나) 고저기준점 확인측량

다) 현장기준점(현장CP) 설치측량

라) 중심선측량

마) 종단측량

바) 횡단측량 및 토공량 산출

사) 용지경계측량

아) 필요에 따라 지장물 조사

③ 착공전 측량의 세부내용

가) 기준점 확인측량

기준점 확인측량은 설계기준점(설계CP)의 정확성 여부를 확인하는 측량으로서 설계도서상의 측량보고서에 명시된 사용 삼각점과 설계 삼각점의 상호 위치 관계를 확인하는 과정으로 다음과 같이 실시한다.

(ㄱ) 설계에 사용된 삼각점과 설계기준점(설계CP) 위치 확인(휴대용 GPS 사용)

(ㄴ) 설계에 사용된 고저기준점과 임시고저기준점(TBM) 위치 확인

(ㄷ) 시공용 현장기준점(현장CP) 선점 및 조표(콘크리트 타설 후 황동표지 설치) 설치

(ㄹ) 기준점 확인측량 결과 설계기준점에 과대오차(±5cm 이상) 발생시 원인분석 및 시공용으로의 사용 여부 결정

(ㅁ) 고저기준점 확인 측량인 경우는 $±10\text{mm}\sqrt{S}$(S는 편도거리, km) 이상의 오차 발생시 신규 측량성과 사용

나) 유의사항

(ㄱ) 착공전 측량 비용의 절감을 위하여 삼각점을 연결하여 측량하지 않고 설계CP성과를 그대로 사용해서는 안 된다(반드시 확인측량 필요함).

(ㄴ) 기준점측량 방식은 TS를 사용할 경우 반드시 두 점 이상의 삼각점을 연결하는 결합트래버스 방식을 취해야 하며(한 점의 삼각점을 사용하는 폐합트래버스는 금물), GPS에 의한 정밀기준점측량을 실시하는 경우 관측시간도 최소 1시간 30분 이상을 유지토록 한다.

다) 설계수량 확인측량

설계수량의 확인을 위해서는 중심선측량과 종·횡단측량을 실시하여 원지반에 대한 횡단면도를 작성하고 이를 설계 단면도에 중첩함으로써 토공량을 산출한다.

(ㄱ) 설계도면을 CAD 프로그램으로 실행하여 중심선 좌표를 취득한다.

(ㄴ) 중심선 좌표를 TS에 입력하고 현장CP의 좌표를 기준으로 측설한다(중심선측량).

(ㄷ) 중심선의 표고를 TS로 관측한다(종단측량). 착공전 측량 과정에서의 종단측량은 토공을 위한 고저측량이므로 레벨에 의한 직접고저측량보다는 TS에 의한 간접고저측량으로도 충분하다.

(ㄹ) 설계도면에서 절토면 또는 성토면이 끝나는 지점의 거리를 산출하여 중심선으로부터 직각방향으로 횡단상의 지형 변곡점에 대한 표고를 TS로 관측하여 기록하거나 TS의 메모리 장치에 입력한다(횡단측량).

(ㅁ) 횡단측량시 경계측량도 병행할 수 있는데 설계도면에서 경계좌표를 취득하여 측설함으로써 간단히 처리할 수 있다.

그림 7-4 횡단측량 외업 광경

그림 7-5 횡단측량 외업 후 TS에 저장된 측량자료를 컴퓨터로 전송하여 내업실시

그림 7-6a 횡단도 자동 작성

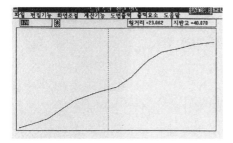

그림 7-6b 설계단면 입력

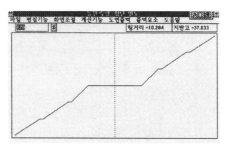

그림 7-6c 원지반 단면과 설계단면을 합성하여 횡단면도 작성

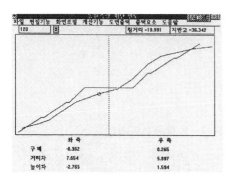

그림 7-6d 일반적인 도로경계 위치

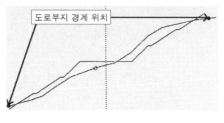

그림 7-6e	절토 및 성토 부분의 단면적 자동계산

그림 7-6f	자동 작성된 단면적에 의한 절·성토량 자동계산

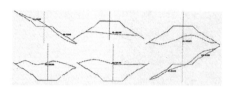

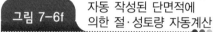

(4) 구조물 측설 및 검측

① 구조물 좌표계산

측설이란 설계도면상의 구조물 위치를 현지에 재현하는 측량을 말하는데 일반적으로 설계도면상에는 모든 구조물의 좌표가 일일이 명기되지 않기 때문에 구조물의 측설을 위해서는 수계산이나 소정의 프로그램을 통하여 노선의 중심선 좌표를 계산한 후 각 구조물의 좌표를 계산하여야 한다.

가) 선형 및 구조물좌표 자동계산

도로, 철도, 지하철 등의 노선측량에 있어 가장 기본이 되고 중요한 측량 중의 하나는 중심선측량이다. 중심선의 좌표계산을 정확히 함으로써 그를 기준으로 횡단측량의 좌표나 노선의 경계좌표 그리고 각종 구조물의 좌표 계산이 가능해지기 때문이다.

선형자동계산은 시중에 판매되는 선형자동계산 프로그램을 사용하여 중심선의 좌표계산을 손쉽게 할 수 있다.

(ㄱ) 선형자동계산 프로그램의 선형별 중심선 좌표계산

  (i) 도로

직선-완화곡선(클로소이드곡선)-단곡선-완화곡선-직선구간

  (ii) 철도

직선-완화곡선(3차포물선)-단곡선-완화곡선-직선구간

  (iii) 지하철

직선-완화곡선(렘니스케이트곡선)-단곡선-완화곡선-직선구간

(ㄴ) 선형자동계산 예

그림 7-7a 도로용 선형 입력 예

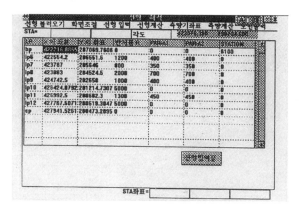

그림 7-7b 완화곡선 구역의 경사구조물 좌표 계산의 예

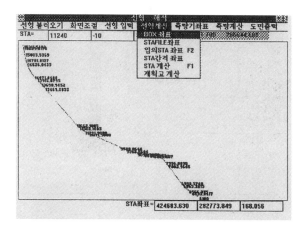

그림 7-7c 입력된 자료에 의해 자동계산된 예(직선, 완화곡선, 단곡선 등이 그래픽으로 표시됨)

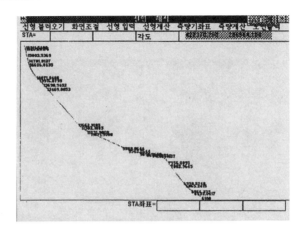

그림 7-7d 지하철 선형 입력 예

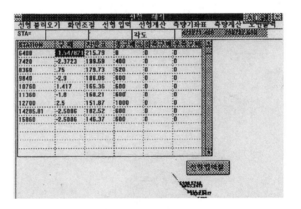

나) 선형자동계산 프로그램의 특징

(ㄱ) 도로, 철도 지하철 등 어떠한 종류의 선형이라도 중심선의 좌표를 3차원으로 자동 계산한다.

(ㄴ) 시점에서 종점까지 원하는 거리 간격으로 제한 없이 세분하여 좌표 계산이 가능하다.

(ㄷ) 노선의 중심뿐 아니라 좌우 노폭을 입력함으로써 중심선으로부터 좌우

로 이격된 지점의 좌표도 자동계산된다.

(ㄹ) 임의 지점의 좌표를 입력하면 그 지점에 대한 종단 Station(or Chain) 및 좌우 이격거리가 역으로 계산된다.

(ㅁ) 종곡선 해석 기능

(ㅂ) 자동 계산된 모든 좌표는 컴퓨터에서 측량기 메모리 장치로 자동 전송되어 쉽고 빠른 측설작업을 수행하게 한다.

(ㅅ) 도면상 노선설계 오류발견시 오류 메시지 표시로 시공전 세부적인 도면 검토가 가능하다.

② 중요 구조물의 인조점 설치

교량이나 박스와 같은 중요 구조물의 시공시는 수시로 측량을 해야 하므로 매 측량시마다 멀리 떨어져 있는 현장 CP로부터 측량을 해 올 경우 오차도 크고 번거롭기 때문에 구조물 주위에 별도의 기준점망을 설치하게 되는데 이와 같이 구조물 자체의 측량을 위해 설치되는 측점을 인조점(RF: Referring Point)이라고 한다. 인조점 설치 방법은 아래와 같다.

가) 인조점은 현장 CP의 좌표를 기준으로 한다.

나) 인조점의 설치 위치는 구조물 주요 부분의 시준이 용이하고 지반이 안정하며 구조물 공사 기간 동안 지형이 변하지 않는 지점을 선정한다.

다) 인조점은 콘크리트 타설 후 황동표지를 설치하거나 견고한 말뚝을 설치하여 표식을 한다.

라) 각 인조점은 하나의 폐합망으로 구성하여야 하며 각 점의 위치오차는 가능한 한 2~3mm 이내가 되도록 하여야 한다.

마) 인조점망은 수시로 검측하여 소정의 정확도를 유지해야 하며 위치 변동으로 인해 오차가 발생하는 인조점이 있을 때는 즉시 망조정을 다시 실시하여야 한다.

바) 인조점망은 다른 인조점망이나 현장 CP와 연결 사용해서는 안되며 해당되는 구조물 측설 및 검측시에만 사용하여야 한다(∵ 국가삼각점이나 현장 CP는 일반적으로 1~3cm의 위치오차를 수반하고 있으므로 정밀한 인조점망과 연결하는 것은 바람직하지 않음).

③ 인조점 설치 순서

가) 구조물과 가장 가까운 CP2에 TS를 설치하고 그 위치에서 가장 멀리 있는 CP1을 후시로 하여 기선오차 소거 후 인조점을 측설한다.

나) 인조점 측설 후 인조점 중 1점을 기준으로 하는 폐합트래버스 측량을

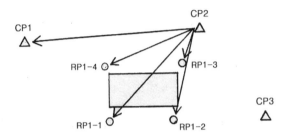

그림 7-8

실시하여 각 인조점의 시공좌표를 확정한다.

　　다) 인조점 폐합트래버스망을 수시 점검하고 오차를 조정하여 구조물 완공
시까지 정밀망을 유지한다.

3. 노선에 이용되는 곡선

(1) 곡선의 분류

■■ 표 7-1   곡선의 분류

형상에 의한 분류		성질에 의한 분류
수평곡선	단곡선 복곡선(또는 복합곡선) 반향곡선 머리핀곡선 완화곡선	원곡선 3차 포물선(철도) 반파장 sine 체감곡선(고속전철) lemniscate(시가지 전철) clothoid(고속도로)
수직곡선	종단곡선 횡단곡선	2차 포물선 원곡선 직 선 쌍곡선 2차 포물선

선상(線狀)축조물의 중심선이 굴절한 경우, 곡선에서 이것을 연결하여 방향의 변화를 원활히 할 필요가 있으므로 다음과 같은 곡선이 이용된다. 수평선 내에 있으면 수평곡선(또는 평면곡선: horizontal curve), 수직면 내에 있으면 수직곡선(vertical curve)으로 종단곡선과 횡단곡선이 있다.

중심선의 구성요소는 직선, 완화곡선, 원곡선이다.

또 철도에서도, 종래 완화곡선으로 사용하던 3차 포물선 대신 최근에는 반파장 정현곡선(正弦曲線)을 체감곡선(遞減曲線)으로 하는 곡선(sine 체감곡선)을 사용하고 있다. 곡선을 그 형상·성질에 의해 분류하면 〈표 7-1〉과 같이 된다.

(2) 원곡선의 특성

① 원곡선의 술어와 기호

■■ 표 7-2 원곡선의 술어와 기호

기 호	술 어	적 요
BC	원곡선 시점(beginning of curve)	A
EC	원곡선 종점(end of curve)	B
IP	교선점(intersection point)	D
R	반경(radius of curve)	$OA=OB$
TL(또는 T)	접선길이(tangent length)	$AD=BD$
E	외할(外割, external secant)	CD
M	중앙종거(middle ordinate)	Cm
SP	곡선중점(secant point)	C
CL	곡선길이(curve length)	$\overset{\frown}{ACB}$
L	장현(long chord)	AB
l	현 길이(chord length)	AF
c	호 길이(arc length)	$\overset{\frown}{AF}$
IA(또는 I)	교각(intersection angle)	=중심각
δ	편각(deflection angle)	$\angle DAF$
θ	중심각(central angle)	$\angle AOF$
$I/2$	총편각(total deflection angle)	$\angle DAB=\angle DBA$

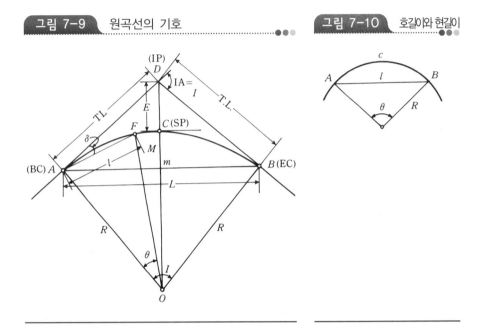

그림 7-9 원곡선의 기호

그림 7-10 호길이와 현길이

〈표 7-2〉에서와 같이, 단곡선(또는 단심곡선)도 조합에 의해 여러 가지 형태의 단곡선으로 분할하므로, 특수한 예를 제외하고, 여기에서는 1개의 단곡선에 관하여 그 성질과 설치법을 기술한다. 〈그림 7-9〉에서처럼 1개의 원호에 대하여, 일반적으로 쓰이는 술어와 기호는 〈표 7-3〉과 같다.

② 원곡선의 공식

원곡선에서 매개변수 간의 관계식은 〈표 7-3〉과 같으며 중심말뚝은 직선부와 곡선부에서는 추가말뚝을 제외하고는 일반적으로 20m 간격으로 설치하나 원호상에서는 현길이를 관측하여 대용한다. 따라서 호길이와 현길이의 차가 발생하게 된다.

〈그림 7-10〉에서 $c=\overset{\frown}{AB}$, $l=\overline{AB}$, 곡률반경 R, 중심각 θ로 하면, 〈표 7-3〉의 식에서

$$l=2R\sin\delta=2R\sin\frac{\theta}{2} \tag{7.1}$$

$c \fallingdotseq l$로 하면,

■■ 표 7-3 원곡선의 공식

관 계 사 항	공 식
접선의 길이	$TL(또는 \ I)=R\tan\dfrac{I}{2}$
교각과 중심각	$IA=I=\angle AOB$
편각과 중심각	$\delta=\dfrac{\theta}{2}=\dfrac{l}{2R}$ (라디안)
곡선길이와 중심각	$CL=RI(I는 \ 라디안)=RI/\rho(I는 \ 도)$
호의 길이와 편각	$l=R\cdot\theta=2R\cdot\delta$
호길이와 편각	$l=2R\sin\delta=2R\sin\dfrac{\theta}{2}$
	$L=2R\sin\dfrac{I}{2}$
secant	$E=R\left(\sec\dfrac{I}{2}-1\right)$
중앙종거	$M=R\left(1-\cos\dfrac{I}{2}\right)$

$$\sin\frac{\theta}{2}\fallingdotseq\frac{c}{2R}-\frac{1}{6}\left(\frac{c}{2R}\right)^3$$

이것을 식 (7.1)에 대입하면,

$$l\fallingdotseq 2R\left\{\frac{c}{2R}-\frac{1}{6}\left(\frac{c}{2R}\right)^3\right\}=c-\frac{c^3}{24R^2}$$

따라서 호길이와 현길이의 차는

$$c-l\fallingdotseq\frac{c^3}{24R^2} \tag{7.2}$$

이며, 반경 300m 이상의 경우는 $c=l$로 생각한다.

또한, 〈그림 7-11〉에서 중앙종거(M)와 곡률반경(R)의 관계는 다음과 같다. $\varDelta OBm$에서

$$R^2-(L/2)^2=(R-M)^2$$

그림 7-11 중앙종거와 반경의 관계 ●●●●

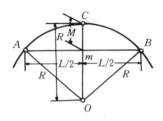

$$\therefore R = \frac{L^2}{8M} + \frac{M}{2} \tag{7.3}$$

이고, M의 여러 가지 값에 대한 R의 값을 식 (7.3)에서 계산한 것이 원도표이며 M의 값이 L의 값에 비해 작으면 식 (7.3)의 우변 제2항은 무시한다.

③ **단곡선 설치**

단곡선 설치과정은 방법에 따라 차이가 있으나 전반적인 설치과정을 기술하면 다음과 같다.

가) 단곡선의 반경(R), 접선(2방향), 교선점(D), 교각(I)을 정한다.

나) 단곡선의 반경(R)과 교각(I)으로부터 접선길이(TL), 곡선길이(CL), 외할(E) 등을 계산하여 단곡선시점(BC), 단곡선종점(EC), 곡선중점(SP)의 위치를 결정한다.

다) 시단현(始端弦: l_1)과 종단현(終端弦: l_{n+1})의 길이를 구하고 중심말뚝의 위치를 정한다.

이상의 순서에 따라서 계산을 하여 교선점(IP)말뚝, 역(役)말뚝, 중심말뚝을 설치하면 된다.

여기서 각각의 원곡선(圓曲線) 중 단곡선(또는 단심곡선)의 선설치 방법에 대해 서술하면 다음과 같다.

④ **편각법에 의한 단곡법 설치**

철도나 도로 등의 단곡선 설치에서 가장 일반적으로 이용하고 있는 방법이 〈그림 7-12〉에 표시한 편각법(偏角法)으로써 편의각법(偏倚角法)이라고도 한다. 편각법으로 시준하여 장애가 있는 경우에는 〈그림 7-12〉에 표시한 편각현장법(偏角弦長法)을 병용하면 좋다.

편각 현장법(극각현장법)은 트랜싯으로 편각(偏角)을 관측한 다음 거리를 관

그림 7-12   편각법

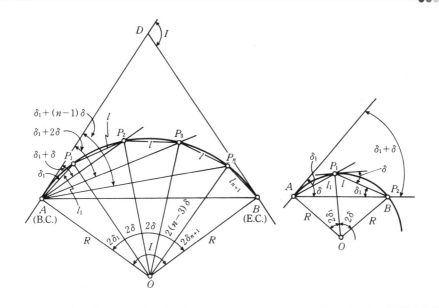

측하여 곡선을 측설하는 방법이다. 〈그림 7-12〉에서 시단현 $\overline{AP_1} = l_1$, 종단현 $\overline{P_nB} = l_{n+1}$과 $\overline{P_1P_2} = \overline{P_2P_3} = \cdots = l$에 대한 편각을 계산하여 각각 δ_1, δ_{n+1}, δ로 하면, AD방향에 대한 각 점의 편각은 다음과 같이 된다.

점 P_1의 편각$= \delta_1$

점 P_2의 편각$=$점 P_1의 편각$+\delta = \delta_1 + \delta$

점 P_3의 편각$=$점 P_2의 편각$+\delta = \delta_1 + 2\delta$

…………………………

점 P_n의 편각$=$점 P_{n-1}의 편각$+\delta = \delta_1 + (n-1)\delta$

점 B의 편각$=$점 P_n의 편각$+\delta_{n+1}\left(= \dfrac{I}{2} \text{로 된다}\right)$

이상과 같이 편각을 구하는데, 실제로는 δ의 정수배(整數倍)의 값을 사용하여, 다음과 같은 순서로 중심말뚝을 측설(測設)한다.

가) 점 $A(BC)$에 트랜싯을 고정하고, 수평 분도원의 영점지표를 편각과 반대방향으로 δ_1만큼 회전한 위치에 교점 $D(\text{I.P.})$를 시준한다. 시준을 한 다음에 영점 지표가 $0°00'00''$ 표시하는 곳까지 망원경을 움직여 이 시선(視線) 중에

$AP_1 = l_1$의 거리를 취하면 점 P_1이 정해진다.

나) 점 P_2의 편각 $-\delta_1 = \delta$의 값에 맞추어 망원경을 돌리고 이 시선 가운데에서 P_1으로부터 20m의 거리에 있는 점을 구하면 P_2가 정해진다.

다) 이와 같은 방법으로 P_3, P_4, …에 대하여 2δ, 3δ, …의 값에 맞추어 망원경을 돌려 P_2, P_3, …로부터 20m의 거리를 취하여 P_3, P_4, …, P_n을 정한다.

라) 최후로, 종단현(終短弦) $\overline{P_n B} = l_{n+1}$ 및 점 B에 대한 각 $\{(n-1)\delta + \delta_{n+1}\}$을 써서 점 B를 정하고, EC와 일치하는가로 측량의 정확도를 판정한다.

큰 오차가 생길 때는 재관측(再觀測)해야 하나 오차가 작을 때는 각 점에 배분한다. 이 방법은 호(弧)의 길이와 현(弦)의 길이를 같은 것으로 간주하고 있지만, 일반적인 경우 실용상에는 큰 무리가 없다. 곡선의 반경이 작은 경우는 현의 길이를 보정(補正)하여 사용하면 된다. 현의 길이에 대하여 20m의 정수배(整數倍)에 대한 δ의 정수배값은 일반적으로 측량법에 기재되어 있으므로, 이것을 사용하여 상술(上述)한 방법을 사용하면 종단현(終端弦)에 도달하기까지 계산이 필요하지 않으므로 편리하다.

예제 7.1 IP의 위치가 기점(起點)으로부터 320.24m, 곡선 반경 180m, 교각(交角) 44°00′인 단곡선(單曲線)을 편각법(偏角法)에 의하여 측설하시오.

풀이 ① $\text{TL} = R \tan \dfrac{I}{2} = 200 \times \tan 22°30′ = 74.558[\text{m}]$

② $\text{CL} = \dfrac{R°}{\rho^0} = 0.0174533 RI° = 0.0174533 \times 180 \times 44 = 138.23[\text{m}]$

③ $E = R\left(\sec \dfrac{I}{2} - 1\right) = 180\left(\sec 22°30′ - 1\right) = 14.831[\text{m}]$

④ BC의 위치: 기점에서의 추가 거리는

$$320.24 - \text{TL} = 320.24 - 74.558 = 245.68[\text{m}]$$

그러므로

$$\text{No.12} + 5.68[\text{m}]$$

⑤ 시단현(始短弦)의 길이 $l_1 = 20 - 5.68 = 14.32[\text{m}]$

⑥ EC의 위치: 기점에서의 추가 거리는

$$245.404 + \text{CL} = 245.68 + 141.37 = 387.05[\text{m}]$$

그러므로

$$\text{No.19} + 7.05[\text{m}]$$

⑦ 종단현(終短弦)의 길이 $l_{n+1} = 7.05[\text{m}]$

⑧ 편각의 계산

㉠ 20m에 대한 편각 $\delta = 1718' 87 \times \dfrac{20}{180} = 3°10' 59''$

㉡ 시단현에 대한 편각 $\delta_1 = 1718' 87 \times \dfrac{14.32}{180} = 2°16' 45''$

㉢ 종단현에 대한 편각 $\delta_{n+1} = 1718' 87 \times \dfrac{7.05}{180} = 1°07' 20''$

⑨ 곡선상 중심말뚝에 대한 편각

$\overline{AD}$ $\qquad -\delta_1 = -2°16' 45''$

No. 13 $\qquad -\delta_1 + \delta_1 = 0°00' 00''$

No. 14 $\qquad \delta = 3°10' 59''$

No. 15 $\qquad 2\delta = 6°21' 58''$

No. 16 $\qquad 3\delta = 9°32' 57''$

No. 17 $\qquad 4\delta = 12°43' 56''$

No. 18 $\qquad 5\delta = 15°54' 55''$

No. 19 $\qquad 6\delta = 19°05' 54''$

E.C. $\qquad 6\delta + \delta_{n+1} = 20°13' 14''$

$\delta_1 + 6\delta + \delta_{n+1} = 22°29' 59'' \fallingdotseq 22°30' = \dfrac{I}{2}$

즉, 1초의 오차가 있지만 실용상 지장 없다.

⑤ **중앙종거에 의한 단곡선 설치**

이 방법은 〈그림 7-13〉에 있는 것처럼 최초에 중앙종거(中央縱距) M_1을 구하고, 다음에 M_2, M_3, …으로 하여 작은 중앙종거를 구해서 적당한 간격마다 곡선의 중심말뚝을 박는 방법이다.

이 방법은 1측쇄(測鎖)마다의 거리를 따라서 중심말뚝을 박는 것은 할 수 없지만 시가지의 곡선설치나 철도, 도로 등의 기설곡선(既設曲線)의 검사 또는 정정(訂正)에 편리하게 사용된다. 계산식은

$$
\left.
\begin{aligned}
M_1 &= R\left(1 - \cos \frac{I}{2}\right) \\
M_2 &= R\left(1 - \cos \frac{I}{4}\right) \\
M_3 &= R\left(1 - \cos \frac{I}{8}\right) \\
&\cdots\cdots\cdots\cdots \\
M_n &= R\left(1 - \cos \frac{I}{2^n}\right)
\end{aligned}
\right\}
\qquad
\left.
\begin{aligned}
\frac{L_1}{2} &= R \sin \frac{I}{2} \\
\frac{L_2}{2} &= R \sin \frac{I}{4} \\
\frac{L_3}{2} &= R \sin \frac{I}{8} \\
&\cdots\cdots\cdots\cdots \\
\frac{L_n}{2} &= R \sin \frac{I}{2^n}
\end{aligned}
\right\}
\qquad (7.4)
$$

그림 7-13 중앙종거법

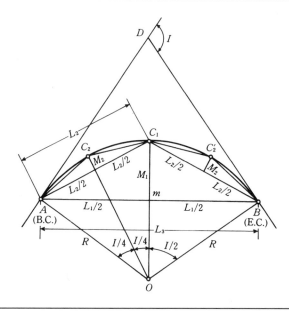

식 (7.4)는 일반적으로 $R=100$m의 경우에 대하여 I의 여러 종류값에 대한 M, $\dfrac{L}{2}$의 계산식으로 일반적인 측량표 중에 중앙종거표가 수록되어 있으므로 주어진 교각 I 및 $\dfrac{I}{2}$, $\dfrac{I}{4}$, …에 대한 M의 값을 구하여 $\dfrac{R}{100}$ 배 하면 중앙종거를 구할 수 있다.

(3) 복곡선과 반향곡선

① **복곡선**(또는 복심곡선, 복합곡선: compound curve)

반경이 다른 2개의 단곡선이 그 접속점에서 공통접선을 갖고 그것들의 중심이 공통접선과 같은 방향에 있는 곡선을 복곡선(複曲線)이라 하고 접속점을 복곡선접속점(PCC: Point of Compound Curve)이라 한다. 철도나 도로에서 복곡선을 사용하면 그 접속점에서 곡률이 급격히 변화하기 때문에 차량에 동요를 일으켜 승객에게 불쾌감을 주므로 될 수 있는 한 피하는 것이 좋다. 이러한 경우에는 접속점 전후에 걸쳐서 완화곡선을 넣어 곡선이 점차로 변하도록 해야 한다. 또 산지의 특수한 도로나 산길 등에서는 곡률반경과 경사, 건설비 등의 관계 및 복잡한 완화곡선을 설치할 경우의 자동차 속도 저하 때문에 복곡선을 설치하는 경우가 많다. '도로기하구조요강'에서는 동일방향으로 굽은 복곡선의 경우 큰 원과 작은 원의 관계를 규정하고 있다(〈그림 7-14〉).

가) 완화곡선의 설정에서 작은 원으로부터 큰 원의 이정(移程)[1]이 0.1m 미만인 경우

$$R_2 < \frac{R_1}{1-a \cdot R_1} \tag{7.5}$$

여기서 $a = \dfrac{1}{\left(\dfrac{V}{3.6}\right)^2 \sqrt[3]{\dfrac{1}{24SP^2}}}$

R_2 : 큰 원의 반경(m) $\qquad$ V : 설계속도(km/h)

R_1 : 작은 원의 반경(m) $\qquad$ S : 이정량(=0.1m)

P : 원심가속도의 변화율(m/sec³)

나) 큰 원의 곡률과 작은 원의 곡률차가 〈표 7-4〉에서 규정한 한계곡선반경 이하에 있는 경우

$$\frac{1}{R_0} > \frac{1}{R_1} - \frac{1}{R_2} \tag{7.6}$$

■■ 표 7-4 평면선형의 '도로기하구조요강' 표

설계 속도 (km/h)	최소곡선반경(m)					최소곡선길이 (m)	최소완화구간길이 (m)	한계곡선반경 (m)		시 거 (m)	
	설계 최소값	최대편경사도			편경사도(-2%)			최소	표준	제동	추월
		6%	8%	10%							
120	1,000	710	630	570	—	1,400/θ	200	100	2,000	4,000	210	—
100	700	460	410	380	—	1,200/θ	170	85	1,500	3,000	160	500
80	400	280	250	230	—	1,000/θ	140	70	900	2,000	110	350
60	200	150	140	120	220	700/θ	100	50	500	1,000	75	250
50	150	100	90	80	150	600/θ	80	40	350	700	55	200
40	100	60	55	50	300	500/θ	70	35	250	500	40	150
30	65	(30)	—	—	55	350/θ	50	25	130	—	30	100
20	30	(15)	—	—	25	280/θ	40	20	60	—	20	70

※ θ는 도로교각.

---

1) 이정량(移程量 : shift) : 클로소이드곡선이 삽입될 경우 클로소이드곡선의 중심에서 내린 수선의 길이와 접속되는 원곡선의 반지름과의 차이

여기서, R_0는 〈표 7-4〉의 규정에서 완화곡선을 설치할 때 최소한계곡선반경(m), 일반적으로 작은 원의 반경이 〈표 7-4〉의 한계곡선반경의 최솟값 이상이면,

설계속도 80km/h 이상의 경우……$R_2 \leqq 1.5 R_1$
설계속도 80km/h 미만의 경우……$R_2 \leqq 2.0 R_1$ (7.7)

이다.

〈그림 7-14〉에서 기호는 각각 다음의 것을 나타낸다.

R_1, R_2, T_1, T_2, I_1, I_2, I의 7개의 값 중에서 4개가 주어지면 다른 3개

그림 7-14   복곡선

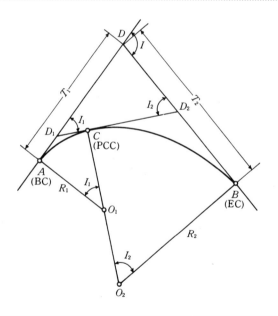

R_1: 작은 원의 반경	T_2: 큰 원의 접선길이
T_1: 작은 원의 접선길이	I_2: 큰 원의 중심각
I_1: 작은 원의 중심각	D_2: 큰 원의 IP
D_1: 작은 원의 IP	Q_2: 큰 원의 중심
O_1: 작은 원의 중심	I: 복곡선의 교각 $I = I_1 + I_2$
D: 복곡선의 IP	B: EC
A: BC	C: PCC
R_2: 큰 원의 반경	

의 값은 〈표 7-5〉의 공식에서 산출된다. 여기에서 vers $\alpha = 1 - \cos \alpha$ 이다.

　실제로 복곡선을 설치하는 경우 교선점 D를 정하여 교각 I를 재고 다시 현지의 상황에 맞게 하여 다시 3개의 양을 적당히 판정하면 다른 3개의 값을 구할 수 있다. 가령 곡선시점 A 및 곡선종점 B의 위치를 정하면 T_1, T_2가 주어지게 되고 한쪽의 원반경 R_1을 적당히 판정하면 다른 3개의 R_2, I_1, I_2가 구해진다.

　이것들의 값에서 호의 길이 $\overset{\frown}{AC}$, $\overset{\frown}{CB}$를 계산하면 A, B, C 각 점의 추가거리를 정한다.

　다음에 〈그림 7-14〉에 있는 것처럼 접선 $\overline{AD}$, $\overline{BD}$ 상에 각각 D_1, D_2를

$$\overline{AD_1} = R_1 \tan \frac{I_1}{2}, \quad \overline{BD_2} = R_2 \tan \frac{I_2}{2} \tag{7.8}$$

가 되도록 하여 D_1, D_2를 정하면 $\overline{D_1 D_2}$ 는 점 C에서 공통접선으로 된다. 점 C는 이 접선상에 $\overline{D_1 C} = \overline{AD_1}$ 또는 $\overline{D_2 C} = \overline{BD_2}$로 하여 구해지며, 곡선설치는 2개의 원곡선으로 나누어 하면 된다.

예제 7.2 복곡선에 있어서 교각 $I = 63°24'$, 접선길이 $T_1 = 135$m, $T_2 = 248$m, 곡선반경 $R_1 = 100$m인 경우 큰 원의 곡선반경 R_2와 I_1, I_2를 구하시오.

[풀이] ① 〈표 7-5〉로부터

$$\tan \frac{I_2}{2} = \frac{T_1 \sin I - R_1 \operatorname{vers} I}{T_2 + T_1 \cos I - R_1 \sin I}$$

$$= \frac{135 \times \sin(63°24') - 100 \times \operatorname{vers}(63°24')}{248 + 135 \times \cos(63°24') - 100 \times \sin(63°24')}$$

$$= 0.298982$$

$$\therefore I_2 = 33°18'$$

$$\therefore I_1 = I - I_2$$
$$= 63°24' - 33°18' = 30°6'$$

$$\therefore R_2 = R_1 + \frac{T_1 \sin I - R_1 \operatorname{vers} I}{\operatorname{vers} I_2}$$

$$= 100 + \frac{135 \times \sin(63°24') - 100 \times \operatorname{vers}(63°24')}{\operatorname{vers}(33°18')}$$

$$= 499\text{m}$$

② ①의 해석법과 다른 방법으로 단곡선반경을 R로 하면,

■■ **표 7-5 복곡선의 공식**

주어진 제원	구하는 제원	계　　산　　식
R_1 R_2 I_1 I_2	I T_1 T_2	$I=I_1+I_2$ $T_1=\dfrac{R_1\text{ ver }I+(R_2-R_1)\text{ vers }I_2}{\sin I}$ $T_2=\dfrac{R_2\text{ vers }I-(R_2-R_1)\text{ vers }I_1}{\sin I}$
R_1 R_2 T_1 I	I_2 I_1 T_2	$\text{vers }I_2=\dfrac{T_1\sin I-R_1\text{ vers }I}{R_2-R_1}$ $I_1=I-I_2$ $T_2=\dfrac{R_2\text{ vers }I-(R_2-R_1)\text{ vers }I_1}{\sin I}$
R_1 R_2 T_2 I	I_1 I_2 T_1	$\text{vers }I_1=\dfrac{R_2\text{ vers }I-T_2\sin I}{R_2-R_1}$ $I_2=I-I_1$ $T_1=\dfrac{R_1\text{ vers }I+(R_2-R_1)\text{ vers }I_2}{\sin I}$
R_1 T_1 T_2 I	I_2 I_1 R_2	$\tan\dfrac{I_2}{2}=\dfrac{T_1\sin I-R_1\text{ vers }I}{T_2+T_1\cos I-R_1\sin I}$ $I_1=I-I_2$ $R_2=R_1+\dfrac{T_1\sin I-R_1\text{ vers }I}{\text{vers }I_2}$
R_2 T_1 T_2 I	I_1 I_2 R_1	$\tan\dfrac{I_1}{2}=\dfrac{R_2\text{ vers }I-T_2\sin I}{R_2\sin I-T_2\cos I-T_1}$ $I_2=I-I_1$ $R_1=R_2-\dfrac{R_2\text{ vers }I-T_2\sin I}{\text{vers }I_1}$
R_1 T_2 I_1 I	I_2 R_2 T_2	$I_2=I-I_1$ $R_2=R_1+\dfrac{T_1\sin I-R_1\text{ vers }I}{\text{vers }I_2}$ $T_2=\dfrac{R_2\text{ vers }I-(R_2-R_1)\text{ vers }I_1}{\sin I}$
R_2 T_2 I_2 I	I_1 R_1 T_1	$I_1=I-I_2$ $R_1=R_2-\dfrac{R_2\text{ vers }I-T_2\sin I}{\text{vers }I_1}$ $T_1=\dfrac{R_1\text{ vers }I+(R_2-R_1)\text{ vers }I_2}{\sin I}$
T_1 T_2 I_1 I_2	I R_1 R_2	$I=I_1+I_2$ $R_1=\dfrac{T_1\sin I\,(\text{vers }I-\text{vers }I_1)-T_2\sin I\cdot\text{vers }I_2}{\text{vers }I(\text{vers }I-\text{vers }I_1-\text{vers }I_2)}$ $R_2=\dfrac{T_2\sin I\,(\text{vers }I-\text{vers }I_2)-T_1\sin I\cdot\text{vers }I_1}{\text{vers }I(\text{vers }I-\text{vers }I_1-\text{vers }I_2)}$

$$R = \frac{T_1 + T_2}{2} \ \tan \frac{180 - I}{2} = \frac{135 + 248}{2} \ \tan \frac{180 - 63°24'}{2} = 310.06\text{m}$$

$$r = \frac{T_2 - T_1}{2} = \frac{248 - 135}{2} = 56.5\text{m}$$

$R_1 = R - r \ \cot \dfrac{I_1}{2}$ 으로부터,

$$\cot \frac{I_1}{2} = \frac{I}{r}(R - R_1) = \frac{1}{56.5}(310.06 - 100) = 3.717876$$

$$\therefore \ I_1 = 30°6'$$

$$\therefore \ I_2 = I - I_1 = 33°18'$$

$$\therefore \ I_2 = R + r \ \cot \frac{I_2}{2}$$

$$= 310.06 + 56.5 \cot \left(\frac{33°18'}{2} \right) = 499\text{m}$$

② **반향곡선**(reverse curve, S-curve)

반경이 똑같지 않은 2개의 원곡선이 그 접속점에서 공통접선을 갖고 이것
들의 중심이 공통접선의 반대쪽에 있을 때 이것을 반향곡선(反向曲線)이라 하며
접속점을 반향곡선접속점(PRC: Point of Reverse Curve)이라 한다. 반향곡선은
복곡선보다도 곡률의 변화가 심하므로 적당한 길이의 완화곡선을 넣을 필요가
있고, 지형관계로 어쩔 수 없이 완화곡선을 넣어 사용하는 경우에서도 접속점의
장소에 적당한 길이의 직선부를 넣어 자동차 핸들의 급격한 회전을 피하도록 해
야 한다(〈그림 7-15〉).

그림 7-15 반향곡선의 일반적인 경우

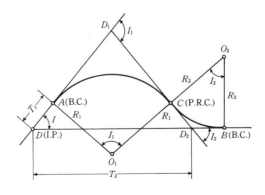

그림 7-16 반항곡선(2개의 접선이 평행한 경우)

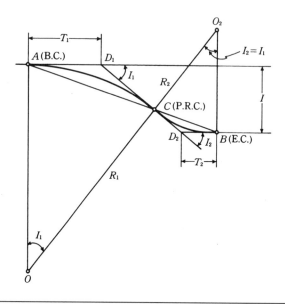

반항곡선은 일반적으로 〈그림 7-15〉와 같지만 그 기하학적 성질은 복곡선 과 같고 복곡선의 모든 공식으로 R_2와 I_2의 부호를 반대로 하여 그대로 사용하며 설치법도 복곡선의 설치법과 같다.

〈그림 7-16〉은 2개의 평행선 사이에 반항곡선을 넣은 경우로 2점 A, B를 맺는 선은 점 C를 지나고 이 경우 교각 $I=0$, $I_1=I_2$로 된다. 지금 평행한 두 접선 사이의 거리 d와 R_1, R_2가 주어졌다면 다음의 각 식에서 I_1, I_2, T_1, T_2 등을 구할 수 있다.

$$\text{vers } I_1 = \text{vers } I_2 = \frac{d}{R_1 + R_2} \tag{7.9}$$

$$\overline{AB} = 2R_1 \sin \frac{I_1}{2} + 2R_2 \sin \frac{I_2}{2}$$

$$= 2(R_1 + R_2) \sin \frac{I_1}{2}$$

$$= 2(R_1 + R_2) \sqrt{\frac{1 - \cos I_1}{2}}$$

$$= \sqrt{2(R_1 + R_2)d} \tag{7.10}$$

$$T_1 = R_1 \tan \frac{I_1}{2} = R_1 \sqrt{\frac{1-\cos I_1}{1+\cos I_1}}$$

$$= R_1 \sqrt{\frac{d}{R_1+R_2} \cdot \frac{1}{2 - \dfrac{d}{R_1+R_2}}}$$

$$= R_1 \sqrt{\frac{d}{2(R_1+R_2)-d}} \tag{7.11}$$

$$T_2 = R_2 \sqrt{\frac{d}{2(R_1+R_2)-d}} \tag{7.12}$$

(4) 장애물이 있는 경우의 원곡선 설치법 및 노선변경법

장애물이 있어서 IP에 접근하지 못하는 경우에는 〈그림 7-17〉에서 $\overline{AD}$ 및 $\overline{BD}$ 또는 그 연장상의 점 A', B'를 적당히 잡아 $\angle DA'B' = \alpha$ 및 $\angle DB'A' = \beta$ 와 $\overline{A'B'} = L$을 관측하면,

$$I = \alpha + \beta \tag{7.13}$$

sin 법칙에서

$$A'D = \frac{\sin \beta}{\sin I} \cdot L \tag{7.14}$$

$$B'D = \frac{\sin \alpha}{\sin I} \cdot L \tag{7.15}$$

곡선반경 R을 알면 $TL = R \tan \dfrac{I}{2}$로 되므로,

$$\left. \begin{array}{l} \overline{A'A} = \overline{AD} - \overline{A'D} = R \tan \dfrac{I}{2} - \dfrac{\sin \beta}{\sin I} \cdot L \\[2mm] \overline{B'B} = \overline{BD} - \overline{B'D} = R \tan \dfrac{I}{2} - \dfrac{\sin \alpha}{\sin I} \cdot L \end{array} \right\} \tag{7.16}$$

이것에서 점 A(EC) 및 점 B(BC)의 위치를 정할 수가 있다. 여기에 $\overline{A'A}$, $\overline{B'B}$의 값은 A' 및 점 B'가 점 A, 점 B에 대하여 IP에 가까운 쪽에 있을 때 (+)로 한다.

그림 7-17 IP 부근에 장애물이 있는 경우

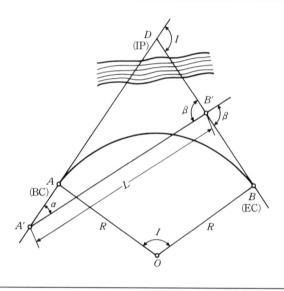

예제 7.3 AC와 BD선 사이에 곡선을 설치하는 데 장애물이 있어서 교점을 구할 수 없을 때 AC, CD 및 DB선의 방위각과 CD의 거리를 관측하였다. 곡선의 시점이 C인 경우 곡선의 반경과 D점으로부터 곡선종점까지 거리를 구하시오. 단, $\alpha_{AC}=45°$, $\alpha_{CB}=80°$, $\alpha_{DB}=135°$

[풀이] 　$\angle ICD = \alpha_{CD} - \alpha_{AC} = 80° - 45° = 35°$

　　　　$\angle IDC = \alpha_{DB} - \alpha_{CD} = 135° - 80° = 55°$

　　　　$\angle CID = 180° - (35° + 55°) = 90°$

　　$\therefore \ \overline{CI} = 200 \times \sin(55°) / \sin(90°) = 163.83 \text{m}$

　　　　$\overline{DI} = 200 \times \sin(35°) / \sin(90°) = 114.72 \text{m}$

　　$TL = \overline{CI} = R \tan\dfrac{I}{2} = R \tan\dfrac{90°}{2} = 163.83 \text{m}$

　　$\therefore \ R = 163.83 \text{m}$

　　D 점으로부터 곡선종점까지의 거리

　　$TL - \overline{DI} = 163.83 - 114.72 = 49.11 \text{m}$

그림 7-18

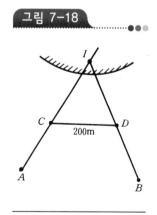

(5) 편경사(cant, superelevation) 및 확폭(slack)

차량이 곡선을 주행할 경우 곡률과 차량의 주행속도에 의하여 원심력이 작용되는데 이 때문에 다음과 같이 불리한 점이 있다.

① **철도의 경우**

가) 외측 rail이 큰 중량 및 횡압을 받아 일반적으로 외측 rail 및 차량의 마모가 격심하다.

나) 이 때문에 열차저항이 증가하고 내측 rail에 가해지는 중량이 감소되어 약간의 지장(支障: 장애되는 요인)에 의해서도 탈선을 일으키기 쉽다.

② **도로의 경우**

가) 외측의 차륜에 큰 하중이 걸리기 때문에 스프링이 압축되고 외측으로 전복시키려는 힘이 작용한다.

나) 노면이 평행한 원심력의 분력이 타이어의 마찰저항 및 노면에 평행한 자중의 분력의 합보다도 커지면 미끄러져서(slip) 외측으로 밀려나간다.

이와 같은 것을 방지하기 위하여 내외측 rail 사이에 높이의 차를 두거나 노면에 편경사를 두거나 한다. 이 높이의 차나 편경사를 캔트(cant)라 한다.

위와 같은 경우 〈그림 7-19〉에서 노면에 평행한 힘의 분력의 적응을 고려하면 미끄러지는(slip) 것을 방지하기 위한 조건은 식 (7.17)과 같다.

$$F\cos\theta \leq W\sin\theta + (W\cos\theta + F\sin\theta)f \tag{7.17}$$

우변의 제2항은 노면과 타이어 사이의 마찰저항이며 궤도인 경우에는 바깥

그림 7-19 편경사와 원심력의 관계

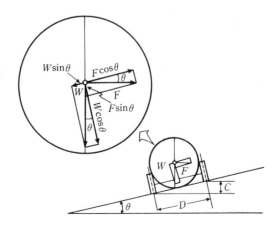

R : 곡률반경(m)
W : 차량중량(kg)
V : 주행속도(km/h)=$V/3.6$(m/sec)
g : 중력의 가속도=9.8m/sec²
F : 원심력(kg)
f : 마찰계수
θ : 편경사의 각도
D : rail 간격(m)
C : cant(m)

쪽 rail에 횡력으로서 작용하는 힘이다.

여기서 F와 W의 합력이 노면에 수직인 경우, 즉 $f=0$인 경우를 생각하면,

$$\frac{F}{W}=\tan\theta \tag{7.18}$$

그런데,

$$F=W\cdot\frac{V^2}{127R} \tag{7.19}$$

$$\therefore \frac{F}{W}=\frac{V^2}{127R} \tag{7.20}$$

또한 θ가 적을 때는

$$\frac{C}{D}=\sin\theta\fallingdotseq\tan\theta \tag{7.21}$$

식 (7.18), (7.20), (7.21)에서

$$\frac{C}{D}\fallingdotseq\frac{V^2}{127R} \tag{7.22}$$

철도인 경우 D의 값으로서는 실제 궤간보다도 오히려 좌우의 rail 두부(頭部)와 차량답면의 접촉점 간격을 취하는 것으로 하면 1,067mm의 궤간에 대해서는 일반적으로 $D=1,127$mm로 하여

$$C=\frac{DV^2}{127R}=8.87\frac{V^2}{R} \tag{7.23}$$

또한 1,345mm의 궤간에 대해서는 일반적으로 $D=1,500$mm로 하여

$$C=\frac{DV^2}{127R}=11.8\frac{V^2}{R} \tag{7.24}$$

가 된다. 속도 V(km/h)와 cant C(mm)와의 관계가 식 (7.23), (7.24)와 같은 관계에 있을 때 V를 cant C에 대한 '적응속도'라 하며 또한 C를 V에 대한 '균

그림 7-20

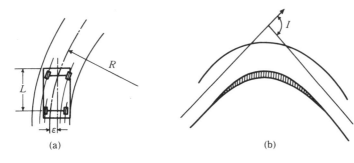

(a)   (b)

형 cant'라 한다. 그런데 열차의 계획 최고속도를 고려한 경우는 다음과 같이 표시된다.

$$C=C_m+C_d=8.87\frac{V^2}{R}\text{(궤간 1,067mm)}\qquad(7.25)$$

$$C=C_m+C_d=11.8\frac{V^2}{R}\text{(궤간 1,345mm)}\qquad(7.26)$$

여기서 V : 열차의 계획 최고속도(km/h)
C_m : 실 cant량(mm)
C_d : cant 부족량(mm)

C_m의 한도는 곡선중에 열차가 정지하였을 경우나 저속운전시에 외측으로 부터 바람에 의한 열차의 횡전(橫轉)에 대한 안전성과 승차감에 의해 결정된다. 곡선상에서 정차한 경우의 C_m의 한계는 $\frac{\text{cant}}{\text{궤간}}=0.13$ 정도이다. 또한 C_d는 곡선중의 고속운전시 외측으로서의 전도나 원심력에 의한 승차감의 악화, 외력에 의한 궤도보수작업의 증가 등에 제한을 받는다.

자동차가 곡선부를 주행할 경우는 〈그림 7-20(a)〉에서와 같이 뒷바퀴는 앞바퀴보다도 항상 안쪽을 지난다. 그러므로 곡선부에서는 그 내측부분을 직선부에 비하여 넓게 할 필요가 있다. 이것을 곡선부의 확폭(擴幅, slack widening)이라 한다(〈그림 7-20(b)〉 참조). 곡선부의 확폭량 ε은 다음 식으로 나타난다.

$$\varepsilon=\frac{L^2}{2R}\qquad(7.27)$$

여기서 R은 차선중심선의 반경(차량전면 중심의 회전반경)
       L은 차량의 전면에서 뒷바퀴까지의 거리

(6) 편경사의 체감과 완화곡선

편경사를 체감하는 방법에는 곡선장의 동경(動徑), 횡거(橫距)에 따라 일정한 비율로 체감하는 직선체감법과 직선의 주위에 곡선(예: sin곡선)을 적용한 곡선체감법이 있다. 직선체감을 전제로 하는 완화곡선(예: 3차포물선, 클로소이드)은 평면에서만 적용할 뿐 입체면에서는 고려되지 않는다.

즉, 직선체감법에 의한 완화곡선의 양 끝에서는 cant(편경사) 때문에 외측 rail(외측노측)의 경사가 급변하게 되며 이 부분을 통과하는 차량에 동요나 충격을 주게 된다. 철도에서는 1960년경부터 반파장정현곡선을 cant의 원활체감곡선으로 하였고 도로에서는 편경사에 관하여 완충종단곡선을 삽입함으로써 클로소이드 곡선을 그대로 사용하고 있다.

지금 〈그림 7-21〉과 같이 완화곡선의 시점(BTC)을 직교좌표의 원점으로 하고 접선의 방향을 x축이라 하며 이것과 직각방향으로 y축을 잡는다.

또한, 사인반파장곡선은 곡률은 곡선변화이며 캔트는 곡선체감이다.

그림 7-21   편경사의 직선체감과 완화곡선의 관계

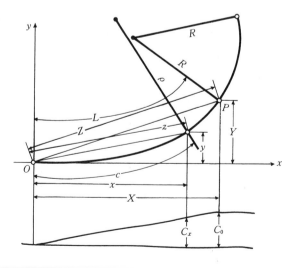

C_0: 원곡선(반경$=R$)에서의 cant
C_x: 완화곡선중의 cant
L: 완화곡선길이
ρ: cant C_x인 점에서의 완화곡선의 곡률반경

으로 하여 cant를 직선체감법으로 체감하면,

$$C_x = C_0 \frac{x}{X} \tag{7.28}$$

그런데, cant와 곡률반경과의 일반적 관계는 식 (7.22)에서

$$C_0 = \frac{DV^2}{127R} \qquad C_x = \frac{DV^2}{127\rho}$$

$$\therefore \ \frac{C_x}{C_0} = \frac{\dfrac{1}{\rho}}{\dfrac{1}{R}} \tag{7.29}$$

식 (7.28), (7.29)에서

$$\frac{R}{\rho} = \frac{x}{X}$$

$$\therefore \ \frac{1}{\rho} = \frac{x}{RX} \tag{7.30}$$

식 (7.30)은 cant가 횡거 x에 직선적으로 비례하는 것으로 하여 구하였지만 만약 동경 z에 직선적으로 비례한다고 하면,

$$\frac{1}{\rho} = \frac{z}{RZ} \tag{7.31}$$

가 되며, 또한 cant가 완화곡선길이 C에 직선적으로 비례한 경우에는

$$\frac{1}{\rho} = \frac{C}{RL} \tag{7.32}$$

가 된다. 이들은 상이한 곡선이며 식 (7.30)에는 3차포물선이 식 (7.31)에는 렘니스케이트 곡선이, 식 (7.32)에는 크로소이드 곡선이 각각 대응된다.

(7) 완화곡선(transition curve)

① 완화곡선 종별 및 의의

차량이 직선부에서 곡선부로 들어가거나 도로의 곡률(曲率)이 0에서 어떤 값으로 급격히 변화하는 경우 원심력이 작용하여 횡방향의 힘을 받게 된다. 이 원심력은 차량의 속도와 곡선부의 곡률에 의해 결정되며 차량을 불안정하게 하는 동시에 승객에게 불쾌감을 준다. 따라서 원심력에 의한 영향을 감소시키기 위해 직선부와 곡선부 사이에 완화곡선은 곡률반경을 ∞에서 R, 또는 R에서 ∞까지 점차 변화시키는 완만한 곡선을 설치하는데, 이 곡선을 완화곡선(transition curve)이라 한다.

완화곡선은 곡선반경이 시점에서 무한대이고 종점에서 원곡선으로 된다. 완화곡선의 접선은 시점에서 직선에, 종점에서 원호에 접하며 곡선반경의 감소율은 편경사의 증가율과 비례한다. 완화곡선은 특성에 따라 4가지로 나누어진다.

가) 클로소이드(clothoid)

곡률(곡선반경의 역수)이 곡선길이에 비례하는 곡선을 클로소이드라 하며, 차가 일정한 속도로 주행하고 앞바퀴가 핸들에 의해 일정한 각속도로 회전될 때 자동차의 뒷바퀴 차축중심이 그리는 운동궤적이 클로소이드곡선이 된다. 일반적으로 도로의 완화곡선 설치에 많이 이동되는 곡선이다.

나) 렘니스케이트(lemniscate)

곡률반경이 동경(ρ)에 반비례하여 변화하는 곡선을 렘니스케이트라 하며, 접선각(φ)이 135°까지 적용되므로 시가지철도나 지하철도와 같이 곡률이 급한

그림 7-22   완화곡선의 종류   ●●●

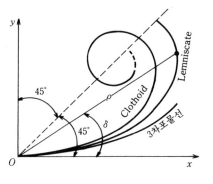

완화곡선에 이용된다.

다) 3차포물선

3차포물선은 곡률이 횡거에 비례하여 변화하는 곡선으로 캔트는 직선체감이다. 철도의 완화곡선 설치에 많이 이용된다. 접선각(φ)이 약 24°에서 곡선반경이 최대가 되므로 그 이상에서는 사용하지 않으며 3개의 완화곡선 중 가장 곡률이 완만하다.

라) 반파장 sine 체감곡선

편경사(cant)의 체감(遞減)에 반파장정현(半波長正弦-sine) 곡선을 이용한 완화곡선으로 시점(BTC)에 접선(시접선)을 x축으로 하고 곡률 및 Cant의 체감형상을 sin($-\pi/2 \sim \pi/2$)이 곡선으로 한 것이다. 반파장사인체감곡선은 곡률이 곡선변화를 하는 것으로 편경사는 곡선체감이다. 이 곡선은 주로 고속전철에 이용된다.

② **완화곡선의 성질 및 길이**

완화곡선이 가지고 있는 성질은 다음과 같다.

가) 곡선반경은 완화곡선의 시점에서 무한대, 종점에서 원곡선 R로 된다.

나) 완화곡선의 접선은 시점에서 직선에, 종점에서 원호에 접한다.

다) 완화곡선에 연한 곡선반경의 감소율은 캔트의 증가율과 동률(다른 부호)로 된다.

또 종점에 있는 캔트는 원곡선의 캔트와 같게 된다.

정률로 캔트를 증가시키는 데 따른 필요한 완화곡선길이(L)의 구하는 방법은 세 가지가 있다.

가) 곡선길이 L(m)을 캔트 h(mm)의 N배에 비례인 경우

$$L = \frac{N}{1,000} \cdot h = \frac{N}{1,000} \ \frac{v^2 s}{gR}$$

여기서 L: 완화곡선길이 v: 속도 h: 캔트 R: 곡률반경 S: 레일간 거리

N의 값은 차량속도에 따라 300~800을 택한다.

나) r을 캔트의 시간적 변화율(cm/sec)이라 하고 완화곡선(L)을 주행하는 데 필요한 시간을 t라 할 때 일정시간율로 경사시킨 경우

$$t = \frac{L}{v} = \frac{h}{r} = \frac{sv^2}{rgR} \qquad \therefore \ L = \frac{sv^3}{rgR} \tag{7.33}$$

다) 원심가속도의 시간적 변화율이 승객에게 불쾌감을 주기 때문에 P를 원

심가속도의 허용변화율이라 할 경우

$$L = \frac{v^3}{PR}$$ (7.34)

허용값 P는 0.5~0.75m/sec^2 으로 한다.

도로구조령에서는 이것을 고려하면 완화구간의 길이를 〈표 7-6〉과 같이 규정했다.

■■ 표 7-6

설계속도 (km/h)	완화구간의 길이 (m)	설계속도 (km/h)	완화구간의 길이 (m)
220	100	50	40
100	85	40	35
80	70	30	25
60	50	20	20

그림 7-23   완화곡선의 요소

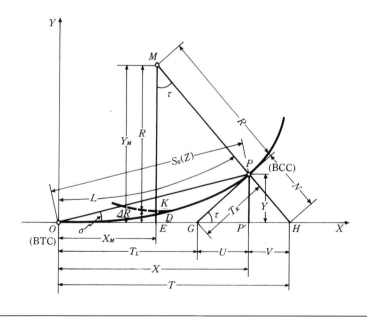

③ 완화곡선의 요소

일반적인 완화곡선의 요소를 나타내는 기호 및 그 설명을 〈그림 7-23〉과 〈표 7-7〉에 표시하였다.

또한 〈그림 7-24〉와 같이 clothoid상에 임의의 현을 취하였을 때

B: 곡선길이
S: 현길이
ρ: 현각
F: 공시(拱矢)

가 된다.

④ 완화곡선 설치

가) 3차포물선

일반적으로 직교좌표로 다음과 같은 방정식을 가진 곡선을 3차포물선이라 한다.

$$y = a^2 x^3 \qquad (7.35)$$

그런데 일반적으로 곡선의 곡률 $1/\rho$은 직교좌표에 있어서

$$\frac{1}{\rho} = \frac{\dfrac{d^2 y}{dx^2}}{\left\{ 1 + \left(\dfrac{dy}{dx} \right)^2 \right\}^{3/2}} \qquad (7.36)$$

로 표시되지만 일반적인 경우에서 $\left(\dfrac{dy}{da} \right)^2$은 1에 비하여 매우 적으므로 근사적으로 다음과 같이 놓을 수 있다.

$$\frac{1}{\rho} \fallingdotseq \frac{d^2 y}{dx^2} \qquad (7.37)$$

식 (7.30)를 식 (7.37)에 적용하면,

$$\frac{d^2 y}{dx^2} = \frac{x}{RX}$$

이것을 풀면,

그림 7-24   완화곡선의 요소

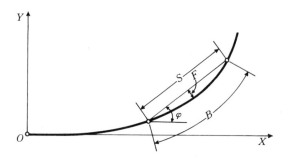

■■ 표 7-7   완화곡선의 요소

기 호	요 소	적 요
O	완화곡선원점	
M	완화곡선상의 점 P에 있어서 곡률의 중심	
$\overline{OX}$	주접선(완화곡선원점에 있어서 접선)	
A	크로소이드의 매개변수	
X, Y	점 P의 X, Y 좌표	
L	완화곡선길이	$\overparen{ODP}$
R	점 P에 있어서 곡률반경	$\overline{MP}$
ΔR	이정량(shift)	$\overline{EK}$
X_M, Y_M	점 M의 X좌표, Y좌표	
τ	점 P에 있어서 접선각	$\angle PGH$
σ	점 P의 극각(편각, 편의각)	$\angle POG$
T_K	단접선 길이	$\overline{PG}$
T_L	장접선 길이	$\overline{OG}$
$S_0(Z)$	동 경	$\overline{OP}$
N	법선의 길이	$\overline{PH}$
U	T_K의 주접선에의 투영길이	$\overline{GP'}$
V	N의 주접선에의 투영길이	$\overline{HP'}$
T	$X+V=T_L+U+V$	$\overline{OH}$

그림 7-25 3차포물선 완화곡선 ●●●○

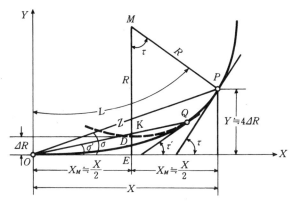

τ' : 완화곡선상의 임의의 점 Q 의 접선이 X축과 이루는 각(접선각)

τ : 완화곡선의 종점 P에서의 접선각

σ' : 완화곡선상의 임의의 점 Q 및 원점 O를 지나는 현이 X축과 이루는 각(극각, 편각, 편의각)

σ : 완화곡선의 종점 P에서의 극각

$X\ Y$: 완화곡선종점의 좌표

ΔR : 이동량(shift)$=\overline{EK}$

$$y=\frac{x^3}{6RX} \tag{7.38}$$

$$a^2=\frac{1}{6RX}$$

이라 놓으면, 식 (7.36)과 식 (7.38)은 일치한다.

〈그림 7-25〉에서 접선각은 일반적인 경우 적으므로,

$$\left.\begin{array}{l} \tau'\fallingdotseq\tan\tau'=\dfrac{dy}{dx}=\dfrac{x^2}{2RX} \\[3mm] \tau\fallingdotseq\tan\tau=\dfrac{X^2}{2RX}=\dfrac{X}{2R} \end{array}\right\} \tag{7.39}$$

a와 τ를 매개변수로 한 경우 〈표 7-8〉과 같은 공식이 구하여진다.

완화곡선으로서의 3차포물선은 곡률에 관한 근사식에서 얻어진 것이기 때문에 접선각 τ'가 증대함에 따라 오차가 증대한다. 또한 x가 커질수록 곡률반경 ρ가 적어지는 조건은 어떤 일정범위의 x에 대하여만 만족된다. 즉, $x=\sqrt[4]{0.8}\cdot\sqrt{RX}$ 에 있어서 반경이 최소가 된다. 그러므로,

$$x^2=X^2=\sqrt{0.8}\,R\cdot X=0.89443R\cdot X$$

$$\therefore\ X=0.89443R \tag{7.40}$$

■■ 표 7-8   3차포물선의 공식

사 항	공 식
접 선 각	$\tan \tau = 3a^2 X^2$
X 좌 표	$X = \dfrac{1}{a}\sqrt{\dfrac{\tan \tau}{3}}$
Y 좌 표	$Y = \dfrac{1}{a}\left(\sqrt{\dfrac{\tan \tau}{3}}\right)^3$
곡 선 반 경	$R = \dfrac{1}{a}\dfrac{1}{\sqrt{6}\cdot\cos^2\tau\cdot\sqrt{\sin 2\tau}}$
완 화 곡 선 길 이	$L = \dfrac{1}{a}\displaystyle\int_0^\tau \dfrac{d\tau}{\sqrt{6}\cdot\cos^2\tau\cdot\sqrt{\sin 2\tau}}$
shift	$\Delta R = \dfrac{1}{a}\left\{\sqrt{\dfrac{\tan \tau^3}{3}} - \dfrac{1-\cos \tau}{\sqrt{6}\cdot\cos^2\tau\cdot\sqrt{\sin 2\tau}}\right\}$ $= \dfrac{1}{a}\cdot\dfrac{(1-\cos \tau)(2\cos^2\tau+2\cos\tau-3)}{3\sqrt{6}\,a\cdot\cos^2\tau\cdot\sqrt{\sin 2\tau}}$

이 X보다 긴 완화곡선을 사용해서는 안 된다. 또한 반경이 최소가 되는 점의 접선각은

$$\tau = 24°05' 4.4'' \tag{7.41}$$

이며 이 최소반경의 값은 $1.31422R$이다.

예제 7.4 $R=400$m, $X=30$m인 3차포물선을 설치하시오.

풀이   식 (7.38)로부터

$x_1 = \dfrac{1}{4}X = 7.5$m $x_2 = \dfrac{1}{2}X = 15$m

$x_3 = \dfrac{3}{4}X = 22.5$m $x_4 = X = 30$m

$y_1 = \dfrac{x_1^3}{6RX} = \dfrac{7.5^3}{6\times400\times30} = 0.0059$m

$y_2 = \dfrac{x_2^3}{6RX} = \dfrac{15^3}{6\times400\times30} = 0.047$m

$y_3 = \dfrac{x_3^3}{6RX} = \dfrac{22.5^3}{6\times400\times30} = 0.158$m

$y_4 = \dfrac{x_4^3}{6RX} = \dfrac{30^3}{6\times400\times30} = 0.375$m

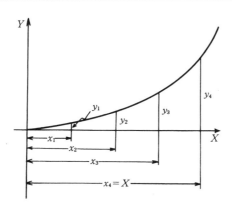

나) 렘니스케이트(연주형)곡선

직교좌표로 다음과 같은 방정식을 가진 곡선을 일반적으로 lemniscate곡선이라 한다.

$$(x^2+y^2)^2=a^2(x^2-y^2) \tag{7.42}$$

〈그림 7-27〉과 같이 극좌표로 표시하면,

$$Z^2=a^2 \sin 2\sigma \tag{7.43}$$

극좌표에 있어서 곡률반경 ρ는 일반적으로 다음과 같이 표시된다.

$$\rho=\frac{\left\{z^2+\left(\dfrac{dz}{d\sigma}\right)^2\right\}^{3/2}}{z^2+2\left(\dfrac{dz}{d\sigma}\right)^2-z\dfrac{d^2z}{d\sigma^2}} \tag{7.44}$$

식 (7.43), (7.44)에서 계산하면 lemniscate곡선의 기본식은

$$\rho=\frac{a^2}{3z} \tag{7.45}$$

이며, 여기서

그림 7-27

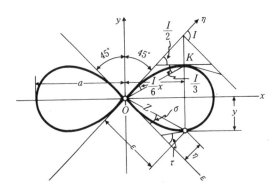

$$\frac{3}{a^2} = \frac{1}{RZ}$$

즉,

$$a = \sqrt{3RZ} = 3R\sqrt{\sin 2\sigma}$$

여기서

$$\sigma = \frac{1}{2}\sin^{-1}(Z/3R) \tag{7.46}$$

식 (7.45)는

$$\frac{1}{\rho} = \frac{z}{RZ}$$

라 고쳐 쓸 수 있으며 식 (7.31)과 일치한다.

lemniscate곡선길이는

$$L = a \int_0^\sigma \frac{d\sigma}{\sqrt{\sin 2\sigma}}$$
$$= \frac{C}{\sqrt{2}}\left\{ 2\sqrt{\tan\sigma} - \frac{1}{5}\sqrt{\tan^5\sigma} + \frac{1}{12}\sqrt{\tan^9\sigma} \cdots \right\} \tag{7.47}$$

이며, 여기서

$$C=\sqrt{2x}=3R\sqrt{\sin\left(\frac{x}{3}\right)}$$

이다.

$$z=\sqrt{3RZ\,\sin2\sigma}=3R\,\sin\frac{I}{3} \qquad (7.48)$$

또한 접선각 τ와 극각 σ의 관계는 다음과 같다.

$$\tan\tau=\tan3\,\sigma$$
$$\therefore\ \tau=3\,\sigma \qquad (7.49)$$

3차포물선에서의 $\tau \fallingdotseq 3\sigma$에 해당하지만 3차포물선의 경우는 $\tan\tau=$ 3 $\tan\sigma$로부터 유도하여 나온 것이며 같은 극각 σ에 대한 lemniscate 및 3차 포물선의 접선각을 τ_L 및 τ_P라 하면 일반적으로 $\tan\tau_L=\tan3\,\sigma>$ 3$\tan\sigma=\tan\tau_F$이 된다. 접선각은 lemniscate 곡선의 경우가 더욱 커지므로

■■ 표 7-9 lemniscate 공식

사 항	공 식
매개변수	$a^2=R_{S0}$ $\quad a=\sqrt{3RZ}$
접선각	$\tau=3\sigma$
곡선길이	$L=a\displaystyle\int_0^\sigma\frac{d\sigma}{\sqrt{\sin2\sigma}}$
X 좌표	$X=3R\sin2\sigma\cdot\cos\sigma$
Y 좌표	$Y=3R\sin2\sigma\cdot\sin\sigma$
shift	$\varDelta R=R(3\cos\sigma-2\cos^3\sigma-1)$
M의 X 좌표	$X_M=R(3\sin\sigma-2\sin^3\sigma)$
곡률반경	$R=\dfrac{a}{3\sqrt{\sin2\sigma}}$
수직선(법선) 길이	$N=6R\cdot\dfrac{\cos^2\sigma}{4\cos^2\sigma-3}$
동경(動徑)	$Z=\sqrt{3RZ\sin2}$

그림 7-28 렘니스케이트 완화곡선

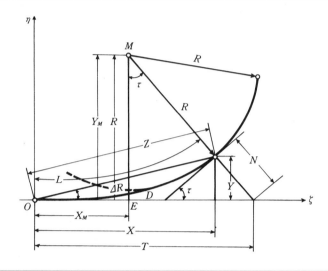

급각도로 구부린 곡선의 경우에 유리하다.

a를 매개변수로 하고 lemniscate곡선의 요소를 극좌표로 표시하면 〈표 7-9〉와 같이 된다. σ가 미소값일 때에는 아래와 같이 3차포물선과 다른 식이 성립한다(〈그림 7-28〉 참조).

$$Z \fallingdotseq 6R\sigma \tag{7.50}$$

$$\Delta R \fallingdotseq \frac{Z^2}{24R} \tag{7.51}$$

$$X_M \fallingdotseq \frac{Z}{2} \tag{7.52}$$

$$\overline{DE} \fallingdotseq \frac{\Delta R}{2} \tag{7.53}$$

예제 7.5 〈그림 7-27〉에서 교각(I)이 $63°15'$이고 최소반경(R)이 300m일 때 lemniscate곡선을 설치하시오.

풀이 동경(Z)은 식 (7.48)으로부터

$$Z = \sqrt{3RZ \sin 2\sigma} = 3R \sin\frac{I}{3}$$

$$=3\times300\times\sin\left(\frac{63°15'}{3}\right)=323.75\text{m}$$

접선길이($\overline{OD}$)는 △ODK에서 sin 법칙에 의해

$$\frac{\overline{OK}}{\sin\left(90°-\frac{I}{2}\right)}=\frac{\overline{OD}}{\sin\left(90°+\frac{I}{3}\right)}$$

$$\overline{OD}=\frac{\sin\left(90°+\frac{I}{3}\right)}{\sin\left(90°-\frac{I}{2}\right)}Z=\frac{\sin\left(90°+\frac{63°15'}{3}\right)}{\sin\left(90°-\frac{63°15'}{2}\right)}\times323.75$$

$$=354.76\text{m}$$

$$\overline{DK}=\frac{\sin\left(\frac{I}{6}\right)}{\sin\left(90°-\frac{I}{2}\right)}Z=\frac{\sin\left(\frac{63°15'}{6}\right)}{\sin\left(90°-\frac{63°15'}{2}\right)}\times323.75=69.56\text{m}$$

곡선길이(L)는 식 (7.47)에 의해,

$$L=\frac{C}{\sqrt{2}}\left\{2\sqrt{\tan\sigma}-\frac{1}{5}\sqrt{\tan^5\sigma}+\frac{1}{12}\sqrt{\tan^9\sigma}\cdots\right\}$$

$$C=3R\sqrt{\sin\left(\frac{I}{3}\right)}=3\times300\times\sqrt{\sin\left(\frac{63°15'}{3}\right)}=539.79$$

$$\tan\sigma=\tan\frac{I}{6}=0.18609$$

$$L=381.69\left\{2\sqrt{0.18609}-\frac{1}{5}\sqrt{(0.18609)^5}+\frac{1}{12}\sqrt{(0.18609)^9}\cdots\right\}$$

$$=328.18\text{m}$$

다) 클로소이드곡선

(ㄱ) 클로소이드(clothoid)곡선의 성질

식 (7.54)은

$$\frac{1}{\rho}=\frac{C}{R\cdot L}=\alpha\cdot C \tag{7.54}$$

이며, 다시 정리하면 다음과 같다.

$$\rho\cdot C=R\cdot L=\frac{1}{\alpha}\,(\text{일정})$$

여기서 양변의 차원을 일치시키기 위하여 $\frac{1}{\alpha}$ 대신에 A^2라 놓으면 하나의 clothoid상의 모든 점에서 다음 항등식이 성립한다. 식 (7.55)를 clothoid 기본식이라 한다.

$$R \cdot L = A^2 \tag{7.55}$$

이 A를 clothoid의 매개변수라 하며 A는 길이의 단위를 가진다.

clothoid는 A가 정해지면 그 크기가 결정되므로 R, L, A 중 두 가지를 알면 다른 하나는 정확하게 구하여진다.

(ㄴ) 클로소이드의 기본요소

  (i) 단위 clothoid

clothoid의 매개변수 A에 있어서 $A=1$, 즉

$$R \cdot L = 1 \tag{7.56}$$

의 관계에 있는 clothoid를 단위 clothoid라 한다. 단위 clothoid의 요소에는 알파벳의 소문자를 사용하면,

$$r \cdot l = 1 \tag{7.57}$$

또는 $R \cdot L = A^2$의 양변을 A^2으로 나누면,

$$\frac{R}{A} \cdot \frac{L}{A} = 1$$

그러므로 $R/A = r$, $L/A = l$로 놓으면 식 (15.61)이 얻어진다. 이것에서 $R = A \cdot r$, $L = A \cdot l$이므로 매개변수 A인 clothoid의 요소 중 길이의 단위를 가진 것(R, L, X, Y, X_M, T_L 등)은 전부 단위 clothoid의 요소(r, l, x, y, x_M, t_L 등)는 A배 하며 단위가 없는 요소$\left(\tau,\ \sigma,\ \frac{\Delta r}{r}\ 등\right)$는 그대로 계산한다. 단위 clothoid의 제 요소를 계산한 것은 단위 clothoid표로서 작성되어 있다.

  (ii) 곡선반경

곡선반경은 설계속도에 의해 정해지며 지형과 기타 요소에 의해 최소곡선 반경은 도로규격, 설계속도 및 최대편경사에 의해 정해진다(〈표 7-10〉 참고).

■■ 표 7-10 곡선반경

설계속도 (km/h)	곡선반경(m)	
	일반최솟값	절대최솟값
120	710	570
100	460	380
80	280	230
60	150	120
50	100	80
40	60	50
30	30	—
20	15	—

(iii) 매개변수(parameter)

도로에 이용되는 부분은 그 시점 부근의 일부 사용하므로 범위는

$$\frac{R}{3} \leq A \leq R \tag{7.58}$$

로 하는 것이 바람직하며, 원심가속도의 변화율(p)과 매개변수의 관계는 다음과 같다.

$$p = \frac{v^2}{L \cdot R} \tag{7.59}$$

여기서, v: 주행속도(m/s)

L: 곡선길이(m)

R: 곡선반경

식 (7.59)에 클로소이드 기본식 $L \cdot R = A^2$, v(m/s)를 V(km/h)로 하여 대입하면 설계속도에 대한 허용최소매개변수가 계산된다.

$$A = \sqrt{0.0215\frac{V^3}{p}} \tag{7.60}$$

(iv) 곡선길이

원심가속도 변화율 p의 허용량을 0.35~0.75m/sec^{2}로 하고 핸들의 조작시

■■ 표 7-11 완화곡선

설계속도(km/h)	완화곡선장(m)
120	100
100	85
80	70
60	50
50	40
40	35
30	25
20	20

간을 3초로 하면 3초간 주행하는 클로소이드 최소곡선길이는 다음과 같다(〈표 7-11〉 참조).

$$L_t = \frac{V}{3.6} \cdot t \tag{7.61}$$

여기서 V: 설계속도(km/h), t: 3초

(v) clothoid의 공식

clothoid 곡선을 실제로 사용하기 위해서는 clothoid 표가 있다면 좋지만 clothoid 구간에 구조물 등이 있어 정확한 계산을 요하는 경우에는 엄밀해가 필요하다.

그림 7-29 클로소이드 곡선

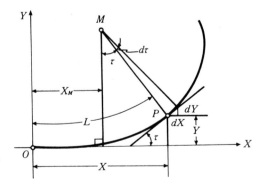

■■ 표 7-12 클로소이드의 공식

사 항	공 식
곡률반경	$R=\dfrac{A^2}{L}=\dfrac{A}{l}=\dfrac{L}{2\tau}=\dfrac{A}{\sqrt{2\tau}}$
곡선의 길이	$L=\dfrac{A^2}{R}=\dfrac{A}{r}=2\tau R=A\sqrt{2\tau}$
접선각	$\tau=\dfrac{L}{2R}=\dfrac{L^2}{2A^2}=\dfrac{A^2}{2R^2}$
매개변수	$A^2=R\cdot L=\dfrac{L^2}{2\tau}=2\tau R^2$ $A=\sqrt{R\cdot L}=l\cdot R=L\cdot r=\dfrac{L}{\sqrt{2\tau}}=\sqrt{2\tau}R$
X 좌표	$X=L\left(1-\dfrac{L^2}{40R^2}+\dfrac{L^4}{3,456R^4}-\dfrac{L^6}{599,040R^6}+\cdots\right)$
Y 좌표	$Y=\dfrac{L^2}{6R}\left(1-\dfrac{L^2}{56R^2}+\dfrac{L^4}{7,040R^4}-\dfrac{L^6}{1,612,800R^6}+\cdots\right)$
shift	$\varDelta R=Y+R\cos\tau-R$
M의 X 좌표	$X_M=X-R\sin\tau$
단접선의 길이	$T_K=Y\operatorname{cosec}\tau$
장접선의 길이	$T_L=X-Y\cot\tau$
동경	$S_0=Y\operatorname{cosec}\sigma$

(ㄷ) clothoid의 형식

clothoid를 조합하는 형식에는 다섯 가지가 있다.

(ⅰ) 기본형　　　직선, clothoid, 원곡선의 순으로 나란히 하는 기본적인 형으로 대칭형과 비대칭형이 있다(〈그림 7-30〉 (a) 참조).

(ⅱ) S형　　　반향곡선(反向曲線)의 사이에 2개의 clothoid를 삽입한 것(〈그림 7-30〉 (b) 참조).

(ⅲ) 난형(卵型)　　　복심곡선의 사이에 clothoid를 삽입한 것(〈그림 7-30〉 (c) 참조).

(ⅳ) 철형(凸型)　　　같은 방향으로 구부러진 2개의 clothoid를 직선적으로 삽입한 것으로 clothoid와 clothoid의 접합점은 곡률이 최소가 되는 점에서 이어져 있어 이것은 교각이 작을 때나 산의 출비(出鼻)의 curve 등에 쓰여진다(〈그림 7-30〉 (d) 참조).

그림 7-30 클로소이드의 조합

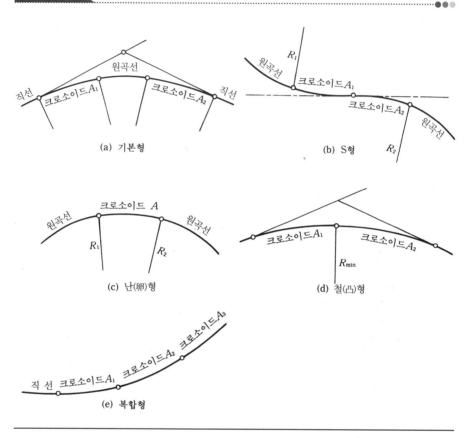

(a) 기본형

(b) S형

(c) 난(卵)형

(d) 철(凸)형

(e) 복합형

  (v) 복합형   같은 방향으로 구부러진 2개 이상의 clothoid를 이은 것, clothoid의 모든 접합점에서 곡률은 같다(〈그림 7-30〉(e) 참조).

  (ㄹ) clothoid 설치법

  clothoid는 주요점의 설치, 중간점 설치의 순서로 설치한다. 주요점의 설치는 앞에서 설명한 원곡선의 경우와 같은 방법으로 실시하면 되므로 여기서는 중간점 설치에 관하여 설명한다.

  clothoid 곡선설치에는 여러 가지 방법이 있으나 (a) 주접선에서 직교좌표에 의한 방법, (b) 극각동경법(極角動徑法), (c) 극각현장법(極角弦長法)에 의한 방법, (d) 2/8법에 의한 방법 등이 이용되고 있다(〈그림 7-31〉참조).

그림 7-31 클로소이드 설치법 ●●●

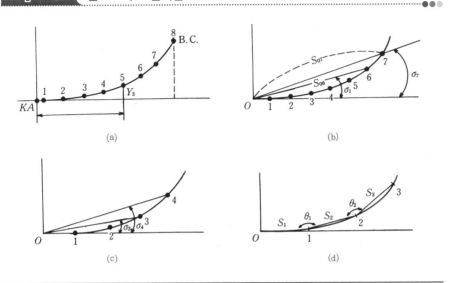

(a)

(b)

(c)

(d)

(ㅁ) clothoid의 세 성질

(i) clothoid는 나선의 일종이며 그 전체의 형은 〈그림 7-32〉와 같다.

(ii) 모든 clothoid는 닮은꼴이다. 즉, clothoid의 형은 하나밖에 없지만

그림 7-32 클로소이드의 전 부분의 형 ●●●

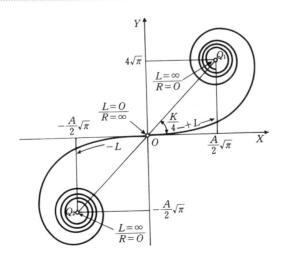

매개변수 A를 바꾸면 크기가 다른 무수한 clothoid를 만들 수 있다.

　　매개변수 A는 일반적으로 메타 단위로 표시되며 원인 경우 1/1,000의 도면에 반경 100m의 원호를 기입하려면 콤파스로 10cm의 원을 그리는 것과 마찬가지로 매개변수 A=100m의 clothoid를 1/1,000 도면에 그리기 위해서는 A=10cm인 clothoid를 그려 넣으면 된다.

　　(iii) clothoid 요소에는 길이의 단위를 가진 것(L, X, Y, X_M, R, ΔR, T_K, T_L 등)과 단위가 없는 것(τ, σ, $\dfrac{\Delta r}{r}$, $\dfrac{\Delta R}{R}$, $\dfrac{l}{r}$, $\dfrac{L}{R}$ 등)이 있다.

어떤 점에 관한 clothoid 요소 중 두 가지가 정해지면 clothoid의 크기와 그 점의 위치가 정해지며 따라서 다른 요소도 구할 수 있다. 또한 단위의 요소가 하나 주어지면 이것을 기초로 단위 clothoid표를 유도할 수 있으며 그들을 A배 하면 구하려는 clothoid 요소가 얻어진다.

　　(ㅂ) clothoid 곡선설계

　　(i) 대칭기본형 클로소이드

대칭기본형 클로소이드 곡선을 완화곡선으로 사용할 때 곡선부는 직선-클로소이드-단곡선-클로소이드-직선의 순서로 설치된다.

　　이때 좌우의 매개변수가 동일한 경우가 대칭기본형 클로소이드이다.

〈그림 7-33〉에서

$$I=\alpha+2\tau \tag{7.62}$$

$$W=(R+\Delta R)\tan\frac{I}{2} \tag{7.63}$$

$$D=X_M+W \tag{7.64}$$

　　여기서, ΔR: shift

　　설계에서는 교각 I와 접선길이 D가 주어지는 경우가 많다. 〈그림 7-33〉에서 반경 R을 알고 있고 L을 약 $\dfrac{2}{3}D$로 하면

$$A \fallingdotseq \sqrt{R \cdot L} \tag{7.65}$$

이며, 매개변수는 식 (7.58)의 규정을 만족하도록 A를 결정한다.

　　클로소이드 곡선길이 (L)과 단위선길이 (L_C)의 관계와 shift (ΔR)은

$$\frac{L_C}{2} \leq L \leq L_C \tag{7.66}$$

| 그림 7-33 | 대칭기본형 클로소이드곡선 |

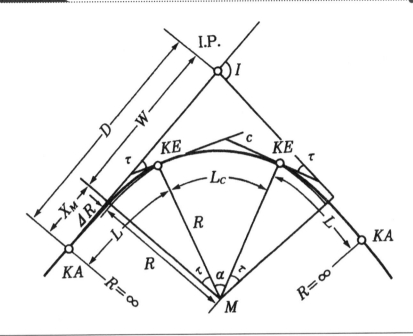

$$\Delta R > 0.2\text{m} \tag{7.67}$$

로 한다.

예제 7.6 교각 $I=52°50'$, 곡선반경 $R=300\text{m}$의 기본형 대칭형의 클로소이드를 설계하시오.

풀이 매개변수 $A=\dfrac{R}{2}=\dfrac{300}{2}=150\text{m}$로 하여 클로소이드표 중 클로소이드 A 표에 의하여 클로소이드 요소를 구하면,

$X_M=37.480\text{m}$, $X=74.883\text{m}$, $Y=3.122\text{m}$, $\tau=7°9'43''$, $\Delta R=0.781\text{m}$

그러므로,

$$W=(R+\Delta R)\tan\frac{I}{2}=(300+0.781)\tan 26°25'$$

$$=300.781\times0.46677$$

$$=149.419\text{m}$$

$$D=W+XM=149.419+37.480=186.899\text{m}$$

$$\alpha=I-2\tau=52°50'-2\times7°09'43''=38°30'34''$$

$$L_C=0.0174533\times R\times\alpha=0.0174533\times300\times38.508=201.628\text{m}$$

■■ 표 7-13 클로소이드 A표

R	L (A=150)	$\tau°\ '\ ''$ ($\frac{1}{A}=0.0066666666$)	$\sigma°\ '\ ''$	ΔR ($A^2=22{,}500$)	X_M	X ($\frac{1}{6A^2}=0.00000074074074$)	Y	T_K	L_L	S_0
750	30.000	1 08 45	0 22 55	.050	15.000	29.999	.200	10.000	20.000	29.999
700	32.143	1 18 56	0 26 19	.061	16.071	32.141	.246	10.715	21.429	32.142
650	34.615	1 31 32	0 30 31	.077	17.307	34.613	.307	11.539	23.078	34.614
600	37.500	1 47 26	0 35 49	.098	18.749	37.496	.391	12.501	25.001	37.498
550	40.909	2 07 51	0 42 37	.127	20.454	40.903	.507	13.638	27.235	40.907
500	45.000	2 34 42	0 51 34	.169	22.498	44.991	.675	15.003	30.003	44.996
450	50.000	3 10 59	1 03 40	.231	24.997	49.985	.926	16.672	33.339	49.993
400	56.250	4 01 43	1 20 31	.330	28.120	56.222	1.318	18.759	37.510	56.238
350	64.286	5 15 43	1 45 14	.492	32.134	64.232	1.967	21.446	42.876	64.262
300	75.000	7 09 43	2 23 13	.781	37.480	74.883	3.122	25.037	50.041	74.948
250	90.000	10 18 48	3 26 12	1.348	44.951	89.709	5.388	30.083	60.102	89.870
225	100.000	12 43 57	4 14 32	1.849	49.918	99.507	7.381	33.491	66.840	99.781
200	112.500	16 06 52	5 22 04	2.626	56.102	111.613	10.487	37.785	75.313	112.105
190	118.421	17 51 19	5 56 49	3.065	59.019	117.276	12.216	39.842	79.353	117.911
180	123.000	19 53 40	6 37 29	3.601	62.250	123.501	14.343	42.151	83.966	124.331
175	128.571	21 02 51	7 00 28	3.917	63.998	126.847	15.592	43.416	86.328	127.802
170	132.353	22 18 13	7 25 30	4.270	65.844	130.361	16.989	44.764	88.946	131.464
160	140.625	25 10 44	8 22 45	5.114	69.862	137.933	20.317	47.755	94.716	139.422
150	150.000	28 38 52	9 31 44	6.194	74.379	146.293	24.557	51.222	101.342	148.340
140	160.714	32 53 12	10 55 53	7.596	79.483	155.500	30.033	55.311	109.052	158.373
130	173.077	38 08 26	12 39 55	9.451	85.276	165.563	37.206	60.244	118.182	169.692
125	180.000	41 15 11	13 41 24	10.602	88.467	170.890	41.627	63.129	123.429	175.887
120	187.500	44 45 44	14 50 33	11.944	91.875	176.375	46.740	66.377	129.245	182.463
110	204.545	53 16 15	17 37 27	15.368	99.396	178.557	59.584	74.343	143.098	196.794
100	225.000	64 27 28	21 14 54	20.165	107.817	198.144	77.048	85.394	161.324	212.597
95	236.842	71 25 17	23 28 54	23.281	112.545	202.595	88.014	92.853	174.011	220.887
90	250.000	79 34 39	26 04 17	27.021	117.380	205.895	100.740	102.430	187.365	229.219
85	264.706	89 12 54	29 05 24	31.522	122.349	207.341	115.357	115.368	205.760	237.271
80	281.250	100 42 55	32 37 23	36.939	127.323	205.928	131.813	134.152	230.871	244.501
75	300.000	114 35 58	36 45 58	43.433	132.082	200.279	149.644	164.572	268.765	250.010

$$L = \frac{A^2}{R} = \frac{150^2}{300} = 75\text{m}$$

$$\text{CL} = 2L + L_c = 351.628\text{m}$$

매개변수 A가 클로소이드 A표에 없을 때는 단위 클로소이드 표로부터 $l = A/R$ 또는 $r = R/A$를 구하여 x_M, τ, $\varDelta r$, x, y 등을 찾아 A배로 하여 X_M, $\varDelta R$, X, Y를 구한다.

지금 교점 IP의 추가거리를 452.250m라 하면,

KA_1의 추가거리 = 452.250 − 186.899

$\qquad\qquad\qquad = 265.351\text{m} = \text{No.13} + 5.351\text{m}$

KE_1의 추가거리 = 265.351 + 75 = 340.351 = No.17 + 0.351m

가 된다. 여기에서 각 중심말뚝의 위치를 주접선으로부터의 직교좌표법에 의하여 구할 때는 다음과 같이 하면 된다.

먼저 K_{A1}에서 중심말뚝까지의 곡선길이 L을 구하고 $l = L/A$의 값을 단위 클로소이드 표에서 구하여 해당하는 x, y를 찾아 A배 하여 각 중심말뚝의 좌표값 X, Y를 구한다.

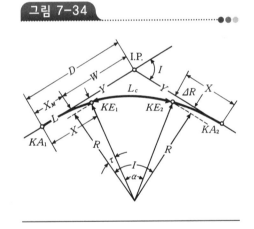

그림 7-34

이것은 〈그림 7−34〉에 표시한 극각현길이법에 의하여 측설할 경우 필요한 수치는 다음과 같이 하여 구한다.

먼저 단위 클로소이드 표로부터 l에 대한 극각 σ를 구하고 다음에 극각현길이 표에 의하여 곡선길이 B에 대한 현길이 S를 구한다. 단, 이 경우 별차이가 없으므로 $B = S$로 해도 좋다.

■■ 표 7-14

No.	L	$l = L/A$	x	y	$X = A \cdot x$	$Y = A \cdot y$
14	14.649	0.097660	0.097660	0.000155	14.649m	0.023m
15	34.649	0.230993	0.230977	0.002054	34.647	0.308
16	54.649	0.364327	0.364166	0.008058	54.625	1.209
17	74.649	0.497660	0.496897	0.020520	74.535	3.078
KE_1	75.000				74.883	3.122

■■ 표 7-15 극각현길이법에 의한 설치에 필요한 수치

No.	L	l	σ	S
14	14.649	0.097660	$0°05'28''$	14.649m
15	34.649	0.230993	$0°30'34''$	20.000
16	54.649	0.364327	$1°16'03''$	20.000
17	74.649	0.497660	$2°21'53''$	20.000
KE	75.000		$2°23'13''$	0.351

그림 7-35

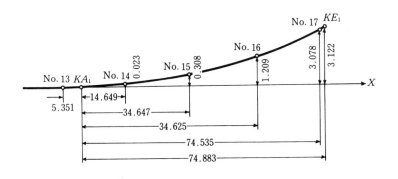

(ii) 비대칭 기본형 클로소이드

기본형 클로소이드에서 좌우 매개변수가 다른 형태로 좌우의 접선길이가 다른 경우에 이용된다.

〈그림 7-36(a)〉에서 좌우매개변수 A_1과 A_2, R, I가 주어진 경우, A_1에 대한 X_{M1}, τ_1, ΔR_1, L_1, A_2에 대한 X_{M2}, τ_2, ΔR_2, L_2를 구한다.

접선길이 D_1, D_2는 〈그림 7-36(b)〉에서,

$$W = (R + \Delta R_2)\tan\frac{I}{2} \tag{7.68}$$

$$Z_1 = \frac{\Delta R_1 - \Delta R_2}{\tan I} \tag{7.69}$$

$$Z_2 = \frac{\Delta R_1 - \Delta R_2}{\sin I} \tag{7.70}$$

그림 7-36 비대칭기본형 클로소이드 곡선 ●●●

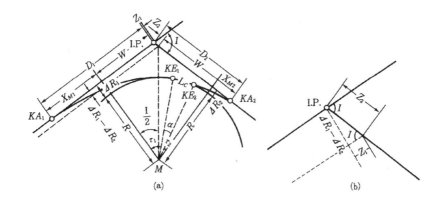

(a)　　　(b)

$$D_1 = X_{M1} + W - Z_1 = X_{M1} + (R + \Delta R_2)\tan\frac{I}{2} - \frac{\Delta R_1 - \Delta R_2}{\tan I} \qquad (7.71)$$

$$D_2 = X_{M2} + W + Z_2 = X_{M2} + (R + \Delta R_2)\tan\frac{I}{2} - \frac{\Delta R_1 - \Delta R_2}{\sin I} \qquad (7.72)$$

이며, 단곡선의 중심각 α 및 곡선길이 L_C는

$$\alpha = I - \tau_1 - \tau_2 \qquad (7.73)$$

$$L_C = R \cdot \frac{\alpha^\circ}{\rho^\circ} \qquad (7.74)$$

이며, 전곡선길이(LC)는 다음과 같다.

$$CL = L_1 + L_C + L_2 \qquad (7.75)$$

예제 7.7 〈그림 7-37〉과 같은 대칭형의 철형 클로소이드를 설계하시오.

단, 곡선반경 $R = 100$m, 교각 $I = 34° 18' 00''$, 접선각 $\tau = \dfrac{I}{2} = 17° 09'$ 이다.

풀이 접선각 $\tau = 17° 09'$ 는 단위클로소이드 표에 없으므로, 표 중에 있는 $17° 07' 05''$ 및 $17° 09' 44''$로부터 비례배분의 법칙에 의한 계수를 구하고 단위클로소이드 표 중의 각 값을 보정한다.

$$보정계수 = \frac{17° 09' 00'' - 17° 07' 05''}{17° 09' 44'' - 17° 07' 05''} = \frac{1' 55''}{2' 39''} = \frac{115}{159} = 0.723$$

■ 표 7-16 단위클로소이드 표

0.750000~0.775000

l	τ (° ' ")	σ (° ' ")	r	Δr	x_M	x	y	t_K	t_L	t	n	S_0	$\Delta r/r$	l/r	l
0.750000	16 06 5205	22 04	1.333333	0.017529	0.374013	0.744089	0.069916	0.251899	0.502088	0.764288	0.072776	0.747367	0.013146	0.562500	0.750000
1000	2 39	53	1684	73	493	956	292	347	683	1110	325	980	76	1541	1000
0.771000	17 01 4605	40 20	1.297017	0.019036	0.384368	0.764217	0.075905	0.259182	0.516399	0.787466	0.079386	0.767977	0.014677	0.594441	0.771000
1000	2 39	53	1680	74	492	956	293	348	682	1110	325	980	76	1543	1000
0.772000	17 04 2505	41 13	1.295337	0.019110	0.384860	0.765173	0.076198	0.259530	0.517081	0.788576	0.079711	0.768957	0.014753	0.595984	0.772000
1000	2 40	53	1676	74	493	956	294	347	683	1111	327	981	76	1545	1000
0.773000	17 07 0505	42 06	1.293661	0.019184	0.385353	0.766129	0.079492	0.259877	0.517764	0.789687	0.080038	0.769938	0.014829	0.597529	0.773000
1000	2 39	53	1671	74	492	955	295	348	682	1111	327	980	77	1547	1000
0.774000	17 09 4405	42 59	1.291990	0.019258	0.385845	0.767084	0.076787	0.260225	0.518446	0.790798	0.080365	0.770918	0.014906	0.599076	0.774000
1000	2 40	53	1667	75	493	956	295	348	683	1112	329	980	77	1549	1000
0.775000	17 12 2405	43 52	1.290323	0.019333	0.386338	0.768040	0.077082	0.260573	0.519129	0.791910	0.080694	0.771898	0.014981	0.600625	0.775000
l	τ	σ	r	Δr	x_M	x	y	t_K	t_L	t	n	S_0	$\Delta r/r$	l/r	l

그림 7-37

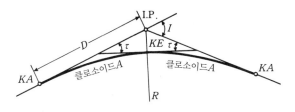

또 단위클로소이드 표로부터

$$l=0.773+0.001\times0.723=0.773723$$
$$r=1.293661-0.001671\times0.723=1.292453$$
$$\varDelta r=0.019184+0.000074\times0.723=0.019238$$
$$x_M=0.385353+0.000492\times0.723=0.385709$$
$$x=0.766129+0.000955\times0.723=0.766819$$
$$y=0.076492+0.000295\times0.723=0.076705$$
$$t=0.789687+0.001111\times0.723=0.790490$$

다음에 매개변수 $A=R/r=\dfrac{100}{1.29}=77.5$에 대한 클로소이드 곡선요소를 계산하면,

$$L=l\cdot A=0.773723\times77.5=59.964\text{m}$$
$$\varDelta R=\varDelta r\cdot A=0.019238\times77.5=1.491\text{m}$$
$$X_M=x_M\cdot A=0.385709\times77.5=9.892\text{m}$$
$$X=x\cdot A=0.766819\times77.5=59.428\text{m}$$
$$Y=y\cdot A=0.076705\times77.5=5.945\text{m}$$
$$D=T=t\cdot A=0.790490\times77.5=61.263\text{m}$$

여기서 교점 IP의 추가거리를 452.250m라 하면,

$$KA\text{의 추가거리}=452.250-61.263=390.987\text{m}=\text{No.19}+10.987\text{m}$$
$$KE\text{의 추가거리}=390.987+59.964=450.951\text{m}=\text{No.22}+10.951\text{m}$$

각 중심말뚝의 위치를, 주접선으로부터 직교좌표법에 의하여 구한 값을 〈표 7-17〉에 표시한다.

■■ 표 7-17

No.	L	$L=L/A$	x	y	$X=Ax$	$Y=Ay$
20	9.013	0.116297	0.116296	0.000262	9.013	0.020
21	29.013	0.374361	0.374178	0.008737	28.999	0.677
22	49.013	0.632426	0.629901	0.042038	48.817	3.258
KE	59.964	0.773729	0.766825	0.076707	59.429	5.945

■■ 표 7-18

관측점	L	l	s	σ	S_0
No. 20	9.013	0.116297	0.116297	7′ 4″	9.013
21	29.013	0.374361	0.374252	1° 20′ 13″	29.013
22	49.013	0.632426	0.631306	3° 49′ 05″	49.013
KE	59.964	0.773729	0.770652	5° 42′ 44″	59.964

이것을 〈그림 7-31〉(b)에 나타낸 극각동경법에 의하여 측설하는 경우에 필요한 값은 다음과 같이 구한다.

설치는 트랜시트를 KA점에 세우고 〈그림 7-31〉(b)에 표시한 것과 같이 주접선에서 σ의 각을 취하여 줄자에 의하여 KA로부터 각 S_0의 값을 취하면 크로소이드 곡선의 각 중간점 및 BC가 구해진다.

예제 7.8 $I=70°40′$, $R=400m$, $L=100m$ 교점의 추가거리 399.077m로 하여 클로소이드의 각 요소를 단위클로소이드 표에서 구하여 지거측량으로 완화곡선을 측설하시오.

풀이 매개변수 A를 먼저 구한다.

$$A^2=R·L \quad ∴ \quad A=\sqrt{RL}=\sqrt{40,000}=200$$
$$l=\frac{L}{A}=\frac{100}{200}=0.5$$

이 l값을 인수로 하여 단위클로소이드 표를 유도한다(실장으로 하기 위해서 $A=200$을 넣는다.)

이정점거리 $X_M=0.249870×200=49.974m$
이정량(移程量) $\Delta r=0.005205×200=1.041$
접선각 $\tau=7°9′43″$
BC(ETC)의 x좌표값 $X=0.499219×200=99.844m$
BC(ETC)의 y좌표값 $Y=0.028810×200=4.162m$

■■ 표 7-19 단위클로소이드 곡선표

l	τ (° ' ")	σ (° ' ")	r	Δr	X_M	X	Y
0.075000	00 09 40	00 03 13	13.333333	0.000018	0.037500	0.075000	0.000070
1000	16	6	175438	0	500	1000	3
0.076000	00 09 56	00 03 19	13.157895	0.000018	0.038000	0.076000	0.000073
1000	15	5	170882	1	500	1000	3
0.077000	00 10 11	00 03 24	12.987013	0.000019	0.038500	0.077000	0.000076
⋮		⋮		⋮		⋮	
0.175000	00 52 38	00 17 33	5.714286	0.000223	0.087499	0.174996	0.000893
1000	37	12	32468	4	500	1000	16
0.176000	00 53 15	00 17 45	5.681818	0.000227	0.087699	0.175996	0.000909
1000	36	12	32100	4	500	1000	15
0.177000	00 53 51	00 17 57	5.649718	0.000231	0.088499	0.176996	0.000924
⋮		⋮		⋮		⋮	
0.275000	02 09 59	00 43 20	3.636364	0.000866	0.137493	0.274961	0.003466
1000	57	19	13176	10	500	999	38
0.276000	02 10 56	00 43 39	3.623188	0.000876	0.137993	0.275960	0.003504
1000	57	19	13080	10	500	999	38
0.277000	02 11 53	00 43 58	3.610108	0.000886	0.138493	0.276959	0.003542
⋮		⋮		⋮		⋮	
0.375000	04 01 43	01 23 34	2.666667	0.002197	0.187469	0.374815	0.008786
1000	1 17	26	7093	17	500	997	70
0.376000	04 03 00	01 21 00	2.659574	0.002214	0.187969	0.375812	0.008856
1000	1 18	26	7054	18	499	998	71
0.377000	04 04 18	01 21 26	2.652520	0.002232	0.188468	0.376810	0.008927
⋮		⋮		⋮		⋮	
0.475000	06 27 49	02 09 16	2.105263	0.004463	0.237399	0.474396	0.017846
1000	1 38	32	4423	29	499	993	113
0.476000	06 29 27	02 09 48	2.100840	0.004492	0.237898	0.475389	0.017959
1000	1 39	33	4404	28	499	994	113
0.477000	06 31 06	02 10 21	2.096436	0.004520	0.238397	0.476383	0.018072
⋮		⋮		⋮		⋮	
0.500000	07 09 43	02 23 13	2.000000	0.005205	0.249870	0.499219	0.020810
1000	1 43	35	3992	32	499	992	125
0.501000	07 11 26	02 23 48	1.996008	0.005237	0.250369	0.500211	0.020935
1000	1 44	34	3976	31	498	993	125

그림 7-38

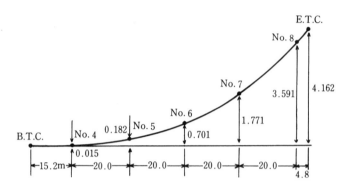

교점과 이정점까지 거리

$$= (R + \varDelta r)\tan\left(\frac{I}{2}\right) = (400 + 1.041)\tan 35°20' = 284.304\text{m}$$

교점에서 BTC까지의 거리 $= X_M + 284.303 = 49.974 + 284.303 = 334.277\text{m}$

원곡선의 중심각 $\theta = I - 2\tau = 70°40' - 14°19'26'' = 56°20'34'' = 56.3428°$

원곡선길이

$$= R\theta(\text{rad}) = 0.0174533 R\theta° = 400 \times 0.0174533 \times 56.3428° = 393.347\text{m}$$

BTC의 추가거리 $= 399.077 - 334.227 = 64.850\text{m} = \text{No.3} + 4.850\text{m}$

ETC의 추가거리 $= 64.850 + L = 64.850 + 100 = 164.850\text{m} = \text{No.8} + 4.800\text{m}$

이하 20m마다 완화곡선상에 중심말뚝을 측설하기 때문에 l을 인수로 하여 다음과 같이 측설한다(〈그림 7-38〉 참조).

라) 반파장 Sine(정현) 체감곡선

곡률의 변화 $\left(0 \sim \frac{1}{R}\right)$에 $\sin\left(-\frac{\pi}{2} \sim \frac{\pi}{2}\right)$, 즉 〈그림 7-39〉의 $A \sim B$의 곡선을 이용하면 변화는 $-1 \sim +1$로 되지만 이것을 $0 \sim +1$이 되도록 변환한다.

$$\frac{1}{2}\left\{1 + \sin\left(-\frac{\pi}{2} + x\right)\right\} = \frac{1}{2}(1 - \cos x) \tag{7.76}$$

또는 $\cos(-\pi \sim 0)$을 이용하여 고려하면,

$$\frac{1}{2}\{1 + \cos(-\pi + x)\} = \frac{1}{2}(1 - \cos x) \tag{7.77}$$

그림 7-39

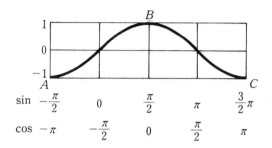

또한 B~C간을 이용하면 $\cos(0\sim\pi)$에서 $+1\sim-1$의 변화가 되므로 1로부터 차를 빼어 $\frac{1}{2}$을 곱하는 변환을 하면 $\frac{1}{2}(1-\cos x)$가 된다. 지금 완화곡선길이를 L, 그 x축길이를 X라 하면 〈그림 7-40〉에서 점 $0(x=0,\ 곡률=0)$으로부터 점 $P\left(x=X,\ 곡률=\frac{1}{R}\right)$까지의 곡률은 $\cos x$에서의 변수 x의 변역$(0\sim\pi)$을 $0\sim X$로 하며,

$$\frac{1}{\rho} = \frac{1}{2R}\left(1-\cos\frac{\pi}{X}x\right) \tag{7.78}$$

또는 $\frac{x}{X}=\lambda$라 놓으면,

$$\frac{1}{\rho} = \frac{1}{2R}(1-\cos\lambda\pi) \tag{7.79}$$

반파장정현곡선에 의한 체감인 경우 곡선길이 L에 첨부하여 곡선체감을 하는 것이지만 L과 x의 차는 대단히 적으므로 $L\fallingdotseq X$로 처리한다. 곡률의 일반공식의 근사식 식 (7.36)을 사용하면,

$$\frac{d^2y}{dx^2} = \frac{1}{2R}\left(1-\cos\frac{\pi}{X}x\right)$$

접선각 τ' 는

그림 7-40

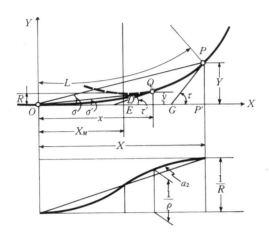

$$\tan \tau' = \frac{dy}{dx} = \frac{X}{R}\left(\frac{\lambda}{2} - \frac{1}{2\pi}\sin \lambda\pi\right) \qquad (7.80)$$

일반적으로 $\tau' = \tan \tau'$ 로 한다. 식 (7.80)을 다시 적분하면,

$$y = \frac{1}{R}\left\{\frac{x^2}{4} - \frac{X^2}{2\pi^2}\left(1 - \cos\frac{\pi}{X}x\right)\right\} \qquad (7.81)$$

$$= \frac{X^2}{R}\left\{\frac{\lambda^2}{4} - \frac{1}{2\pi^2}(1 - \cos \lambda\pi)\right\} \qquad (7.82)$$

극각(편각) σ' 는

$$\tan \sigma' = \frac{y}{x} = \frac{X}{R}\left\{\frac{\lambda}{4} - \frac{1}{2\pi^2 X}(1 - \cos \lambda\pi)\right\} \qquad (7.83)$$

접선각 및 극각의 일반식은 식 (7.82), (7.83)으로부터

$$\tau' = \frac{X}{R}\left(\frac{\lambda}{2} - \frac{1}{2\pi}\sin \lambda\pi\right) \qquad (7.84)$$

$$\sigma' = \frac{X}{R}\left\{\frac{\pi}{4} - \frac{1}{2\pi^2\lambda}(1 - \cos \lambda\pi)\right\} \qquad (7.85)$$

종점 P(BCC)에서는

$$\left.\begin{aligned}
\frac{1}{\rho} &= \left(\frac{d^2y}{dx^2}\right)_{x=X} = \frac{1}{R} \\[4pt]
\tan\tau &= \left(\frac{dy}{dx}\right)_{x=X} = \frac{X}{2R} \\[4pt]
Y &= (y)_{x=X} = \left(\frac{1}{4}-\frac{1}{\pi^2}\right)\frac{X^2}{R} = 0.14868\frac{X^2}{R} \\[4pt]
\tan\sigma &= \left(\frac{y}{x}\right)_{x=X} = 0.14868\frac{X}{R}
\end{aligned}\right\} \tag{7.86}$$

이 된다.

(8) 종단(縱斷)곡선

종단경사는 급격히 변화하는 노선상의 위치에서는 차가 충격을 받으므로 이를 제거하고 시거를 확보하기 위해 종단곡선을 설치한다. 종단경사도의 최댓값은 노선을 주행하는 차량의 등판성능에 좌우되나 도로에서는 설계속도에 따라 2~9%로 하며 철도에서는 특수한 경우를 제외하고 35~10%로 한다.

철도에서는 경사도를 ‰(1/1,000)로 표시하며 수평곡선의 반경이 800m 이하인 곡선에서는 종단곡선 반경을 4,000m로 하며, 그 외의 경우는 반경을

그림 7-41 종단곡선

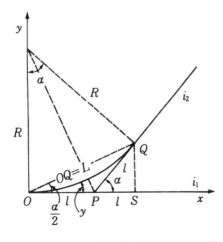

3,000m로 한다.

〈그림 7-41〉에서 종단곡선 방정식은

$$y = \frac{(i_2 - i_1)}{4l} x^2 = \frac{x}{2R} \tag{7.87}$$

이며

$$R = \frac{2l}{|i_2 - i_1|} \tag{7.88}$$

$$l = \frac{R \cdot |i_2 - i_1|}{2} \tag{7.89}$$

이다.

또한, R을 종단곡선의 최소반경이고 α의 단위를 radian으로 하면

$$2l = R\alpha = L \tag{7.90}$$

이며,

$$R = \frac{2l}{\alpha} = \frac{L}{\alpha} \tag{7.91}$$

이다. 따라서 종단곡선식을 다시 정리하면

$$y = \frac{\alpha}{2L} x^2 \tag{7.92}$$

이며, x, y, L의 단위를 m이고 α를 $(i_2 - i_1)$‰로 하면,

$$y = \frac{(i_2 - i_1)}{2,000L} x^2 \tag{7.93}$$

이다.

예제 7.9 상향경사가 4.5‰이고 하향경사가 35‰인 경우, 반경이 3,000m인 종단곡선을 설치하시오.

$\boxed{\text{풀이}}$ $l=\dfrac{R}{2}|i_2-i_1|$ 로부터

$l=1.5\times|(-35-4.5)|=59.5\fallingdotseq60\mathrm{m}$

$y=\dfrac{x^2}{2R}$ 로부터

$y_1=67\mathrm{mm}$,	$y_2=267\mathrm{mm}$
$y_3=600\mathrm{mm}$,	$y_2=67\mathrm{mm}$
$y_1=67\mathrm{mm}$	

또한, 식 (7.93)을 사용하면

$L=2l=3|i_2-i_1|=3\times39.5=118.5\mathrm{m}\fallingdotseq120$

$y=\dfrac{-39.5}{2,000\times120}x^2$

$x_1=20\mathrm{m}$, $x_2=40\mathrm{m}$, $x_3=60\mathrm{m}$에 대해 구하면

$y_1=66\mathrm{mm}$,	$y_2=264\mathrm{mm}$
$y_3=592\mathrm{mm}$,	$y_2=264\mathrm{mm}$
$y_1=66\mathrm{mm}$	

여기서, 계산값이 y_3에서 8mm로 가장 큰 오차가 있으나 이 정도의 오차는 종단곡선 설치에 커다란 영향을 주지 않으므로 무시해도 무방하다.

그림 7-42

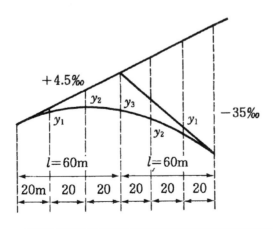

그림 7-43

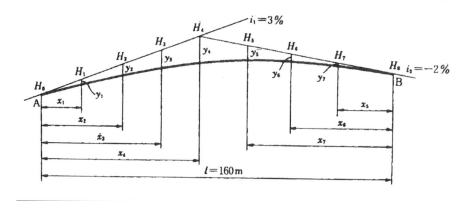

예제 7.10 〈그림 7-43〉과 같은 종단곡선(縱斷曲線)에서 $i_1 = 3\%$, $i_2 = -2\%$이고, 종곡선 시점 A의 계획고가 87.35m이며, 종곡선 길이 $l = 160$m인 종곡선을 설치하시오.

풀이

$$x_1 = 20\text{m} \cdot y_1 = \frac{0.05}{2 \times 160} \times 20^2 = 0.0625\text{m} = y^7$$

$$x_2 = 40\text{m} \cdot y_2 = \frac{0.05}{2 \times 160} \times 40^2 = 0.25\text{m} = y^6$$

$$x_3 = 60\text{m} \cdot y_3 = \frac{0.05}{2 \times 160} \times 60^2 = 0.5625\text{m} = y^5$$

$$x_4 = 80\text{m} \cdot y_4 = \frac{0.05}{2 \times 160} \times 80^2\text{m} = 1.00\text{m}$$

종곡선의 계획고(計劃高)

$$H_0 = 87.35\text{m}$$

$$H_1 = 87.35 + 0.03 \times 20 - 0.0625 = 8789\text{m}$$

$$H_2 = 87.35 + 0.03 \times 40 - 0.25 = 88.30\text{m}$$

$$H_3 = 87.35 + 0.03 \times 60 - 0.5625 = 88.59\text{m}$$

$$H_4 = 87.35 + 0.03 \times 80 - 1.00 = 88.75\text{m}$$

$$H_5 = 89.75 - 0.02 \times 20 - 0.5625 = 88.79\text{m}$$

$$H_6 = 89.75 - 0.02 \times 40 - 0.25 = 88.70\text{m}$$

$$H_7 = 89.75 - 0.02 \times 60 - 0.0625 = 88.49\text{m}$$

$$H_8 = 89.75 - 0.02 \times 80 = 88.15\text{m}$$

(9) 철도측량(rail survey)

① 개 요

철도측량은 철도설계, 설계, 공사에 필요한 측량을 하는 것으로 계획노선을 따라 필요한 폭의 대상지역에 있어 지형을 측량하고 결정된 노선의 중심 및 기타 관계되는 제점(諸點)을 정확하게 현지에 측설하여 공사에 필요한 토공량을 계산한다.

측량순서는 일반적으로 조사, 예측, 실측의 순으로 이루어지며, 도로측량 방법과 같이 이루어진다.

철도는 궤도와 궤도를 지지하는 노반으로 이루어진 위에서 2개의 레일을 이용하여 여객과 화물을 운송하는 교통체계 역할을 한다. 일반적으로 궤도구조는 쇄석, 자갈 등을 이용한 흙 노반이나 교량, 터널 및 지하철 등은 콘크리트도상의 경우 시공 후 수정이 어려우므로 측량을 정확히 하여야 한다. 궤도의 선형설계 시에는 편경사(cant), 확폭(slack), 완화곡선, 종곡선을 고려해야 한다. 또한 철도측량은 폭이 좁고 길이가 길어 중심선에 대한 예각의 형성으로 인한 각 관측의 오차발생, 지하철인 경우 지상의 기준점을 지하로 연결하는 과정에서 오차발생, 지하의 어두움, 먼지, 습기 등에 의한 시준장애, 전철구간에서의 현황측량 시 절연장갑을 끼고 측량을 수행할 것과 고저(level)측량 시 플라스틱스태프를 반드시 이용할 것 등을 고려하여 시공측량을 수행해야 한다.

② 철도 및 터널 시공측량시 고려사항

철도측량은 노선이 길어 공사구간을 나누어 시공한다. 또한 터널측량은 폭이 좁고 길이가 긴 터널의 밀폐공간의 측량인 경우 개방 및 폐합트래버스에 의한 기준점측량과 기준점과 연계된 내공 및 구조물측량이 이루어지므로 기준점설치가 정확하게 시행되어야 한다.

가) 지상기준점 측량

(ㄱ) 기준점 설치는 GPS를 이용한다. GPS의 사용이 어려운 구간은 삼발이를 이용한 고정된 타깃을 사용해야 하므로 실외와 비슷한 밝기를 유지하도록 설치해야 한다.

(ㄴ) 터널 내 기준점 설치는 좌·우측으로 번갈아가며 설치하되 콘크리트타설 등으로 견고히 설치해야 한다.

(ㄷ) 복수의 기준점을 설치하여 기준점 망실로 인한 공사에 차질이 없도록 한다.

(ㄹ) 연약지반이나 토사구간은 기준점 설치를 피해야 한다.

(ㅁ) 수평기준점측량방법은 개방트래버스측량을 이용하므로 최소 3회 이상 정밀프리즘을 이용한 관측을 하여야 한다.

(ㅂ) 고저기준점측량은 일등고저기준점 또는 이에 준하는 점을 설치하여 갱외고저기준점과 터널 내 고저기준점간 직접왕복고저측량을 시행한다. 또한 월 1~2회 이상 갱외고저기준점과 터널 내 고저기준점간 직접왕복고저측량을 시행하여 오차점검을 하여야 한다.

나) 터널내 기준점측량

지하기준점시설 시 TS를 이용하여 직접기준점이동방법과 추를 이용하여 지하로 이동시키는 방법이 있다.

(ㄱ) 광파종합관측기(TS)를 이용하여 직접기준점 이동시준을 할 수 있는 충분한 공간확보가 어려우므로 수회에 걸친 기계이동에 의한 관측으로 오차가 크게 나타날 수 있으므로 많은 주의를 하여야 한다.

(ㄴ) 추를 이용하는 좌표기준점의 이동방법은 확인된 지상기준점에서 측량을 실시하여 복공판상부에 구멍을 뚫어놓고 한쪽면 모서리에 기준점을 이동시키는 방법이다. 2개소의 복공에 구멍을 내어 한쪽은 기계점으로 이용할 기준점을 내리고 다른 한쪽은 후시점으로 이용할 기준점을 내린다. 구멍이 뚫린 복공판 한쪽면 모서리에 기준점을 이동시킨 후 피아노선에 추를 매어단 후 지하로 내려 폐유나 물이 담긴 통에 추를 내려 고정시키고 2대의 TS를 이용하여 관측한다. 추를 이용하여 지하로 기준점을 이동시키는 경우는 한번에 지하로 점을 옮길 수 있어 편리할 뿐만 아니라 여러 번 기계를 옮기는 방법보다 오차발생이 적다.

(ㄷ) 지하구간의 고저기준점(수준점)이동방법으로 스틸줄자를 이용하여 지상부의 한 점에 고저기준점값을 옮겨놓고 스틸줄자를 아래로 늘어뜨려 수직이 되도록 팽팽하게 당긴 상태에서 관측값을 정하는 것으로 3인 이상의 측량인원이 소요된다.

③ 터널 내공단면측량

터널 내공단면측량은 발파단면의 상황을 확인하기 위하여 실시하는 것으로 숏크리트 타설 후 터널의 미굴, 여굴을 점검하며 직선구간은 10m 간격, 곡선구간은 5m 간격으로 관측하여 허용범위 내의 단면은 유지하고 허용범위 밖에 있는 단면들은 라이닝콘크리트나 타설 전에 수정해야 한다.

④ 성과인계사항

가) 노반 인수인계시 확인사항

(ㄱ) 설계기준점을 현장에 매설한 후 트래버스측량에 의한 기준점성과도 작성

(ㄴ) 설계고저기준점을 왕복측량하여 고저기준점 성과도 작성

(ㄷ) 궤도인수구간에 중심선측량 및 고저측량을 실시하여 설계값과 실측값과의 성과표를 작성

측량기준: 직선은 20m, 곡선은 10m(협의에 의한 조정할 수 있음)

허용오차(터널기준): 노반폭=0~+30mm, 높이=±20mm

기울기 오차=±3~±1%, 표면오차=±30mm

나) 인계서류

협의에 의한 조정사항으로 인수인계서, 노반인수점검표, 위치도, 완료구간에 대한 선형측량성과표, 고저측량성과표 등이 있다.

⑤ 철도측량시 사용되는 용어

가) 본선(本線): 열차운행에 상용할 목적으로 설치한 선로

나) 측선(側線): 본선 외의 선로

다) 궤간(軌間): 양쪽 레일 안쪽 간의 거리 중 가장 짧은 거리로써 레일의 윗면으로부터 14mm 아래 지점을 기준으로 한다(표준궤간 1,435mm).

라) 궤도(軌道): 레일, 침목 및 도상과 이들의 부속품으로 구성된 시설

마) 도상(途上): 레일 및 침목으로부터 전달되는 차량 하중을 노반에 넓게 분산시키고 침목을 일정한 위치에 고정시키는 기능을 하는 자갈 또는 콘크리트 등의 재료로 구성된 부분

바) 건축한계: 차량이 안전하게 운행될 수 있도록 궤도상에 설정한 일정한 공간으로 선로중심에서 좌, 우 2.1m, 높이 5.15m를 기본한계로 정하고 곡선구간에서 $W=50,000/R$만큼 확대하도록 하고 있다(R: 선로의 곡선반경 m, W: 확대량 mm).

사) 차량한계: 철도차량의 안전을 확보하기 위하여 궤도 위에 정지된 상태에서 관측한 철도차량의 길이, 너비 및 높이의 한계

아) 궤도중심간격: 병렬하는 두 개의 궤도중심 간의 거리이다. 국유철도 건설규칙에는 정차장 외에 두선을 병설하는 궤도의 중심간격은 4m 이상으로 하고 3선 이상의 궤도를 병설하는 경우에는 각 인접하는 궤도 중심간격 중 하나는 4.3m 이상, 정차장 내에서의 궤도의 중심간격은 4.3m 이상으로 하게 되어 있다.

자) 철도보호지구: 철도시설물 보호 및 열차 안전운행을 확보하기 위하여 철

도경계선(가장 바깥쪽 궤도의 끝선)으로부터 30m 이내의 지역으로 철도 주변에서의 각종 행위에 대한 안전성 여부를 검토, 조치하여 안전사고를 방지하기 위하여 설정하는 구역이다.

　차) 파정(broken chainage): 철도노선이 측량에 있어 어느 구간에 대한 계획연장의 변경 또는 노선변경에 따른 개축으로 인하여 생기는 당초 위치에 대한 거리차이이다. 선로의 일부가 중간에서 변경되어 chainage 변경요소가 생길 경우 전체 노선의 chainage를 변경하게 되면 각 지점의 기준 chainage를 선로의 일부가 변경될 때마다 조정하여야 하는데 이럴 경우 관리가 어렵기 때문에 변경지점에 파정을 두어 변경 구간 전후의 chainage는 변경되지 않도록 함으로써 공사 및 유지관리가 용이하도록 한다.

　기존 철도를 연장할 경우 기존 선로 레벨을 확인하여 계획고와의 차이가 발생시 그 차이만큼 기준 BM값을 변경하여 종단계획의 변경이 발생하지 않도록 하는 방법이다.

⑥ 곡선설치 규정

가) 수평곡선

　선형설계에서 모든 선형을 직선으로 연결시키는 것이 가장 이상적이나 지형상 곡선을 설치하여야 하는 경우가 많이 존재한다.

　차량의 설계속도에 따른 수평곡선 반경은 〈표 7-20〉과 같다.

■■ 표 7-20

설계속도 V(km/h)	최소 곡선반경(m)	
	자갈도상 궤도	콘크리트상 궤도
350	6,100	5,000
200	1,900	1,700
150	1,100	1,000
120	700	1,500
$V \leq 70$	400	600

나) 곡선구간의 완화곡선 삽입

　설계속도에 따라 다음 〈표 7-21〉의 값 이하의 곡선반경을 가진 곡선과 직선이 접속하는 곳에는 완화곡선을 두어야 한다.

■■ 표 7-21

설계속도 $V(\text{km/h})$	곡선반경(m)
200	12,000
150	5,000
120	2,500
100	1,500
$V \le 70$	600

※ 완화곡선의 형상은 3차 포물선으로 하여야 한다.

⑦ 종단선형 해석

철도에서는 경사도를 ‰(1/1,000)로 표시하며 수평곡선의 반경이 800m 이하인 곡선에서는 종단곡선 곡선반경 4,000m로 하며, 그 외의 경우는 반경을 3,000m로 한다.

■■ 표 7-22 일반구간

설계속도 $V(\text{km/h})$	최대 기울기(‰)
$200 < V \le 350$	25
$150 < V \le 200$	10
$120 < V \le 150$	12.5
$70 < V \le 120$	15
$V \le 70$	25

■■ 표 7-23 정거장의 전후구간 등 부득이한 경우

설계속도 $V(\text{km/h})$	최대 기울기(‰)
$200 < V \le 350$	30
$150 < V \le 200$	15
$120 < V \le 150$	15
$70 < V \le 120$	20
$V \le 70$	30

■■ 표 7-24   전기종차 전용선인 경우: 설계도와 관계없이 1천분의 35(35‰)이다

Sta no.	거리(m)	종단구배(%)	노반계획고(FL)	궤도계획고($RL=FL+0.68$)
960	0		129.16	129.84
1760	800	18	143.56	144.24
2870	1110	8	152.44	153.12
3795	925	−6	146.89	147.57
5128	1333	0	146.89	147.57
6513	1385	−8	135.81	136.49
7086.946	573.946	0	135.81	136.49

선로경사는 곡선과 마찬가지 모양으로 경가가 크게 되면 기관차의 견인중량에 의한 열차의 제약, 열차의 주행성능 등 수송효율에 대하여 큰 영향을 미치고 그로 인한 여객, 화물수송의 양적, 질적 서비스에 큰 영향을 미치기 때문에 선로선정에 있어서는 될 수 있는 한 경사가 작게 되도록 고려하여야 한다. 차량의 설계속도에 따른 종단곡선의 기울기는 〈표 7-22〉~〈표 7-24〉와 같다.

⑧ 종단곡선의 설치

종단곡선이란 차량이 선로 기울기의 변경지점을 원활하게 운행할 수 있도록 종단면에 두는 곡선을 말한다.

가) 선로의 기울기가 변화하는 개소의 기울기 차이가 설계속도에 따라 다음 〈표 7-25〉의 값 이상인 경우에는 종단곡선을 설치하여야 한다.

■■ 표 7-25

설계속도 V(km/h)	기울기 차(‰)
$200 < V \leq 350$	1
$70 < V \leq 200$	4
$V \leq 70$	5

나) 최소 종단곡선 반경은 설계속도에 따라 다음 〈표 7-26〉의 값 이상으로 하여야 한다.

■■ 표 7-26

설계속도 V(km/h)	최소 종단곡선 반경(m)
$265 \leq V$	25,000
200	14,000
150	8,000
120	5,000
70	1,800

　　다) 도심지 통과구간 및 시가지 구간 등 부득이한 경우에는 설계속도에 따라 다음 〈표 7-27〉의 값과 같이 최소 종단곡선 반경을 축소할 수 있다.

■■ 표 7-27

설계속도 V(km/h)	최소 종단곡선 반경(m)
200(1급선)	10,000
150(2급선)	6,000
120(3급선)	4,000
70(4급선)	1,300

(주) 이외의 값은 다음의 공식에 의해 산출한다.
　　$R_v = 0.35 \times V^2$
　　　　여기서, R_v : 최소 종단곡선 반경(m)
　　　　　　　V : 설계속도(km/h)
　　200 < V ≤ 350의 경우, 종단곡선 연장이 1.5V/3.6(m) 미만이면 종단곡선 반경을 최대 40,000m 까지 할 수 있다.

　　라) 종단곡선은 직선구간에 설치하는 것을 원칙으로 하나 부득이한 경우는 원의 중심에 1개의 곡선구간에 설치할 수 있다.

제 8 장

교량측량

1. 개   요

교량은 하천, 계곡, 호소, 해협, 운하, 저지 및 다른 교통로 등의 위를 횡단하여 연결하는 고가의 시설물이다. 또한 교량은 그 지역의 상징적인 조형물이기도 하다. 교량의 위치는 대상에 대한 직각으로 설치되는 것이 원칙이나 그 지역의 지형이나 여건상 경사지게 설치할 수 있다. 이 경우 교량 축 방향과 대상지형이 이루어지는 각을 α로 할 경우 일반적으로 석공교는 $\alpha > 30°$, 목교는 $\alpha > 25°$, 철교는 $\alpha > 20°$로 설정하고 있다. 교량의 축 방향과 교량의 구성은 〈그림 8-1〉, 〈그림 8-2〉와 같다.

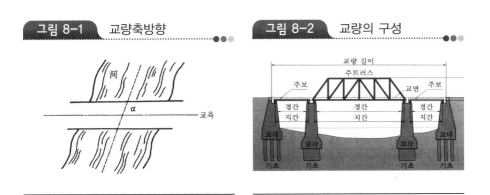

| 그림 8-1 | 교량축방향 |
| 그림 8-2 | 교량의 구성 |

2. 실시설계 및 측량

교량의 노선계획은 축척 1/1,000~1/2,500의 지형도에 중심선을 넣어 결정하며, 종단도[축척: 종(1/100~1/200), 횡(1/1,000~1/2,500)] 및 횡단도(종과 횡의 축척: 1/100~1/200)를 작성하여 교량의 개략적인 위치를 정하고 교량에 관한 중요한 시설물에 관한 상세한 사항은 추가로 작업을 실시한다. 예정교량가설지점을 지형도(1/200~1/500)상에 계획중심선을 삽입하고 이 중심선을 따라 종단측량을 하여 종단면도를 작성한다. 지형변화가 심한 곳은 중심선 좌우에 적당한 간격까지 종단측량을 시행하는 것이 좋으며 종단면도와 지질조사의 결과를 고려하여 교량의 형식, 경간(span)수 등을 공사비용과 비교하여 결정한다. 또한 교대, 교각위치의 횡단측량을 실시하여 횡단면도를 작성하며 교대나 교각과 같은 하부구조는 1개 또는 여러 개의 기준선을 정하여 이 기준선으로부터 각각의 하부구조 위치를 도면에 기준선 및 필요한 좌표를 표시하여야 한다.

3. 교대와 교각의 위치

교대(橋臺)는 교량의 양쪽에 설치되는 것으로 토압과 상부하중, 교대의 자중(自重)을 지지하는 것으로 안전성이 높아야 하며 교대의 단면도는 〈그림 8-3〉과

그림 8-3 교 대

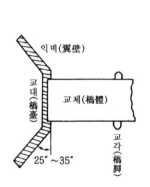
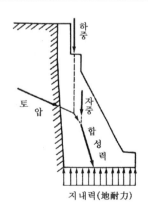

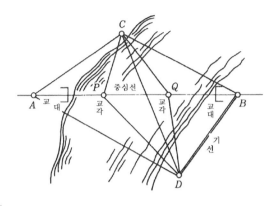

그림 8-4 교량측량에서 교각의 위치

같다. 교각(橋脚)은 수류(水流)에 저항하며 상부하중(荷重)을 지지하는 하부구조물로써 일반적으로 단면은 원형이고 상류측 부분은 수류의 저항을 적게 하기 위하여 상류측 원호(圓弧)반경을 교각폭의 $\frac{3}{4}$~1배로 한다. 교대나 교각은 같은 하부구조는 1개 또는 여러 개의 기준선을 정하여 이 기준선으로부터 각각의 하부구조 위치를 구하고 도면에 기준선 및 필요한 좌표를 표시한다(〈그림 8-4〉 참조).

4. 교량의 지간 및 고저측량

(1) 지간측량

지간측량방법에는 직접측량방법과 간접측량방법이 있다. 직접측량방법에서는 쇠줄자(지간 50m 한도: 처짐, 온도, 장력, 경사보정이 필요함), 피아노선(지간 150~300m: 온도보정이 필요하나 간단하고 정확함), 전자기파거리측량기가 이용된다. 간접측량방법에서는 삼각측량이 이용되고 있다. 교각을 세운 후 삼각망을 형성하여 전방교선법으로 교각의 위치를 결정할 경우 가설공(假設工), 말뚝박기공, 케이슨공 등과 관련되기 때문에 위치의 오차허용범위는 20~40mm 이내이어야 한다.

(2) 고저측량

교량지점의 양쪽에는 고저기준점(BM: Bench Mark)을 설치하여 양쪽의 고저관계를 연결시키고 필요한 경우에는 교각위치부근에 임시고저기준점 또는 가

고저기준점(TBM: Turning Bench Mark)을 설치한다. 양쪽의 고저측량은 교호고저측량을 이용하지만 거리가 긴 경우에는 도하(渡河)고저측량을 수행한다. 최근 TS나 GPS에 의한 지간거리 및 고저측량에 활용되고 있다.

5. 하부구조물측량

교량의 하부구조물은 교량의 상부구조물을 지탱하며 지반과 연결시키는 부분을 총칭하는 것으로 하부공이라고도 한다. 하부구조물 공사를 실시하게 되면 중심말뚝이 없어지게 되므로 인조점(引照點)을 X형으로 하부구조의 최고점보다 높은 위치에 설치하여 다음 측량에 이용한다. 하부구조물측량에는 기초의 밑면이 접하는 토질층이 적당한 지지력을 갖지 못하므로 지지력강화를 위하여 말뚝을 박거나 현장타설로 기초를 형성하기 위해 말뚝기초, 우물통(케이슨)기초(well foundation), 형틀기초, 받침대기초 등의 구조물을 설치한다. 기초구조물 설치의 시공순서는 ① 지반의 평탄작업, ② 중심 및 원형의 위치관측, ③ 굴착, ④ 암검측, ⑤ 최종굴착성도결정, ⑥ 내공확인 후 철근망공내삽입, ⑦ 수직도확인 관측, ⑧ 콘크리트타설, ⑨ 현타두부높이관측, ⑩ 두부정리 후 중심확인측량으로 성과표작성을 수행한다. 기초구조물의 형태는 〈그림 8-5〉와 같다.

설계도서, 법령해석, 감리자의 지시 등이 서로 일치하지 않는 경우를 대비하여 그 적용의 우선순위를 계약단계에서 정하지 아니한 때는 다음과 같은 순서로 시행한다.

그림 8-5

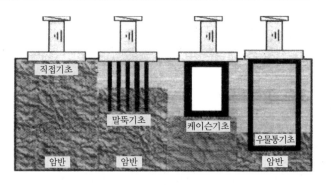

참조: 현장측량 실무지침서, (주)케이지에스테크, 구미서관, 2012.

① 특기시방서 → ② 설계도면 → ③ 일반시방서, 표준시방서 → ④ 산출내역서 → ⑤ 승인된 시공도면 → ⑥ 관계법령의 유권해석 → ⑦ 감리자의 지시사항

(1) 말뚝기초설치측량

말뚝은 설계도에 표시한 위치에 정확히 타입해야 하며, 말뚝의 간격 및 교각 등의 하부구조와 상대위치를 정확히 측량한 후 작업을 시작한다. 일반적으로 설계위치와 시공위치차는 말뚝의 직경을 D로 한 경우 시공위치오차는 $D/4$ 이내로 한다. 〈그림 8-6〉에서 교량중심선에 설치한 말뚝이 NO.6, NO.7이고 교대전면에 설치된 말뚝이 ①, ②, ③, ④인 경우 2본(本) 2열(列) 말뚝에 대해 표시하고 있다. 첫째, 트랜시트를 NO.6에 설치하고 NO.7을 시준하여 그 시준선상에 교각범위에 a, b를 설치한다. 둘째, 트랜시트를 ②에 세우고 ④를 시준하여 시준선상에 c, d를 설치한다. a점에서 $\overline{cd}$에 평행한 방향을 선정하여 두 개의 말뚝위치를 정하여 f, e로 표시하며 b점에서도 동일하게 하여 ij를 정한다. 또한 d와 c점에서 $\overline{ab}$에 평행한 방향으로 말뚝간격을 관측하여 h와 g를 표시하며 이들 표시로부터 4개의 말뚝위치를 결정한다. 말뚝을 수직으로 타입하는 경우는 두 방향에서 트랜시트로 수직이 되게 지시해 주면 되지만 경사말뚝의 경우는 한 방향은 트랜시트로, 다른 방향은 타입기계의 눈금 및 경사각에 맞추어 이루어진 직각삼각형의 자를 이용한다.

그림 8-6   말뚝설치측량

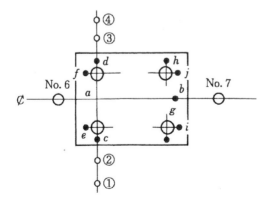

(2) 우물통(또는 케이슨)의 설치측량

공사 중 우물통의 이동 상태는 중심위치의 수평이동, 평면 내의 회전이동, 수직축의 경사로 나누어진다. 〈그림 8-7〉에서와 같이 우물통의 상태를 A, B, C, D 4곳에서 검사하여 우물통의 위치 및 경사를 파악할 수 있다. 우물통을 수중에 설치할 경우 트랜시트를 우물통에 설치하여 두 곳에서의 시준선 교점이 우물통의 중심이 되도록 하는 것이 기본이지만 설치용대(設置用台)를 사용하기도 한다. 최근에는 해협횡단의 교량이 많이 설치되고 있어 해중에서의 교각설치기술도 점점 진보되고 있다. 종래에는 트랜시트에 의한 전방교회법이나 전자파거리관측기에 의한 후방교선법으로 하였으나, 최근에는 TS에 의한 전방교선법으로 임시위치설정(가거치) 후 3차원 관측에 의한 정위치설정(정거치)하는 방법과 GPS에 의한 일괄위치설정 방법으로 실시한다.

① TS에 의한 방법

가) 임시위치설정(가거치)

두 개의 기지점으로부터 전방교선법으로 각관측하여 우물통을 유도한다(우물통 양단의 수직면 정시준).

<table>
<tr><td>그림 8-7</td><td>우물통의 설치측량</td></tr>
</table>

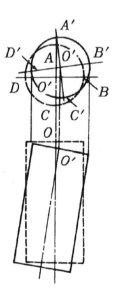

| 그림 8-8a | TS에 의한 임시위치 설치 | 그림 8-8b | TS에 의한 정위치 설치 |

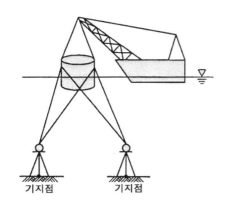

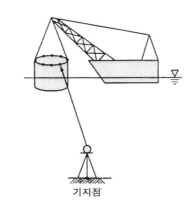

나) **정위치설정**(정거치)

(ㄱ) 임시위치설정 유도에 의해 우물통이 정위치의 20cm~30cm 이내로 접근하면 TS에 의한 3차원 측량으로 정위치설정을 위한 작업을 수행한다.

(ㄴ) 우물통 상단에 반사프리즘을 설치하여 좌표를 직접 관측한다.

(ㄷ) TS의 장비 특성상 1~2km 이내의 근거리 공사시 적용된다.

② **GPS에 의한 방법**

가) GPS로 관측시 가장 정확도가 높은 RTK GPS방식을 취한다.

나) RTK GPS방식은 기지국 GPS에서 생성된 위치보정신호가 무선모뎀을 통해 이동국 GPS로 송신되어 이동국 GPS에서의 위치오차를 1~2cm 이내로 줄일 수 있다.

다) RTK GPS에 의해 이동국에서 취득한 우물통의 위치자료는 실시간으로 컴퓨터에 전송되어 현재의 시공위치를 영상으로 표시 및 제어를 한다.

라) GPS를 이용한 방식은 TS와 같은 광학식 측량방법에 비해 장거리 측량이 가능하고 기상조건에 제약을 받지 않아 공사효율을 높일 수 있다(〈그림 8-9〉).

우물통 설치할 경우 측량의 고려사항은 다음과 같다.

1단계: 2대의 TS로 기지점에서 우물통 양단의 수직면을 정시준하여 전방교회법으로 우물통을 유도한다.

2단계: 1단계에서 유도된 우물통이 정위치 근처(약 20~30cm)까지 접근하면

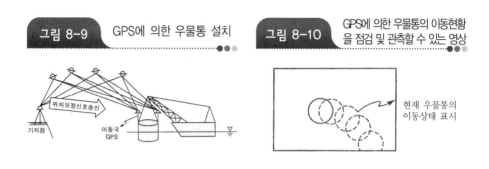

그림 8-9 GPS에 의한 우물통 설치

위치보정신호송신
기지점
이동국 GPS

그림 8-10 GPS에 의한 우물통의 이동현황을 점검 및 관측할 수 있는 영상

현재 우물통의 이동상태 표시

우물통 상단에 설치된 프리즘 좌표를 TS로 관측하여 우물통을 정위치로 정착시킨다. 정위치로 정착시킨 후 중심선측량에 의한 우물통의 위치 및 수직도를 수시로 관측하여 확인할 뿐만 아니라 우물통의 좌우(2점), 전후(4점)를 택하여 수평위치 및 고저값(높이)을 관측하며 횡단면도를 작성하여 굴착작업에 활용한다.

(3) 구   체

단면의 형상은 많지만 아래 〈그림 8-11〉처럼 콘크리트 타설 전후 위치측량을 하여 관리를 하여야 하며 완성단면에서는 수평위치 및 고저측량값은 반드시 확인하여야 한다.

구체가 높을 시 연직각에 의한 수평거리 오차가 발생하므로 연직각이 20도 이상시 위치를 변경해 주어야 수평위치 오차를 줄일 수 있다.

그림 8-11 단면의 형상

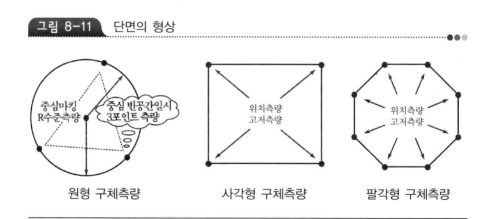

중심마킹 R수준측량
중심 반공간일시 3포인트 측량
원형 구체측량

위치측량 고저측량
사각형 구체측량

위치측량 고저측량
팔각형 구체측량

(4) 형틀설치측량

형틀설치측량은 기초구조 또는 하부구조설치와 동일한 방법이며 형틀설치 후 형틀상단의 중요점의 위치를 검측하여 지장이 없으면 콘크리트를 타설한다. 하부구조의 구체(軀體)가 소정의 높이까지 도달한 경우 최후의 리프트 타설 전에 중심의 수평위치 및 고저값에 대한 검사를 거친 다음 받침대위치를 정하며 Anchor-Bolt를 고정한 후 소정의 하부구조천단까지 콘크리트를 타설한다.

(5) 두겹대(coping) 및 받침대(shoe) 측량

교체가설(橋體假說)에 서는 받침대 및 두겹대의 설치위치를 정확하게 측량을 해야 하며, 받침대의 횡축방향 및 교축(橋軸)직교방향의 기준선의 결정, Anchor-Bolt의 위치 및 답좌(沓座)의 고저측량을 한다. 두겹대상부의 받침대 는 프리캐스트보(PCB: Precast Concrete Beam)나 박스거더(box girder)[1] 등의 상부구조물과 정확히 그 치수가 일치해야 하므로 정밀한 측량을 수행하여야 한 다. 받침대의 위치가 교축선(橋軸線)에 대해 임의각도를 갖는 경우, TS, GPS, 트랜시트에 의한 각축량과 받침대간격 및 받침대를 직접측량하여 확인할 필요가 있다. 가동(可動)받침대는 상부구조의 온도변화, 휨, 콘크리트 크립 및 건조수 축, 프리스트레스(prestress)에 의한 이동량에 대해 여유가 있도록 설치해야 한 다. 이동량은 다음 식에 의해 산정한다.

$$\Delta l = \Delta l_t + \Delta l_s + \Delta l_c + \Delta l_r \tag{8.1}$$

여기서, Δl : 계산이동량

Δl_t : 온도변화에 의한 이동량

Δl_s : 콘크리트의 건조수축에 의한 이동량

Δl_c : 콘크리트의 크립에 의한 이동량

Δl_r : 활하중에 의한 상부구조의 휨이동량

가동받침대의 이동량 계산은 상기한 계산이동량 외에 설계할 때의 오차나 하 부구조의 예상외 변화에 대처할 수 있도록 여유량을 주어야 한다. 이 여유량은 규모에 따라 다르지만 설치여유량으로 ±10mm, 추가여유량 ±20mm로 해서 총 30mm로 하고 있으며 받침대에 대한 이동량계산에서는 설치여유량 ±10mm만 고려한다. 받침대 설치측량의 허용오차는 일반적으로 2~5mm 내·외이다. 가

---

1) 박스거더: 중공(中空)의 닫힌 단면을 갖는 상자형의 들보.

그림 8-12 받침대 위치의 결정 ······ ●●●

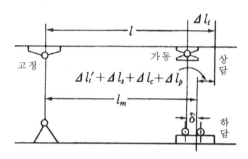

동받침대는 일반적으로 설계도에 표시된 표준온도, 활하중재하의 상태 및 콘크리트의 건조수축, 크립 등을 고려하여 상하답의 중심이 일치하도록 설치하므로 설치시의 상황에 따라 〈그림 8-12〉와 같이 상하답(畓)의 중심을 수정할 필요가 있으며 늘어나는 방향을 (+)로 한다.

$$\delta = l_m - l \tag{8.2}$$
$$= \Delta l_d (\Delta l_{t'-1} \Delta l_s + \Delta l_c + \Delta l_p)$$

여기서, l : 받침대의 설치완료 시 상부구조의 신축길이

$\quad\quad l_m$: 가동받침대하답(下畓)중심과 고정받침대 하답중심 간의 거리

$\quad\quad \Delta l_{t'}$: 표준온도를 기준으로 한 온도변화에 대한 이동량

$\quad\quad \Delta l_d$: 받침대의 설치완료시에 작용하는 사하중에 대한 이동량

$\quad\quad \delta$: 가동받침대 상하답중심의 변위

① 두겁대(coping) 측량

두겁대의 수평위치 및 고저값을 확인측량하고 받침대(shoe)를 고정시키는 앵커볼트 위치 및 콘크리트 받침의 고저값을 확인하는 측량을 실시한다. 두겁대의 시공 및 측량순서는 두겁대의 형틀(form) 설치, 철든 및 거푸집 조립 후 수평위치 및 고저(높이)측량, 받침대위치측량, 앵커볼트위치측량 순으로 실시한 다음 성과표를 작성한다.

두겁대시공 및 측량순서는 형틀거치, 철근 및 거푸집조립, 수평위치 및 고저측량, 받침대(shoe)위치측량, 앵커볼트위치측량, 성과표 작성 순으로 한다.

| 그림 8-13 | 받침대(shoe)와 두겁대(coping) |

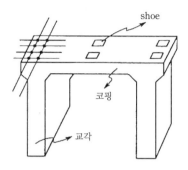

② 받침대(shoe)측량 및 연단거리 유지관리

가) 받침대측량

교량받침대의 시공 및 측량순서는 평면선형의 교량받침대의 중심점과 종단선형의 고저값(또는 높이값-EL : Elevation Level)을 검토한 정확한 자료를 확인, 받침대 수평위치측량, 교량받침대의 중심좌표를 이용하여 교량의 직교축방향으로 기준선을 측설, 교량받침대를 설치한 후 수평위치 및 계획고를 확인(허용오차 : 1~3mm)한 후 검측 및 성과표를 작성한다.

두겁대 상부의 받침대는 프리캐스트보나 박스거더 등의 상부 구조물과 정확히 그 치수가 일치해야 하므로 매우 정밀한 측량을 요한다.

모든 받침대의 꼭지점에 대한 좌표를 계산하여 정밀하게 받침대 위치를 설정하고 인접 받침대와의 평행성 여부도 점검한다.

나) 받침대 연단거리 유지관리

교량에서 받침은 상부구조의 모든 하중을 하부구조로 전달하는 주요 부위이므로 최소연단거리 및 형하공간을 확보하여 보수시 지장이 없어야 한다.

또한, 교각 및 교대상부의 받침면은 상부구조로부터 집중하중을 받는 부위이므로 연단거리가 짧으면 고정단에서 교각 및 교대의 전면의 콘크리트가 파손이 될 수 있다. 또한, 받침대가 파손되는 가동단에서는 받침대가 그 위치를 벗어난다. 이러한 콘크리트 파손이나 받침대의 위치이탈이 심한 경우 주형이 낙하될 수도 있다.

그림 8-14 형하공간(좌)과 연단거리(우) ●●●

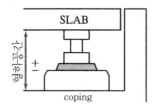
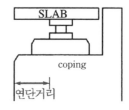

6. 상부구조물측량

(1) 치수검사 및 가조립검사

교량상부구조물 중에서도 강교는 일반적으로 가설현장과는 다른 공장에서 제작되므로 하부구조와는 측량오차가 있으면 교량이 걸리지 않게 되는 경우도 생길 가능성이 있기 때문에 크기값(치수)검사, 가조립검사 등을 철저히 수행하여야 한다.

원수치도면(原値數圖)이라 함은 설계도에 따라 넓은 평면에 그려진 실물크기의 도면이다. 이 원수치도면이 필요한 이유는 구조의 실제길이, 실제각을 재고 모든 부품 및 부재의 실물 크기의 형판을 제작하고 설계도입 기입치수의 틀림이나 상세한 부분에서 가공상의 문제나 설치상의 문제를 발견하기 위해서이다. 일반적으로 강교의 도면은 1/20~1/30의 축척으로 도면화되어 있으므로 원치수도면을 직접 재서 제작 및 설치하는 것이 편리하다. 그러나 최근에는 수치제어에 의한 자동도화기의 개발과 제작에 필요한 자료들을 직접 얻을 수 있는 program이 개발되고 있으므로 원치수도면의 검사가 합격되면 모든 부재에 대해 절단, 구멍뚫기 등의 가공을 할 수 있다. 공작이 완료된 각각의 교량부재는 공장 내 작업장에서 교량에 관련된 부분을 조립하게 되는데 이를 가조립이라 하며 가조립된 교량의 형상, 치수, 외관 등을 검사하는 것을 가조립검사라 한다.

① 쇠줄자의 검사

제작공장과 가설현장에서 사용하는 줄자는 정확도가 1급에 속하는 것이지만 원치수도면 작성시 줄자와 가설현장(架設現場)에서 하부구조측량에 이용된 줄자를 비교하여 엄밀히 검정을 해야 한다. 이는 줄자가 갖고 있는 정오차에 대한 보정이 교량부재의 정확도에 직접 영향을 주기 때문이다.

② 원치수검사

원치수도면을 작성하는 데 사용한 줄자가 검정시에 감독자가 오차보정이 이루어진 줄자라고 인정된 줄자와 같다는 것이 확인된 후 원치수도면과 설계도를 비교·검토하고 감독관의 지시사항을 면밀히 검토하여야 하며 전체길이, 지간길이, 폭원, 대각거리 및 높이(縱斷形狀), 휨, 부재길이, 부재단면, 보가곡선인 경우 곡선반경 등도 면밀히 검사할 필요가 있다.

③ 가조립검사

가조립검사는 최종적인 주요검사이므로 가설현장담당자도 입회하여 면밀히 조사해야 한다. 가조립검사의 목적은 부재가 정확히 제작되었는가를 확인하고, 부재간의 접합이 양호하며 조립된 전체가 규정된 형상과 수치로 되어 있는가를 확인하는 것이다. 또한 필요에 따라 휨도 관측한다.

(2) 가설 중 측량

가조립을 한 교량에서는 제원에 대한 문제점 및 가설공사 중의 보에 대한 위로 휨(camber)의 점검 등이 중요한 사항이다. 캠버측량(camber survey: 위로 휨을 측량)은 각 점에 대해 가설단계마다 실시하며 쓰러짐이나 비틀림 등도 측량한다. 공장에서 가조립한 경우는 가조립 당시의 자료를 설치 당시의 관측자료와 비교하여 검토하며 단면이 큰 경우는 온도분포차에 의한 보의 비틀림이나 휨이 일어나므로 측량시에는 이 점을 고려해야 한다. 원래 보의 위로휨은 교량공사 완공 후 10,000일 이후 최종 교량처짐량을 구한 후 그 값을 역으로 한 값을 뜻한다.

(3) 가설 후의 측량

가설이 완료되고 용접과 부재연결이 완결된 후에는 보의 캠버측량을 하고 지보공(支保工)을 철거한 후에는 상부구조의 하중에 의한 처짐을 점검한다. 상판 타설을 완료한 후 계획고로부터 포장, 지복(地覆), 난간의 처짐을 제외한 것 등에 대하여 점검하며 포장, 지복, 난간 등을 완료한 후에는 계획고를 측량한다. 교량가설 후에도 콘크리트의 건조수축이나 상부구조의 자중에 의해 처짐의 발생, PC(Prestress Concrete) 보에 의한 경우 피아노선의 이완에 의해 처짐 등이 생기므로 정기적인 점검이 필요하다.

7. 특수교량

(1) 사 장 교

① 사장교의 특성

사장교는 장대 지간장(일반적으로 200~900m)이 요구되는 하천, 해상 및 주위환경이 높은 타워와 조화를 이룰 수 있는 지역에 가설하는 교량으로 주자재는 케이블(cable)로써 각각의 케이블은 현수교보다 그 연장이 짧으므로 케이블 가설이 용이하다. 구조적 특징으로는 고장력케이블과 타워에 의해 주하중을 지지하고 현수교와 다르게 앵커리지블록이 필요 없다.

그림 8-15 주탑의 종류

H형 주탑

다이아몬드형 주탑

A형 주탑

I형 주탑

② 주탑 형상측량

주탑설치 후 초기형상을 측량하는 것으로 측량시기는 대기온도가 주탑에 균등하게 미치는 시점으로 동절기는 20시 이후, 하절기는 22시 이후 야간에 실시, 측량장비는 무타깃 TS, 온도계, 레벨, 기지점은 교량중심의 연직선 상에 설치하고 공사 종료시까지 유지관리한다. 주탑형상 측량은 주탑형상의 정점관측 계획에 의하여 설치된 반사시트를 관측한다. 사장교량에서 반사시트는 사장교량 공사 종료까지 유지하여야 한다. 케이블가설인 경우는 보강형 상단에 장애물이 없어야 하며 측량 시 바람 및 작업자 이동이 측량오차를 발생할 수 있으므로 측량사 이외의 모든 작업자를 철수시켜야 한다. 측량에 관한 측량시작시간, 대기온도, 주탑온도, 측량종료시간을 반드시 기입하여 성과표를 제출하여야 한다.

③ Key Segment 연결 후 형상측량

Key Segment는 전체를 같은 구간의 구간이나 부위로 나누었을 때의 기본적인 구간이나 부위로써 모든 공정을 완료한 후 Key Seg.(측경간 Key Seg.

그림 8-16 측경간 Key Seg. 가설

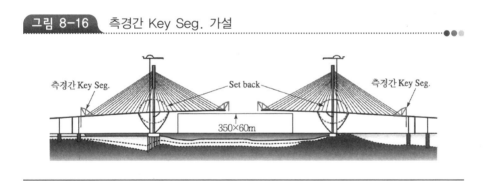

그림 8-17 주경간 Key Seg. 가설

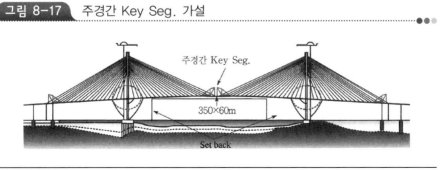

참조: 현장측량 실무지침서, (주)케이지에스테크, 구미서관, 2012.

가설, 주경간 Key Seg. 가설) 연결함과 동시에 최종의 공정까지 정밀한 관측을 한다. 주탑 및 보강형 최종자료를 관측할 경우, 감리원은 시방서에 기준한 정확도를 얻을 때까지 반복관측을 통한 해석으로 소요의 성과에 대한 검측을 한다. 주탑에 설치된 모든 반사시트는 주기적인 관측과 검사를 위해 준공시까지 유지하며 교량면의 포장 후 주탑정상 및 보강형 관측을 마친 후 설계실에 자료를 제출하여야 한다. 또는, 설계실에 제출된 최종 구조물성형해석성과를 감리원이 검측을 실시하여야만 모든 작업이 종료되는 것이다.

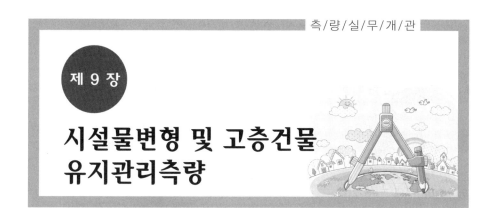

제 9 장

시설물변형 및 고층건물 유지관리측량

1. 시설물의 변형측량

변위관측은 위치변동이 없는 지점을 기준으로 하여 위치가 변동되는 지점의 변형을 관측하는 측량으로서 기준점과 대상물에 대한 정교한 관측점설치 작업이 가장 중요하다.

구조물이나 기초 지반 내부의 응력이나 변형량 관측은 관측 대상물 간의 상대적인 변형량만 관측하며 변위의 방향관측은 어려운 과제이다.

절대좌표에 의한 관측이 불가능하므로 전체 시설물의 거동(변동현상) 분석이 어려워 주로 국지적인 변위량 관측에만 활용된다.

(1) 측량에 의한 변형관측

① TS에 의한 변형관측

우선 위치변형이 없다고 판단되는 안정된 지반, 구조물 또는 건물 옥상 등에 어느 한 점을 원점(0, 0, 0)으로 하는 기준점망을 설치한다(최소 3점 이상의 트래버스망).

일반 TS로 일일이 반사프리즘을 관측하는 방법과 반사경 자동추적 기능을 가진 TS에 의한 무인 관측 방법이 있다.

정밀형의 TS를 사용해야 하며 각 정확도는 1″ 이내, 거리 정확도는

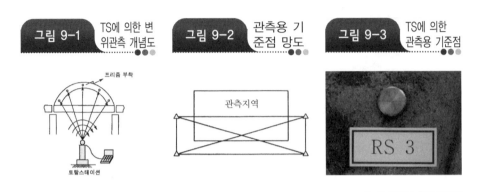

| 그림 9-1 | TS에 의한 변위관측 개념도 | 그림 9-2 | 관측용 기준점 망도 | 그림 9-3 | TS에 의한 관측용 기준점 |

| 그림 9-4 | TS 관측 광경 | 그림 9-5 | 관측용 프리즘 설치 광경 |

2mm+2ppm 이내이어야 한다.

　반사 프리즘은 강재 구조물의 경우 자석을 이용하여 아치표면에 부착하거나, 콘크리트 구조물인 경우 앵커에 부착하여 콘크리트 면을 굴착(drilling)한 후 설치한다.

　동일지점에서 TS로 프리즘을 연속 관측하여 3차원 자료를 취득, 교량의 거동을 분석한다.

　* 주의: 프리즘은 TS의 시준방향과 반드시 일치해야 하므로, 프리즘 설치 시는 일일이 TS로 프리즘을 시준하면서 정확히 방향을 맞추어 설치해야 한다.

　② GPS에 의한 변위관측

　가) 후처리 방법

　관측 지점에 GPS를 설치하고 연속 관측하여 자료를 저장한 다음 저장된 자료를 정밀 후처리하여 시간대별로 변위량을 분석함으로써 mm정밀도의 자료 취득이 가능하다.

자료는 GPS에 장착된 PCMCIA카드, 노트북 PC를 이용하여 현장에서 취득하거나 무선모뎀 또는 광섬유 케이블을 이용하여 사무실에서 전송된 자료를 취득하며, 후처리를 해야만 변위량을 알 수 있으므로 위험 예측 판단이 지연되고 일일이 자료를 수집하러 설치장소에 가야하므로 후처리 방법보다 DGPS 또는 실시간 처리 방법이 유리하다.

나) 실시간 처리방법

(ㄱ) RTK GPS에 의한 방법

기지국에서 생성한 위치보정신호를 이동국 GPS로 송신하여 이동국에서 변위 자료를 취득한다.

(ㄴ) 역정밀 GPS(Inverse DGPS)에 의한 방법

이동국 GPS에서 수신한 원시 자료를 그대로 기지국으로 송신하여 기지국에서 자료를 처리함으로써 변위 자료를 취득한다.

(ㄷ) 일반적으로 mm단위의 변위 관측이 가능하며 규정값 이상의 변위 발생시 자동위험 예측 신호를 가동하여 방재시스템으로도 활용 가능하다.

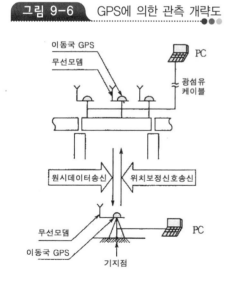

그림 9-6 GPS에 의한 관측 개략도

그림 9-7 교량상판의 GPS 관측

그림 9-8   현수교 주탑의 GPS 관측

2. 고층건물 유지관리를 위한 수직도 측량

종래의 건축측량은 바닥콘크리트 타설 후 골조 공사를 위한 기둥이나 벽체의 위치측량만 최초 1회 수행될 뿐, 일단 골조공사가 진행되는 동안에는 각 층에서의 모든 측량이 줄자에 의한 거리측량으로만 수행되며 더욱이 건물 내부에서만 측량이 이루어지므로 고층으로 올라갈수록 각 층간 구조물의 평면 위치에 오차가 발생하여 전체적으로 수직도에 결함이 발생될 소지가 매우 높다.

건축측량을 시행하여 건물의 코어(core)나 외벽시공시 콘크리트 타설 직전 거푸집의 정확한 위치를 3차원으로 정밀 관측하고, 그 설치오차를 조정함으로써 시공 당시부터 완벽한 수직도를 유지하고 관리하는 방안에 대하여 기술하고자 한다.

(1) 건축측량의 순서

그림 9-9

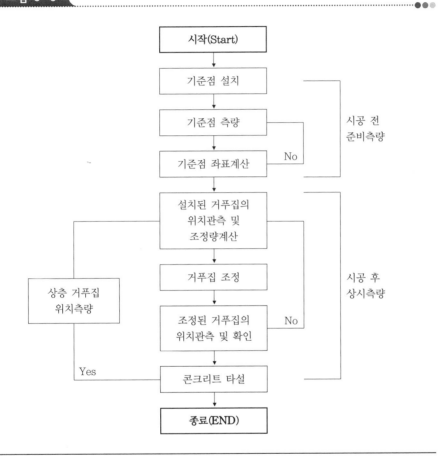

(2) 세부측량 계획 및 실시

① 기준점 측량

가) 폐합 트래버스 측량에 의한 기준점 망(network) 구성

기준점의 위치선정(선점: selecting station)은 인접 기준점간 시통이 양호한 지점이어야 하며, 인접 기준점 간에 고저차가 심하면 예각의 발생으로 오차가 커지므로 가능한 한 인접 기준점 간의 고도 시준각이 45° 이내가 되도록 고려하

여 선점한다.

고층 건물일수록 지상에 설치한 기준점에서 건물 상단부의 관측점 시준시 고도각이 커짐에 따라 시준도 어렵고 정확도도 저하되므로, 설계높이에 따라 지상 기준점을 건물 위치로부터 멀리하여 설치하되 시준 고도각이 45° 이내이면서 시준거리가 500m 이내인 조건이 되도록 근처빌딩의 옥상부에 기준점을 설치도록 한다.

나) 기준점 망도의 예(폐합트래버스 다각망 구성)

그림 9-10

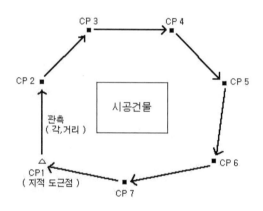

다) 기준점 좌표계산

지적도근점을 기지점으로 하여 CP1~CP2, CP2~CP3, CP3~CP4, ……
CP7~CP1의 방위각과 거리를 관측한 후, 모든 기준점이 상호간 균등한 정확도를 갖도록 최소제곱법에 의한 관측값 조정을 실시하여 각 기준점의 좌표값을 확정한다.

라) 기준점의 유지관리

지상 및 옥상부에 설치된 기준점 중 특히 지상부 기준점은 일반인에게 노출되어 있어 설치 후 위치변형의 가능성이 있으므로 주기적인 망조정 측량을 실시함으로써 정확도가 유지될 수 있도록 관리해야 한다.

② 코어(core) 및 외벽 시공측량

가) 측량시기

수직도 유지를 위한 측량은 코어부나 외벽부의 콘크리트 타설직전, 설치된 거푸집의 내측 모서리 지점의 평면좌표(X, Y)를 정확히 관측하여 설계 좌표와의 차이값을 계산함으로써 거푸집 조정량을 결정한다.

나) 측량방법

코어 및 외벽의 위치측량은 가능한 한 3차원 좌표의 직접취득을 원칙으로 함으로써 요구정확도를 유지할 수 있다.

다) 시공측량 흐름도

그림 9-11

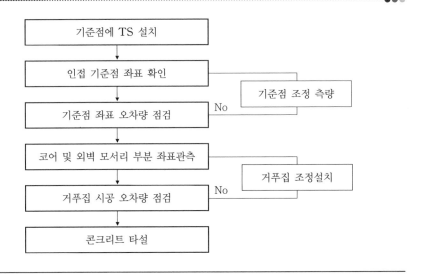

라) 코어 및 외벽의 좌표관측 광경

그림 9-12

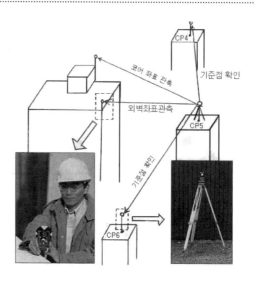

마) 코어 측량용 임시 기준점 측량

외벽의 시공 상태에 따라 코어부의 시준이 불가능할 경우 현재 시공된 층의 슬라브 면상에 임시 기준점을 설치하여 코어부를 직접 관측하여 좌표를 관측한다.

③ 코어 및 외벽의 수직도 검사측량

가) 측량코어 및 외벽의 수직도 검사측량 방법은 시공측량 방법과 동일하게 실시하며 설계좌표와 비교함으로써 손쉽게 오차량을 파악할 수 있다.

나) 측점 위치에 프리즘을 고정 설치하거나 또는 관측시마다 프리즘을 임시로 거치 하는 것 중 적합한 방법을 선택하면 된다.

다) 이미 시공이 완료된 구조물에서 변위 관측의 용도가 아니라면 반드시 프리즘을 고정으로 설치할 필요는 없다.

④ 시공측량 보고서의 작성

시공측량 보고서는 매 측량시마다 작성되며 기준점의 현황 및 좌표성과, 측량성과표 등이 성과품으로 제출된다.

가) 기준점의 현황 및 좌표성과

기준점 명	평면좌표		표고(m)	설치위치	비 고
	X (m)	Y (m)			
CP 1					
CP 2					
CP 3					
CP 4					

나) 측량성과표

(ㄱ) 코어부 측량 성과표

측점위치		설계좌표		시공좌표		시공오차량		비 고
		X (m)	Y (m)	X (m)	Y (m)	$\triangle$X (m)	$\triangle$Y (m)	
5층 코어	Pc 1							
	Pc 2							
	Pc 3							
	Pc 4							
10층 코어	Pc 1							
	Pc 2							

(ㄴ) 외벽 측량 성과표

측점위치		설계좌표		시공좌표		시공오차량		비 고
		X (m)	Y (m)	X (m)	Y (m)	$\triangle$X (m)	$\triangle$Y (m)	
10층 외벽	Pw 1							
	Pw 2							
	Pw 3							
	Pw 4							
10층 외벽	Pw 1							
	Pw 2							

⑤ 사용 측량장비 기준

본 측량과 같이 고도의 정확도를 요하는 측량에서는 오차의 주 원인이 되는 기계오차 및 시준오차를 최소화시키기 위해서 다음과 같은 성능 이상의 측량장비를 사용하여야 한다.

가) TS

각 관측 정확도는 2초 이내의 1급 데오도라이트 기능이어야 하며, 거리 관측 정확도는 2mm+2ppm 이내의 정밀 거리관측을 하여야 한다.

사용 측량장비로서 무타깃 TS는 거리관측 정확도가 낮으며 시준 정확도도 낮다.

나) 레이저 측량 장비류

각 관측 정확도가 낮으며, 레이저빔의 직경이 거리에 비례하여 확대되어 시준 정확도도 양호하지 않다.

다) GPS

후처리 방식인 경우 5mm+1ppm의 정확도로 거리관측 가능하나 망조정 시 좌표 편차가 커지고 현장에서 관측 성과를 알 수 없으므로 부적합하며 실시간 처리 방식인 경우 1~2cm의 위치 오차가 발생되므로 정밀 건축측량에는 부적합하다.

⑥ 관측값의 요구정확도

가) 오차의 요인

기계 오차는 ±2mm, 기준점 오차는 ±1mm, 기계 설치시 구심 오차는 ±1mm, 프리즘 설치 오차는 ±1mm를 요구하고 있다.

나) 오차의 총합

각 오차요인의 성질이 모두 다르므로 평균 제곱근 오차 공식에 근거하여 $\sqrt{2^2+1^2+1^2+1^2}$ mm=2.65mm이므로 안전율을 계산할 때 실제 기대 정확도는 ±4~5mm로 산정하는 것이 바람직하다.

제10장

사방공사측량

1. 개　　설

사방(erosion control)은 유역에서 토사생산과 유출에 의해 발생하는 재해를 방지하기 위한 건설사업이다.

우리나라는 산림의 임상(forest physiognomy)이 매우 빈약하고 지세가 급하여 비가 많이 내리게 되면 산지로부터 흙이나 모래가 많이 유실되고 하천의 흐름이 급격히 증가하여 홍수를 일으킨다. 하천이 범람하면 홍수로 인한 토사가 농경지, 가옥, 도로 등을 매몰 및 파괴시키며 하류에 밀려 내려온 토사는 하구의 항만을 메워 수심을 얕게 한다. 사방공사는 이와 같은 위험과 재해를 방지하기 위해 공익적 사업으로 시행되고 있다.

사방사업은 산림의 황폐를 방지하기 위한 예방사방, 이미 황폐된 산지를 복구하기 위한 복구사방으로 구분하기도 하고, 산지의 침식을 방지하고 복구하기 위한 토목시설물을 시공하는 토목공학적 방법, 황폐산지에 사방용 녹화방법인 직물학적 방법으로 구분하기도 한다.

2. 산복사방(hillside erosion control)측량

산복공사의 측량은 산복황폐지의 주변을 포함하여 충분한 범위까지 실시해

야 한다. 산복붕괴지의 측량은 시공지의 면적결정과 비탈다듬기공사의 토사량
산출, 공작물의 수량산출, 위치결정 등을 위해 실시한다. 측량의 종류는 지형측
량·종단측량·횡단측량 등의 세 가지로 구분된다.

(1) 지형측량

지형측량은 계문사방공사의 측량에 준하지만 산복사방공사의 지형측량은
산복황폐지의 면적 및 지황·지형의 기복·식재를 위한 토지 구분 및 그 주변의
지형조건을 파악하기 위해 실시한다. 대규모 원형붕괴지의 경우는 다각측량으로
하며, 소규모 원형붕괴지의 경우는 평판측량, 좁고 긴 붕괴지인 경우는 지단측
량에 의해 지형도를 작성한다.

(2) 종단측량

산복공사의 종단측량은 산복비탈면의 실태를 측량하는 것으로서 주로 산복
흙막이공사나 수로공사 등의 공작물배치·규모 및 비탈다듬기공사의 토사량 산
정을 위해 실시한다. 일반적으로, 붕괴지 내의 凹부에 축설하는 산복흙막이의
위치 또는 그 계획높이의 결정·수로공사·암거공사 등의 수량을 결정하는 데
기준이 되는 측량이다. 따라서 측점은 지형의 변화점·공작물의 배치·토지구분
의 변화 등을 고려하여 선정할 필요가 있다.

(3) 횡단측량

횡단측량은 지형측량과 종단측량에 의해 공작물의 위치·계획높이 등이 결
정되면 그 점에 대하여 종단방향과 직각이 되는 방향으로 지형조건을 측량한다.
즉, 공작물의 구조를 결정하고 이에 부수적으로 시공할 필요가 있는 각 요소,
예를 들면 바닥파기수량의 산출이나 기초의 검토 등을 하기 위해 실시한다.

또한, 비탈다듬기공사의 수량산출에 필요한 개소에 대해서도 횡단측량을
해야 한다.

특히, 붕괴지 상부의 무너지기 쉬운 곳의 비탈다듬기공사나 토사량의 산출
등에 있어서는 붕괴지 주위에 측점을 설치하고 이것을 기준으로 하여 횡단측량
을 실시한다.

(4) 산복흙막이측량

산복흙막이(soil arresting structures)는 산복경사의 완화, 붕괴의 위험성이

그림 10-1 산복흙막이

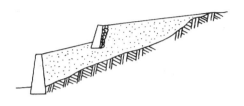

있는 비탈면의 유지, 매토층 밑부분의지지 또는 수로의 보호 등을 목적으로 산복면에 설치하는 것이다.

① **산복콘크리트벽흙막이**

산복비탈면의 흙층이 이동할 위험성이 있고 토압이 커서 다른 흙막이로는 안정을 기대하기 어려울 때 사용한다. 원칙적으로 높이는 4m 이하로 하며 천단 두께는 30cm이상으로 하고 앞면 경사는 1 : 0.3, 뒷면경사는 수직으로 하거나 토압에 대응하여 결정한다. 물빼기구멍은 지름 3cm 정도로 표면적 2~3m^{2}당 1개씩 설치한다.

② **산복돌흙막이**

옛날부터 사용되는 방법으로 찰쌓기흙막이와 매쌓기흙막이가 있으며, 현장에서 직접 질이 좋은 돌쌓기용 석재를 구입할 수 있을 때 사용한다. 찰쌓기인 경우, 높이는 3.0m 이하로 하며 메쌓기인 경우는 2.0m 이하로 한다. 높이를 증가시켜야 할 경우, 발디딤을 설치하여 2단이나 3단으로 쌓아 올리는 공법이 안전하며, 돌쌓기 경사는 1 : 0.3으로 하는 것이 좋다.

그림 10-2 산복돌망태흙막이

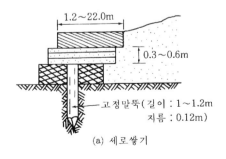 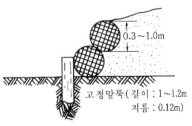

(a) 세로쌓기
(b) 가로쌓기

③ 산복돌망태흙막이

지반이 연약한 곳에 시공되는 경우가 많으며, 붕괴비탈면에 호박골과 자갈이 많은 곳에서 이것을 처리하기 위해 시공된다. 속채움돌은 지름이 15~30cm인 것이 좋으며 높이는 2.0m 정도로 한다.

3. 계문사방(valley erosion control)측량

계문사방이란 계류에서 유수에 의해 침식·운반·퇴적 등의 작용에 의한 재해를 방지하고 그 확대를 억제하기 위한 사방측량이다. 계문사방은 이용 목적에 따라 침식방지·유송토사의 저사조절·토석류의 억제·홍수조절·종침식방지 등으로 구분되며, 돌·자갈·모래 및 그 밖의 침식물질들을 억제하기 위해 계류를 횡단하는 장벽을 설치하게 되는데, 이것을 사방댐(erosion control dam)이라 한다. 사방댐을 설치하기 위해 종단면도·평면도·댐설계도 그리고 지상에 있는 기준점(B.M)에 맞춰서 댐마루 하류면의 선에 레벨로 철선을 시준하여 수평으로 잡아당겨 댐의 방향선을 정한다. 방향선은 작업에 지장이 없도록 댐마루 높이보다 2~3m 높게 정하고, 양끝은 견고한 말뚝에 고정하여 작업기간중 사용하도록 한다. 다음에 댐마루 높이의 위치를 정하고 방향선을 기준으로 하여 양안의 댐마루와 하류면 및 상류면을 표시하고 댐마루 줄띄기를 한다.

이때, 수평줄띄기판에 댐마루나비·댐마루의 중심선·방수로의 깊이 등을 도시하는 것이 좋다.

방향선에서 추를 내려 그 점을 기준으로 하여 터파기 깊이에 대응한 터파기선을 결정한다. 이와 같은 경우, 방향선은 16~18번 철선을 사용하고 방향선

그림 10-3 직선사방댐의 줄띄기

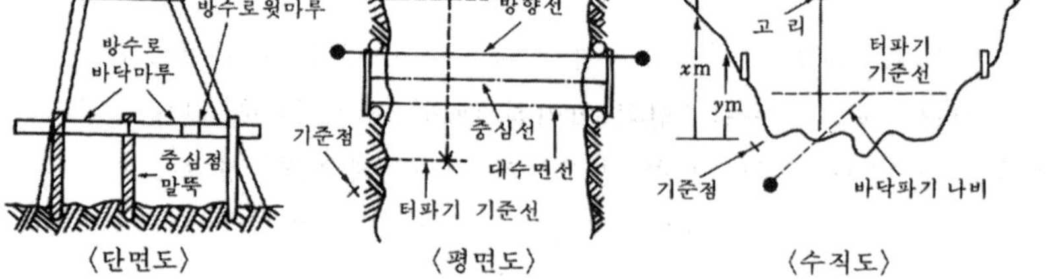

〈단면도〉　〈평면도〉　〈수직도〉

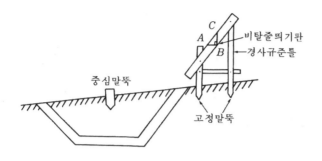

그림 10-4　터파기 경사측량

의 철선에 지름 2~3cm인 둥근 고리를 달아 이 고리에 내림선을 연결하여 추를 좌우로 이동하며 위치를 정한다. 터파기 경사는 원지반에 비탈어깨의 위치를 정하고 비탈말뚝과 비탈줄띄기판에 의해 정한다.

〈그림 10-4〉에서와 같이 줄띄기판비탈($\overline{CA}$)면의 경사를 필요한 경사가 되게 설치하여 그 경사에 맞춰 터파기경사를 정하면 된다. 즉, 터파기경사를 1 : 0.3으로 할 경우, $\overline{CB}$의 길이가 10, $\overline{AB}$의 길이가 3의 비율로 하고 각 B가 직각이 되도록 한 다음 C점에서 추를 내려 $\overline{CB}$를 추선과 일치시키면 $\overline{CA}$면이 1 : 0.3의 경사를 나타낸다.

4. 하천사방(river erosion control)측량

본 절에서의 하천사방은 야계와 야계적 하천, 하천 등에서 이루어지는 사방공사를 의미하며, 야계이란 유로가 비교적 짧고 경사가 급하며 그 유량이 강우 또는 눈이 녹음으로써 급격히 증가하여 계암 또는 계류바닥을 침식시켜 모래·자갈 등을 생산하고 이동시켜 하류에 퇴적시키는 하천의 상류부를 뜻한다.

하천사방은 계문사방의 연장으로서 둑쌓기와 비탈면 보호측량에 대해서 서술한다.

(1) 둑쌓기측량

둑쌓기에서 계획을 수립할 때는 축시토량의 양부, 운반기계의 선택, 흙 운반노선의 합리적 배치, 시공시기에 따른 계약, 시공방법, 경제성 및 다음 공사나 다른 공사와의 관련성에 따라 상세히 검토하여 계획적으로 시공한다. 둑의

그림 10-5　둑쌓기의 방향과 형상측량

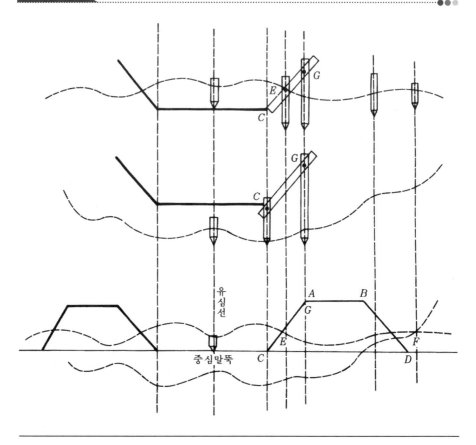

방향과 형상을 결정하기 위한 측량은 첫째, 개수유심의 중심말뚝을 기점으로 하고 중심점을 통과하는 유심선을 실줄 등을 이용하여 임의 높이에 설치한다. 둘째, 이 유심선에 직각으로 줄을 설치하여 수평이 되게 한다. 이와 같은 줄설치를 기준선이라 한다. 셋째, 설계도에 의하여 중심점에서 현 하상과 둑바깥비탈과의 교점까지 거리를 찾아 기준선에서 수선을 내려 현 하상의 잠정적 비탈밑점을 정하고 말뚝을 박는다(〈그림 10-5〉의 E점). 넷째, 둑높이 및 경사 등을 고려하여 적당한 거리를 정하고 기준선상의 점에서 수선을 내려 하상상의 점을 정한 다음 말뚝을 박는다(〈그림 10-4〉 G점). 다섯째, 잠정적으로 박아둔 비탈밑점·말뚝 상류 또는 하류면을 평지로 깎은 다음 비탈밑점에 말뚝을 박고 이것에 줄을 매어 설계에 지시된 비탈로 줄을 비탈지게 하여 먼저 박은 말뚝과 이 비탈선과

의 교점에 표시한다. 여섯째, 판의 변을 이 표시점과 일치시키고 이동하지 못하
도록 못을 박는다. 이것으로 둑의 바깥비탈을 결정한다. 일곱째, 다시 이 비탈
선에서 임의의 상하 두 점에서 설계도에 의하여 둑의 나비를 취하고 두 개의 말
뚝을 박으면 안쪽 비탈이 결정된다. 여덟째, 이 양쪽 판자면에 설계도에서 지시
된 둑마루선의 두 점을 기록하고 일정한 길이의 판자를 박아둔다. 이때, 둑마루
선의 결정은 둑의 여유 높이를 가산한 높이로 해야 한다.

(2) 비탈면 보호측량

둑비탈면을 보호하기 위해 떼붙이기 · 돌붙이기 · 콘크리트블록붙이기 · 콘크
리트블록격자틀붙이기 · 아스팔트붙이기 · 돌망태붙이기 · 점토붙이기 등이 있으
며, 이들 방법 중 어느 것이든 현장상황에 맞도록 유연성 있는 방법적용이 필요
하고 적시에 부분적인 보수가 가능한 것이어야 한다. 그러나 유수 · 유목 등에
의한 외력이 적은 곳에서는 특별한 보호공법이 필요하지 않고 전면 떼붙이기나
줄떼다지기로도 충분하다.

5. 조경사방(landscape erosion control)측량

조경사방은 주로 자연적인 산복사방에서보다도 인위적으로 만든 여러 가지
땅깎기비탈면이나 흙쌓기비탈면 및 각종 개발 훼손지에 대한 복구 · 안정 · 녹
화 · 경관조성 등에 더욱 중점을 두고 있다.

(1) 비탈면 격자틀붙이기

길이 1.0~1.5m 되는 직면각형 콘크리트블록을 사용하여 격자상으로 조립
하고 골조에 의해 비탈면을 눌러 안정시키는 방법이다.

그림 10-6 비탈면격자틀 내의 채우기

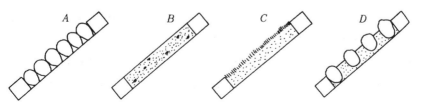

그림 10-7 비탈면 콘크리트블록쌓기

(2) 비탈면 콘크리트블록쌓기

비탈면의 안정을 위해 각종 쌓기용 콘크리트블록을 사용하여 산복흙막이와 같은 방법으로 쌓아 올리며, 경사가 1 : 0.5 이상인 비탈면에 규칙적으로 쌓는다. 쌓기블록은 정사각형 또는 다각형을 이루고 있으며 길이는 35~45cm이다.

(3) 낙석방지망덮기

철사망 또는 합성섬유로 짠 망을 사용하여 비탈면에서의 낙석이 도로 등지에 튀어내리지 않고 망을 따라 미끄러져 내리도록 하거나, 부석을 눌러 주도록 하기 위해 사용한다.

망의 크기는 50×50cm 정도이며, 철사망은 1ton 정도의 돌을, 합성섬유 망은 100kg 이내의 돌을 대상으로 한다.

초구장측량

1. 개 요

최근 급속한 경제성장에 의해 국민생활이 윤택해짐에 따라 여가선용을 위한 위락(recreation)시설이 급증하고 있다.

이러한 위락시설 중 초구장은 단순한 유기장시설로서가 아니라 관광진흥대책과 지역 경제발전에 기여하는 공공사업의 차원에서 평가되고 있다.

초구장(golf field)은 일반적으로 골프경기경로(golf course), 골프클럽, 컨트리클럽(country club) 등으로 호칭되고 있으며, 설계에서는 토지의 선택, 경기경로의 기본설계, 초구장휴게소의 기본설계로 나눌 수 있다.

초구장 대상지역이 결정되면 항공영상탐측에 의해 1/1,000, 1/3,000, 1/5,000 등의 지형도를 작성하고 현지를 답사하여 필요사항을 지형도에 기입한다. 초구장경로는 18개의 표준경로규정을 고려하여 예상경로를 상호 조정하여 배치한다.

초구장 전체지역에 대한 지형도는 시공용(1/1,000~1/2,000), 휴대용(약 1/3,000), 안내용(약 1/5,000)으로 각각 작성하며 출발구역(Tee)으로부터 마무리 풀밭(green)까지의 구역인 홀(hole)설계도 평면도, 종단면도, 횡단면도를 횡축척이 1/1,000, 종축척이 1/500~1/200으로 작성한다. 측점은 선수권자출발구역(champion tee)을 기준점으로 하여 20m 간격으로 배치하며 타구(batting)도와 마무리풀밭설계도는 축척이 1/300~1/500 되게 작성한다.

2. 부지의 선택

(1) 부지의 조사

부지의 조사에는 현황, 입지조건, 자연환경 등을 조사한다.

① 부지의 현황조사

부지의 현황조사는 현주소, 지적, 절대농지유무, 토지소유자, 지역권, 지가의 동향, 가옥의 이전, 고압선과 같은 장애물의 유무 등을 조사한다.

② 경영에 있어 필요한 입지조건 조사

위치, 대상도시의 초구인구, 교통사정, 주변의 기존초구장에 대한 경영실태, 용수, 전기, 가스, 전화, 관광지, 숙박시설 등을 조사한다.

③ 자연환경조사

지형, 면적, 부지의 방위, 사면의 방향, 지질, 표토두께, 암석의 상태, 수질, 수량, 주변환경, 삼림, 기상, 기후풍토 등을 조사한다. 특히, 기상에 대한 조사에서 일조시간, 강우량, 온도 0℃ 이하의 기간, 여름과 겨울철의 건습도, 풍향, 풍속, 강설량, 천둥·번개의 발생상황 등을 자세히 조사한다.

(2) 부지의 조건과 면적

① 부지의 조건

초구장으로서 개발될 수 있는 부지의 적합조건은 여러 가지 조건이 있으며, 그중 중요한 요소를 서술하면 다음과 같다.

첫째, 경관이 아름다우며 공기가 좋아야 한다. 둘째, 기복이 완만한 곳으로 적은 굴곡이 있으며 평야에 가까운 곳이 좋다. 셋째, 초구장 내에 호수나 늪, 유수, 샘이 있는 곳이 좋으며, 수목이 잘 조성된 곳이 적합하다. 넷째, 남북방향에 횡으로 자리잡고 있어 태양광선이 경기에 장애가 되지 않는 곳이 좋다. 다섯째, 물이 풍부하고 좋은 음료수를 얻을 수 있는 곳이 좋다.

② 부지의 면적

1경로(18홀)의 표준면적을 계산할 때, 1-마무리풀밭(green)인 경우 면적은 약 55만m², 2-마무리풀밭인 경우 면적은 약 60만m²이고, 연습장은 2만m², 초구장휴게소건물 외에 3만m²로 하여 총 60~65만m²(18~20만 평)가 된다. 부지의

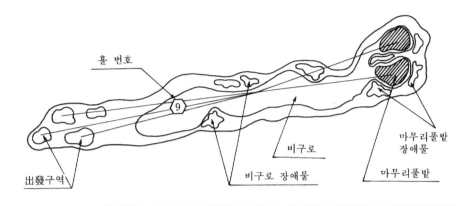

그림 11-1 경로계획

형상과 지형을 만족하는 면적을 고려할 때, 평지(표준면적×110%; 20~22만 평), 구릉지(표준면적×130%; 24~26만 평), 산지(표준면적×150%; 27~30만 평)를 고려해서 면적을 산정한다.

3. 초구장경로의 계획

고대의 경로는 스코틀랜드의 사구에서 엄격한 조건하에 시작하여 오늘날에는 다양하게 변화하는 경로로 변천되어 왔으며, 각 초구장마다 경로가 다양하며 동일한 것이 없지만 규칙이 허용하는 범위 내에서 경로가 결정되고 있다.

(1) 경로와 홀(course and hole)

1경로에는 18개의 홀이 있으며 1번 홀에서 시작하여 18번 홀에서 끝나게 된다. 정규 1회경기(정규 round)는 위원이 지시하는 경우를 제외하고 정규순서로 경기하는 것을 의미하며 정규 1회경기의 홀수는 위원의 지시가 없으면 18개이다.

1번 홀에서 9번 홀까지를 전반경로(out course)라 하고, 10번 홀에서 18번 홀까지를 후반경로(in course)라 한다.

경로에는 경기할 홀의 출발구역(tee-ground), tee-ground와 putting ground 사이의 구역인 안전비구로(fair-way), 득점구(hole)를 위하여 특별히 정비된 구역인 마무리구역(또는 경타구역; putting green, putting ground), 모래

장애물(bunker) 등으로 이루어지며, 장애물은 위치에 따라 횡방향장애물, 측방
향장애물, 안내장애물이 있다. 안내장애물은 과거에는 마무리풀밭(green)에 밀
착해 있던 것이 지금은 10~20m 떨어져 만들어지고 있다. 또 안전비구로 부근
에서 횡방향장애물은 작아지고 있고, 측방향장애물은 장애물로서의 역할이 강해
지고 있다. 횡방향장애물은 안전비구로의 중앙에 옆으로 길게 놓여 있는 것으로
출발구역에서 150~180m 근처에 설치하여 장타력의 유무를 가린다. 측방향장
애물은 안전비구로의 좌우나 잡초가 우거진 곳인 불안전비구로(rough)와의 경계
선에 놓여 있어 굽은 과오타(miss shot)나 경기장외구역(OB; Out of Bound) 안
에 들어가지 않게 하는 벙커이다. 안내장애물은 마무리풀밭 주위에 설치하는 것
으로, 기교, 구제 및 전략성의 세 가지 목적에 의해 만들어진다.

(2) 기준타수(par)와 거리

기준타수는 숙련된 경기자인 경우, 목적된 홀에 대해 기대되는 타수로서,
기준타수가 3인 것을 단거리홀(또는 소타수구역; short hole), 4인 것을 중거리홀
(또는 중타수거리; middle hole), 5인 것을 장거리홀(또는 다타수구역; long hole)로
명칭되어 있으며 〈표 11-1〉은 기준타수와 거리와의 관계를 표시한 것이다.

〈표 11-1〉로부터 단거리홀과 중거리홀, 장거리홀의 표준거리를 나타내면
각각 160~250야드, 340~470야드, 480~600야드이다(기준타수와 야드는 〈표 11-
1〉 참조).

■■ 표 11-1 기준타수와 거리

기 준 타 수	남 자	여 자
3	250 야드 이하	210 야드 이하
4	251~470 야드	211~400 야드
5	471 야드 이상	401~575 야드
6	-	576 야드 이상

(3) 비구선(line of play)

비구선을 플레이선이라고도 하며 비구선의 거리변화는 장거리홀과 단거리
홀의 거리를 교대로 연결하여 변화를 주며 같은 거리의 홀을 연결하여 거리변화
가 없는 것도 있다. 일반적으로는, 장거리홀 다음에 단거리홀을 연결하는 것이

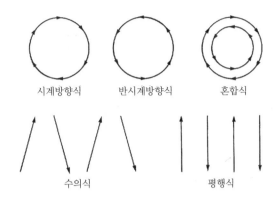

그림 11-2 비구선(line of play)의 방향

시계방향식　　반시계방향식　　혼합식

수의식　　　　　　　평행식

좋다.

비구선의 방향은 〈그림 11-2〉와 같이, 시계방향식, 반시계방향식, 혼합식, 수의식, 평행식이 있다.

시계방향식과 반시계방향식은 볼을 지면(ground)상에 떨어지기 쉽도록 한 방법이며, 전반에는 시계방향식을 이용하고 후반에는 반시계방향식을 이용하며 혼합식은 이 두 방법을 조합한 형태이다.

수의식과 평행식은 비구선을 평행 또는 조금 경사지게 한 것으로 단조로운 형태이다. 그러나 부지의 형상에 적합한 배치를 위해 여러 가지 방법을 혼합시킬 수 있으나 비구선이 교차되는 것은 허용되지 않는다.

(4) 홀의 폭과 변화

① 홀의 폭과 굽은 경로(dog-legs)

안전비구로의 주변은 장해구역(hazard), 둔덕(mound)과 수림 등이 있으며, 안전비구로의 폭은 장해구역이 배치된 부근은 60야드, 수림이 있는 곳은 80야드의 여유가 필요하다.

굽은 경로(dog-legs)는 홀 내의 비구선 방향을 변화시켜 안전비구로를 곡선으로 하고 각도를 주는 것이다(〈그림 11-3〉).

절점에서 비구선의 각도는 30°에서 최대 90°까지 임의로 정하게 된다.

② 인접 홀과의 관계

마무리풀밭과 다음 출발구역(tee)과의 거리는 경기도중 볼에 의한 위험을 방

그림 11-3 홀의 폭과 굽은 경로(dog-legs)

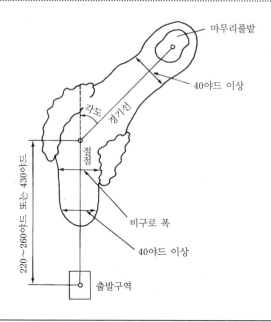

그림 11-4 그린과 다음 홀의 출발구역까지의 거리

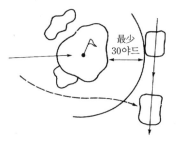

지하기 위해 여유를 두어야 하며, 일반적으로 30야드~60야드로 하고 있다(〈그림 11-4〉).

마무리풀밭부터 출발구역까지의 높이 차는 완만하게 하며 7m 이상일 경우는 리프트(lift)가 필요하다.

(5) 마무리풀밭(green)

마무리풀밭은 마무리구역의 초지로 종타초지, 또는 그린이라고도 하며, 그 형상은 평지형, 접시형, 기복형이 있으며, 평지형은 단조로운 형태의 마무리풀밭이며, 접시형은 중앙에 홀이 있으며 중력의 원리에 의해 공이 중앙으로 모이게 되어 있고, 후방경사면 위에 홀이 있으면 공을 치기가 어렵다. 기복형은 경기자의 기량을 발휘할 수 있는 형태이나 지나친 기복은 유해하다. 그린과 지형의 관계를 이용하여 크게 세 가지로 나누면 산정형마무리 풀밭, 산복형마무리풀밭, 곡형마무리풀밭이 있다.

산정형마무리풀밭은 산정에 있는 마무리풀밭으로 마무리풀밭상에 도달하는 데 어려우며, 마무리풀밭에서의 풍경이 좋고 스포츠적인 마무리풀밭이다. 산복형마무리풀밭은 공의 휨을 바로잡아 주며 장타구(long drive)에 대해 공의 구름

그림 11-5 마무리풀밭(green)의 종류

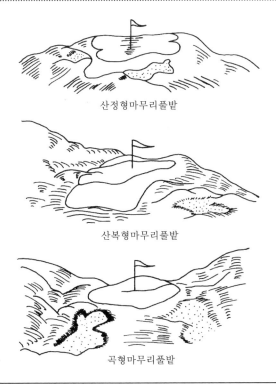

산정형마무리풀밭

산복형마무리풀밭

곡형마무리풀밭

그림 11-6   마무리풀밭(green)과 모래장애물(bunker) ....●●●

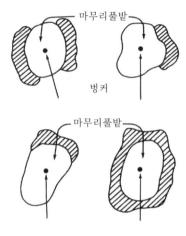

을 막아 주어 가장 원만한 형태이다. 곡형마무리풀밭은 앞의 두 형에 비해 단조
로우며, 홀에 접근하기 쉽게 되어 있어 경기용으로는 적합지 않다. 따라서 마무
리풀밭 주위에 모래장애물(bunker)을 설치할 필요가 있다.

　　마무리풀밭 주위에 모래장애물을 설치하는 위치에 따라 여러 가지로 구분
할 수 있으나 〈그림 11-6〉에서 나타난 형태가 대표적인 경우이다.

4. 초구장휴게소(club house)

　　초구장휴게소는 품위가 있으며 쾌적한 공간을 갖는 것이 좋다. 초구장의
중심이 되는 초구장휴게소는 경치가 아름답고 조화가 잘 이루어져야 하며 품위
가 있어야 한다.

　　위치도 높은 곳보다는 중간위치에 있어 접근이 쉽게 되어야 한다. 초구장
휴게소 및 부대시설을 구분하여 서술하면, 첫째, 초구장휴게소 본체에는 대합
실, 사무실, 욕실, 세면실, 매점, 식당, 주차장, 거실, 건조실, 기계실 등이 위
치해야 한다. 둘째, 초구장휴게소의 부대시설로서 정화조, 취수시설, 발전소,
소각장, 오락실 등이 있다. 그 외에 대피소, 종업원숙소 등이 필요하다.

■■ 표 11-2 표준코스의 파와 야드지(yardage)

야드지	레이팅	표준코스				전장 7,000야드의 코스 예				
		레이팅	표준 야드지	홀수	표준 전장 (야드)	파	레이팅	표준 야드지	홀수	표준 전장
~125	2.7									
126~145	2.8									
146~165	2.9	파-3								
166~185	3.0	3.0	175.5	4	702	파-3	3.0	175.5	2	351
186~205	3.1									
206~225	3.2						3.2	215.6	1	215.5
226~245	3.3						3.3	235.6	1	235.5
246~265	3.4									
266~285	3.5									
286~305	3.6									
306~325	3.7									
326~345	3.8									
346~365	3.9	파-4					3.9	355.5	1	355.5
366~385	4.0	4.0	375.5	10	3,755		4.0	375.5	2	751
386~405	4.1					파-4	4.1	395.5	2	791
406~425	4.2						4.2	415.5	2	831
426~445	4.3						4.3	435.5	2	871
446~465	4.4						4.4	455.5	1	455.5
466~485	4.5									
486~505	4.6						4.6	495.5	1	495.5
506~525	4.7						4.7	515.5	1	515.5
526~545	4.8					파-5				
546~565	4.9	파-5					4.9	555.5	1	555.5
566~585	5.0	5.0	575.5	4	2,302		5.0	575.5	1	575.5
586~605	5.1									
606~625	5.2									
626~645	5.3									
646~665	5.4									
666~	5.5									
		파 72		홀 18	6,759	파 72	77.6		홀 18	6,999

■■ 표 11-3 야드지(예)

Hole No.	A.G.C					H.C.C									
	PAR	HCP	Champ	Reg	Diff	PAR	HCP	Summer Green				Winter Green			
								Champ	Reg	Front	Diff	Champ	Reg	Front	Diff
1	4	9	350	330	20	4	9	427	410		17	393	376		17
2	4	3	400	370	30	5	3	531	484		47	528	482		46
3	4	13	345	305	40	3	17	154	125		29	164	135		29
4	3	17	175	150	25	4	11	375	348		27	365	339		26
5	5	1	495	470	25	4	5	398	363		35	400	365		35
6	3	15	170	140	30	5	1	562	532		30	537	505		32
7	4	7	430	400	30	4	13	347	320		27	357	330		27
8	5	5	535	480	55	3	15	209	187		22	192	171		71
9	4	11	440	395	45	4	7	444	396	368	48 (76)	438	390	360	48 (78)
Out	36		3,340	3,040	300	36		3,447	3,165	3,137	282 (310)	3,374	3,093	3,063	281 (311)
10	4	12	355	335	20	4	4	477	433		44	423	380		43
11	5	2	535	490	45	4	10	372	338		34	383	349		34
12	4	14	435	390	45	3	16	180	139		41	183	142		41
13	4	8	385	350	35	5 (4)	2	520	472		48	498	446		52
14	3	18	175	140	35	4	6	439	411		28	410	383		27
15	4	4	350	315	35	4	14	352	318		43	365	332		33
16	3	16	215	185	30	4	8	399	372		27	361	334		27
17	5	6	570	530	40	3	18	194	174		20	198	178		20
18	4	10	390	355	35	5	12	551	507	455	44 (96)	513	473	417	40 (96)
In	36		3,410	3,090	320	36 (35)		3,484	3,164	3,112	320 (372)	3,334	3,017	2,961	317 (373)
Total	72		6,750	6,130	602	72 (71)		6,931	6,329	6,249	602 (682)	6,708	6,110	6,023	598 (684)

제12장

측량기기

1. 거리측량기

거리의 관측은 측량작업 중에서 가장 기본적인 것으로 주로 줄자를 사용하였다. 그러나 최근 관측장비의 발달로 신속하고 정확한 값을 요구하는 측량분야에서는 줄자의 특성, 관측방법에 따른 많은 소요시간 및 오차 발생 등으로 특수한 경우 이외는 전자기파거리측량기 및 특수거리 관측장비에 의하여 거리를 관측하고 있다. 거리측량기에는 직접 거리측량용 장비와 간접 거리측량용 장비가 있다.

(1) 직접 거리측량용 장비

줄자로 측량할 경우 사용되는 기기로는 천줄자, 강철줄자, 인바줄자, 측승, 폴, 장력계 등이 있다.

① **천줄자**(베줄자, 권척, 천 테이프, cloth tape)

가는 동(銅), 또는 놋쇠 줄을 넣고 짠 헝겊 테이프에 폭 15mm 정도의 마포에 눈금을 새겨 그 위에 도료를 한 것이 천줄자이다. 천줄자는 휴대 및 사용하기가 편리하지만, 건습 및 장력에 대하여 신축이 심하므로 정확도가 낮다. 종류는 20m, 30m, 50m 등이 있다.

그림 12-1 각종 거리관측 기구

측승(비닐줄자), 포권척, Steel tape, 초시계, 핸드클립, 장력계

---

② **강철줄자**(steel tape)

강 줄자는 폭이 10mm 정도의 강철에 mm 단위로 눈금을 새긴 것으로 정밀한 거리관측에 사용할 수 있으나 온도의 변화에 대한 신축보정을 해야 하며, 녹이 슬기 쉽고 무거우며 사용 도중 테이프가 꺾어지면서 부러질 수 있는 단점이 있다.

③ **인바 줄자**(invar tape)

삼각측량의 기선과 같이 높은 정확도를 요구하는 거리관측에는 인바테이프나 인바와이어를 사용한다. 인바는 강철과 니켈의 합금으로 팽창계수는 강철테이프의 1/10이다.

④ **측승**(measuring rope)

동(銅) 또는 황동의 철사를 파손이나 신축의 오차를 적게 하기 위하여 비닐로 입혀서 직경 3mm, 길이는 30~100m로 만든 줄자이다.

⑤ **폴**(pole)

폴은 관측점의 방향을 결정할 때, 관측점의 위에 세워 관측의 위치를 표시하는 데 사용되는 것으로 직경 3cm, 길이는 2~5m 등이 있으며 멀리서도 식별이 잘 될 수 있도록 20cm마다 흰색과 붉은 색으로 칠을 하였다.

⑥ **장력계**(spring balance)

정밀한 거리를 관측할 때, 강 줄자를 일정한 장력으로 끌어당기는 데 이용되는 기기로 일반적으로 장력은 5~12kg이나 20kg까지 잴 수 있다.

(2) 간접 거리측량용 장비

간접 거리측량용 장비로는 평판, 트랜시트, 데오돌라이트, 항공 및 위성영상, VLBI, GPS, SLR 등이 있다. 측량학개관(박영사 간)에서 중요한 사항은 이미 언급하였으므로 여기서는 최신 가장 많이 이용되고 있는 전자기파 거리측량기에 관하여만 간략하게 기술한다.

전자기파거리측량기는 전파 및 광파에 의한 간접거리측량기로써 전파에 의한 것은 전파거리측량기[관측가능거리 약 100m~60km, 정확도 ±(15mm+5ppm× D)]라 하고 광파에 의한 것은 광파거리측량기[관측가능거리: 근거리용 약 1m~1km, 원거리용은 약 10m~60km, 정확도 ±(5mm+5ppm×D)]라 한다. 전파거리측량기로는 tellurometer, 광파거리측량기로는 geodimeter, 최근 전자기파를 이용한 광파종합관측기인 TS(Total Station)는 수평거리뿐만 아니라 수직거리(높이), 경사거리, 각(수평각, 수직각, 경사각)을 동시에 관측하여 각종 위치 활용분야에 이용되는 측량장비이다. TS는 각 측량기에서 다루기로 한다.

2. 고저측량기(level)

(1) 레벨의 종류 및 특징

① **Y-레벨**(Y-level)
덤피레벨보다 기기조정이 쉬우나 자주 조정하여야 하며 정확도가 낮다.

② **덤피레벨**(dumpy level)
Y-레벨의 조정보다 많은 어려움이 있으나 정확도가 높다.

③ **절충형 레벨**(combined level)
Y-레벨 및 덤피레벨의 장점만을 택하여 만든 레벨이나 조정시간이 많이 소요되고 중량도 무거우므로 현재 거의 사용하지 않는 레벨이다.

④ **미동레벨**(tilting level)
정밀 수준측량용에 이용되는 레벨로 망원경, 수준기 및 수직축의 각도를 미동나사로 움직일 수 있다.

그림 12-2 미동레벨(Tilting level, 기포상 합치식)

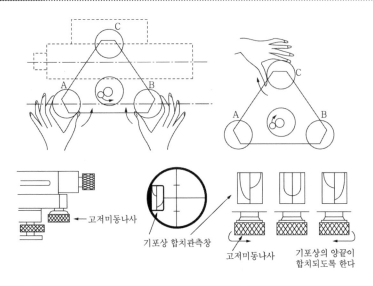

고저미동나사

기포상 합치관측창

고저미동나사

기포상의 양끝이
합치되도록 한다

⑤ **자동레벨**(automatic level)

이 레벨을 보정장치(補整裝置: compensator)를 가진 레벨로써 원형기포관 등으로 대략 기계를 수평으로 세우면 망원경 속에 장치된 광학장치에 의하여 자동적으로 시준선이 수평으로 되므로 간편하게 높은 정확도의 고저값을 쉽게 얻을 수 있다.

⑥ **레이저 레벨**(laser level)

거리 100m에 약 ±10mm의 오차가 발생하나 신속하기 때문에 주로 토공량 측량 등에 많이 사용한다. 관측하려는 지점에 레이저 beam을 발송하여 표척에 부착된 프리즘을 이용하여 고저차를 구할 수 있다.

⑦ **핸드레벨**(hand level)

가까운 거리의 간단한 고저측량에 사용하는 레벨로 길이 15cm, 직경 3cm의 놋쇠 관에 수준기가 부착되어 있고, 관속에는 45° 각도로 프리즘(프리즘의 반은 거울이고 반은 투명함)이 장치되어 있다. 기계를 손에 들고 대략 수평으로 하여 시준공에서 들여다보면 기포가 반사되어 기포가 가로줄에 의해 2등분된다. 이때 기계고는 자기의 눈높이로 하여 가로줄과 일치된 표척의 눈금을 읽으면 고저차값을 구할 수 있다.

그림 12-3 자동레벨과 핸드레벨

(a) 자동레벨

(b) 핸드레벨

⑧ **경사관측 핸드레벨**(clinometer Hand level)

핸드레벨에는 간단한 수직각을 관측할 수 있도록 분도원을 부탁시킨 것으로 수평면에 대한 고저값을 관측할 경우에는 버니어의 0과 분도원의 0°를 맞추어 일반적인 핸드레벨과 같이 사용한다.

수직각을 관측할 경우에는 관측대상물을 시준하고, 수준기 조정나사를 돌려서 기포가 가로줄로 2등분되었을 때의 각도를 읽으면 수직각 값을 얻을 수 있다.

(2) 표척(함척: staff)**의 읽음**

그림 12-4   표척

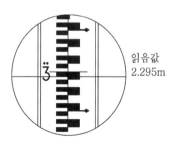

읽음값
2.295m

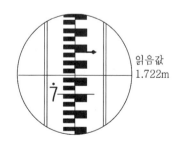

읽음값
1.722m

■■ 표 12-1 관측수부(야장)

측점	후시	전시		기계고	지반고	정확치	오차	점수
		이기점	중간점					
No.0	1.567			12.067	10.500			
No.1			1.214		10.853			
No.2			0.984		11.083			
No.3			−2.410		14.477			
No.4	3.684	3.865		11.886	8.202			
No.5			2.314		9.572			
No.6			−3.243		15.129			
No.7	2.684	2.507		12.063	9.379			
No.8			1.643		10.420			
No.9			4.473		7.590			
No.10		0.260			11.803			
계	7.935	6.632			1.303	OK		

검산 $\Delta H = \Sigma BS - FS(TP) = 7.935 - 6.632 = 1.303$
(참고) 기계고(IH)=지반고(GH)+후시(BS)
지반고(GH)=기계고(IH)−전시(FS)

(3) 레벨 구조 및 주요 명칭

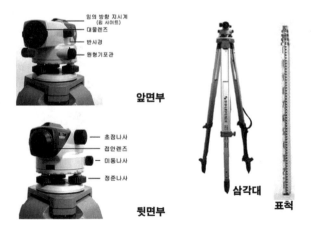

임의 방향 지시계
(립 사이트)
대물렌즈
반사경
원형기포관

앞면부

초점나사
접안렌즈
미동나사
정준나사

뒷면부

삼각대

표척

(4) 각종 레벨

엔틱 레벨   엔틱 레벨   일본 엔틱 레벨

탑콘 자동레벨 AT-B4   소끼아 자동레벨 B40   회전식 레이저 레벨 PL-1

(5) 레벨 세우기

① 삼각대를 지면에 고정시킨 후 반사경을 보면서 정준나사를 이용하여 원형기포를 정중앙에 위치

② 정준 작업 완료 후 망원경 상부의 방향지시계를 이용하여 표척의 위치 확인 후 시준

③ 접안렌즈 조정나사를 이용하여 십자선의 선명도 조정

④ 대물렌즈 조정나사를 이용하여 자신의 시력에 맞도록 초점을 맞춘다.

⑤ 미동나사를 이용하여 표척의 중앙에 십자선을 위치시켜 눈금을 읽은 후 야장 기입

그림 12-5   삼각대 조정

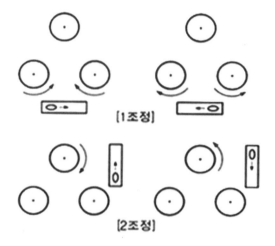

3. 각측량기

각을 관측하는 측량기에는 트랜시트, 데오돌라이트, 광파종합관측기(TS) 등이 있다.

그림 12-6   트랜시트

그림 12-7   데오돌라이트

그림 12-8   광파종합관측기(TS)

(1) 트랜시트(transit)

트랜시트는 미국에서 주로 사용되는 각관측기로 망원경의 길이가 길고, 망원경에 수준기가 부착되어 있다. 트랜시트의 분도원은 얇은 금속판에 눈금이 새겨서 있고, 컴퍼스가 부착되어 컴퍼스 측량이 가능하다. 정준나사가 4개이고 구심은 추에 의하여 이루어진다. 각관측은 1′, 30″, 20″, 10″ 읽기 등이 있는데 버니어 읽기가 매우 불편하고 배율이 작아 정밀도가 낮아 현재 거의 사용하지 않는 각관측이다.

(2) 데오돌라이트(theodolite)

유럽지역에서 주로 사용되는 각관측기로는 망원경의 길이가 짧고 배율이 커서 트랜시트보다 주로 정밀하다. 망원경에는 수준기가 없으며, 분도원의 눈금은 정밀도를 높이기 위해 유리판에 새겨져 있다.

수평분도원에는 컴퍼스가 없어 컴퍼스 측량을 할 수 없으며, 정준나사는 3개이고 구심은 추 대신에 광학적 구심장치에 의하여 이루어진다. 각관측은 10″, 5″, 1″까지 읽을 수 있다.

최근 많이 이용되고 있는 전자식 데오돌라이트는 측미경에 의하여 관측된 각이 액정영상면(screen)에 수치적으로 직접 표시된다.

각도를 관측할 때에는 기준점을 시준하고 0-set만 누르면 0°0′0″가 되고 수평고정나사를 풀고 다음 점을 시준하면 수평각과 수직각이 함께 액정영상면에 나타난다.

(3) 광파종합관측기(TS: Total Station)

① TS의 의의

TS는 거리[수평, 수직(고저차) 및 경사거리]와 각(수평, 수직 및 경사각)을 동시에 관측할 수 있고 내장된 컴퓨터에 의해 위치(거리, 수평 및 수직위치)값을 얻을 수 있다. 또한 관측된 자료를 연계하여 자동적으로 지형도제작, 면적계산, 3차원 지형공간정보 취득에 의한 지형공간정보체계(GIS) 및 다양한 위치활용 필요분야에 기여되고 있는 측량장비이다. TS는 전자식 데오돌라이트 기능과 컴퓨터시스템에 소프트웨어가 내장되어 있는 전자기파거리측량기(EDM: Electromagnetic Distance Measuring) 기능을 동시에 가지고 있는 장비이다. TS는 사용시 수평축 방향과 시준축 방향이 어느 정도 경사가 있어도 보정값을 연산하여 수직각과 수평각을 자동으로 보정하여 준다.

또한 TS는 관측된 자료를 컴퓨터에 직접 저장하고 처리할 수 있으며 3차원 지형정보 취득으로부터 데이터베이스의 구축 및 지형도 제작까지 일괄적으로 처리할 수 있어 GIS뿐만 아니라 다양한 분야에 활용가능한 관측장비로 기여하고 있다.

② TS의 종류

TS에는 일반형 TS, 모터구동형 TS(측설점을 자동시준), 무타깃형 TS(반사경 없이 측량이 가능), 무타깃 모터구동형 TS(반사경 없이 측량이 가능하며 측설점을 자동으로 시준), 반사경추적형 TS(이동중이라도 반사경이 자동으로 추적하여 시준) 등이 있다.

③ TS의 사용방법

사용방법은 전자식 데오돌라이트와 같고 컴퓨터시스템과 소프트웨어가 내장되어 있으므로 각관측 기능과 전자기파거리측량기(EDM) 기능을 동시에 가지고 있어 각과 거리를 관측하는 즉시 관측점에 대한 좌표까지도 신속 정확하게 계산될 수 있다. 기계가 수평축 방향과 시준축 방향에 어느 정도 경사가 있어도 보정값을 연산하여 수직각과 수평각을 자동으로 보정하여 준다.

또한 수천 점의 입력된 자료를 저장할 수 있는 장치가 있어 컴퓨터에 의한 추가적인 계산도 할 수 있어 공사측량, 노선측량, 트래버스측량, 지형측량, 세부측량 등에서 신속 정확하게 측량을 할 수 있다.

④ TS 구조 및 주요명칭, 삼각대, 프리즘

그림 12-9 TS 종별

앞면부　　　　　뒷면부　　　　　삼각대

Topcon GTS-233N　　SOKKIA series 10　　Leica TC-1100

Topcon GPT-7501　　Pentax　　Geodimeter

⑤ TS 세우기

가) 기계점에 삼각대를 적당한 넓이로 하고 망원경의 중앙이 눈의 높이보다 약간 아래에 위치하도록 세운다.

나) 대략적인 정준과 구심을 맞춘 후 삼각대를 지면에 고정시키고 구심경을 보면서 정준나사를 이용하여 정확한 구심을 맞춘다.

다) 삼각대의 신축조정나사를 이용하여 원형기포관이 중앙에 위치하도록 정준 작업을 한다.

라) 구심경을 통해 구심을 확인한다.

마) 2개의 정준나사에 평행하도록 평형기포를 위치시킨 후 제1조정 작업한다.

바) 망원경 본체를 연직방향으로 회전시켜 제2조정 작업을 수행한다.

사) 다시 한 번 구심경을 통해 구심을 확인한다.

아) 기계의 조작 버튼을 이용하여 기계점(A)의 좌표값(N,E)을 입력한다.

자) 후시점(B)을 정확하게 시준 후 수평각(방위각)을 입력한 후 확인 버튼을 선택한다.

차) 미지점(프리즘)을 시준한 뒤 관측을 실시하여 거리, 방위각, 좌표를 확인하여 야장에 기입한다.

카) A점에서의 관측이 끝나면 B점으로 이동하여 가)~자)까지의 작업을 반복한다.

타) B점에서 방위각은 역방위각을 입력한다.

제13장

항공영상 촬영계획시 고려사항, 영상면판독 및 국토지리정보원의 기준양식

1. 항공영상 촬영계획시 고려사항

(1) 촬영계획

촬영계획(撮影計劃, flight planning 또는 design)을 세울 때는 우선 촬영기선 길이, 촬영고도 및 C계수, 등고선간격, 촬영경로, 표정점의 배치, 영상면 매수, 촬영일시, 촬영카메라 선정, 촬영계획도 작성, 지도의 사용목적, 소요의 영상면 축척, 정확도 등을 고려한 작업이 되도록 해야 한다. 여기서는 위의 사항 중 몇 가지만 설명하기로 한다.

① 영상면 축척

렌즈 중심에서 영상면에 내린 수선의 길이를 주점거리(f), 기준면으로부터 렌즈 중심까지의 높이를 촬영고도(H)라 하면 기준면에 대한 영상면 축척 (imagery or photo scale: m 또는 s)은 다음과 같다.

$$M = \frac{1}{m} = \frac{l}{s} = \frac{f}{H} \tag{13.1}$$

여기서 m은 영상면 축척 분모수, l은 영상면상의 길이, s는 실제 거리이다.

지표면은 고저차가 있으므로 영상면 축척은 지형의 고도에 따라 달라진다. 따라서 항공영상탐측에서는 평균고도를 촬영기준면으로 한다.

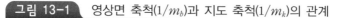

그림 13-1 영상면 축척($1/m_b$)과 지도 축척($1/m_k$)의 관계

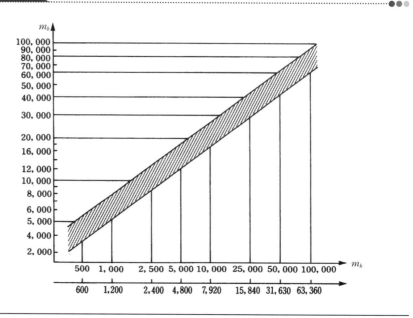

예제 13.1 고도가 400m인 지형을 초점거리 150mm인 카메라로 촬영고도 3,100m에서 촬영한 항공영상에서의 영상면 축척은 얼마인가?

풀이 축척 $= \dfrac{f}{H-h} = \dfrac{0.15}{3,100-400} = \dfrac{1}{18,000}$

항공영상으로 제작하려는 지형도의 축척($1/m_k$)과 영상면축척($1/m_b$)과의 관계는 〈그림 13-1〉과 같다. 그림에 나타난 범위는 필요한 지도의 정확도, 지형, 기준점의 상황 및 사용하려는 입체도화기 등을 고려해 결정한 것이다.

② 중복도 및 촬영기선길이

항공촬영은 동일 촬영경로 내에서 인접영상면 간의 종중복(end lap) p는 입체시를 위해 최소한 50% 이상이나 일반적으로 60%의 중복도(over lap)를 주며, 인접한 촬영경로(course) 사이의 횡종복(side lap) q는 최소 5% 이상이나 일반적으로는 30%의 중복도를 주어 촬영한다.

산악지역(한 입체모형 또는 영상면상에서 고저차가 촬영고도의 10% 이상인 지역)이나 고층빌딩이 밀집한 시가지는 10~20% 이상 중복도를 높여서 촬영하거나 2단 촬영을 한다.

그림 13-2 중복촬영

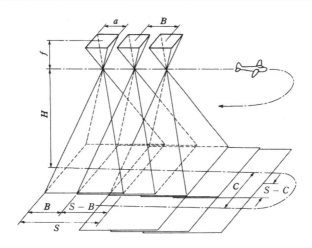

이는 영상면상에 가려서 보이지 않는 부분인 사각부분(dead area)을 없애기 위함이다. 〈그림 13-2〉과 같이 1촬영경로의 촬영 중 임의의 촬영점으로부터 다음 촬영점까지의 실제거리를 촬영기선길이(air base) B라 하며, 촬영경로간격을 나타내는 C를 촬영횡기선 길이라 한다.

$$B = 영상면크기의\ 실제\ 거리(s) \times \left(1 - \frac{p}{100}\right) \tag{13.2}$$

$$C = 영상면크기의\ 실제\ 거리(s) \times \left(1 - \frac{q}{100}\right)$$

여기서 영상면크기의 실제 거리 s는 영상면 한 변의 크기 a에 축척 분모수 m을 곱한 것이므로 다음과 같다.

$$s = ma = \frac{H}{f}a$$

대축척도면 제작시 기복 변위량(또는 偏位量)을 작게 하기 위해서는 중복도를 증가시킨다. 주점기선길이는 인접하는 중복영상면에서 첫째, 영상면의 주점(主點)과 둘째, 영상면 주점 간의 영상면상에서의 길이이다.

- 모형(model): 50% 이상 중복된 한 쌍의 영상면으로 입체시되는 모형으로 입체모형이라고도 한다.
- 스트립(strip): 영상면이나 model이 종방향(촬영 진행방향)으로 접합된 형태로 종접합모형이라고도 한다.
- 블록(block): 영상면이나 model이 종횡으로 접합된 형태이거나 스트립이 횡으로 접합된 형태로 종횡접합모형이라고도 한다.

③ **촬영경로 및 촬영고도**(또는 촬영거리)

촬영경로는 촬영지역을 완전히 덮도록 촬영경로 사이의 중복도를 고려해 결정한다. 도로, 하천과 같은 선형물체를 촬영할 때는 이것에 따른 직선 촬영경로로 촬영하며 일반적으로 중축척(영상면축척이 약 1/20,000 정도)인 경우 촬영경로길이는 약 30km를 한도로 한다. 이는 한 촬영경로를 10~15입체모형(model)을 기준으로 하는 통례에 따른 것이다. 또한 넓은 지역을 촬영할 경우 일반적으로 동서방향의 직선촬영경로를 취하지만, 남북으로 긴 지역에서는 남북방향으로도 계획한다. 촬영고도(또는 촬영거리, H: flight height)는 영상면축척과 사용카메라의 초점거리가 결정되면 계산할 수 있으며, 촬영기준면을 계획지역 내의 평균기준면(또는 저지면)을 기준으로 하여 촬영고도를 결정한다. 또한 지도제작에 이용하려는 도화기와 요구하는 등고선의 간격에 의해 촬영고도를 결정할 수도 있다.

■■ 표 13-1 영상면축척과 비행고도 및 다른 제원(諸元)

영상면축척	초점거리 [mm]	촬영고도 H [m]	촬영기선 길이 B [km]	촬영경로 간격 [km]	한변의 실제거리 [km]	지형면적 [km²]	입체모형 유효면적 [km²]
1: 5,000	21	1,050	0.36	0.63	0.90	0.81	0.23
	15	750	0.46	0.81	1.15	1.32	0.37
1:10,000	21	2,100	0.72	1.26	1.80	3.24	0.91
	15	1,500	0.92	1.61	2.30	5.29	1.48
1: 15,000	21	3,150	1.08	1.89	2.70	7.29	2.04
	15	2,250	1.38	2.42	3.45	11.90	3.34
1:20,000	21	4,200	1.44	2.52	3.60	12.96	3.63
	15	3,000	1.84	3.22	4.60	21.16	5.92

$$H = C \cdot \Delta h \tag{13.3}$$

여기서 C: American C-factor로서 도화기 정밀도에 따른 상수.

1급은 1,600~ 2,000, 2급은 800~1,200, 1,200~1,600, 3급은 600~800

Δh: 최소등고선 간격

④ 유효(대상, 피복, 포함, 포괄)면적(A)의 계산

가) 유효면적계산

영상면 한 변의 길이가 a(영상면이 정사각형인 경우), 또는 a, b(영상면이 직사각형인 경우)일 때 m은 영상면이 축척이다.

(ㄱ) 영상면 한 매의 경우

$$A_0 = (a \cdot m)(a \cdot m) = a^2 \cdot m^2 = \frac{a^2 H^2}{f^2} = \frac{ab}{f^2} H^2 \tag{13.4}$$

(ㄴ) 단촬영 경로(single course, strip: 영상면이 종방향으로 접합된 모형)인 경우 유효입체모형면적

$$A_1 = (m \cdot a)\left(1 - \frac{p}{100}\right)(m \cdot a) = A_0\left(1 - \frac{p}{100}\right) \tag{13.5}$$

(ㄷ) 복촬영 경로(courses, block: 영상면이 종횡방향으로 접합된 모형)인 경우 유효입체모형면적

$$A_2 = (m \cdot a)\left(1 - \frac{p}{100}\right)(m \cdot a)\left(1 - \frac{q}{100}\right)$$
$$= A_0\left(1 - \frac{p}{100}\right)\left(1 - \frac{q}{100}\right) \tag{13.6}$$

나) 입체모형수 및 영상면매수

(ㄱ) 안전율을 고려한 경우

$$영상면매수(N) = \frac{F}{A} \times (1 + 안전율) \tag{13.7}$$

여기서 F: 촬영대상지역의 면적

A: 영상면의 유효면적이다. 단촬영경로인 경우는 A_1을, 복촬영경로일 때는 A_2를 택한다. 안전율은 일반적으로 30%로 한다.

(ㄴ) 안전율을 고려하지 않은 경우

종방향 입체모형수$(D)=(S_1 \div B)$

횡방향입체모형수$(D')=(S_2 \div C)$

단촬영 경로의 영상면 매수$(N)=D+1$ (13.8)

복촬영 경로의 영상면 매수$(N')=(D+1) \times D'$ (13.9)

복촬영 경로의 입체모형수$(N_m)=D \times D'$ (13.10)

여기서 S_1: 촬영경로의 종방향길이

$\quad\quad S_2$: 촬영경로의 횡방향길이

$\quad\quad B$: 촬영종기선길이

$\quad\quad C$: 촬영횡기선길이(횡중복에 있어 주점 간의 실제 길이)

다) 지상기준점측량의 작업량

절대표정(또는 대지표정)을 하기 위하여 필요한 지상기준점은 한 모형(model)당 수평위치기준점(영상면의 축척조정용) 2점과 수직위치기준점(영상면상의 고저조정용) 3점(횡방향 2점, 종방향 1점)이 소요된다.

수직위치 기준점측량은 왕복측량으로 이루어지기 때문에 왕복촬영을 할 경우에는 촬영종기선 방향으로 왕복측량을 하고 촬영횡기선 방향으로 촬영경로수에 1을 더하여 왕복측량을 수행한다.

작업량은 수평위치기준의 점수와 수직위치기준측량에 대한 거리[km]를 계산하면 된다.

수평위치기준점수=입체모형의 수×2

수직위치기준측량=[촬영경로의 종방향길이×{2(촬영경로의 수)+1}

$\quad\quad\quad\quad$+촬영경로 횡방향길이×2]km

단, 항공삼각측량일 경우는 별도로 작업량을 계산한다.

예제 13.2 초점거리 300mm인 보통각 카메라로 촬영고도 750m에서 종중복도 60%, 횡중복도 30%로 가로 2km 세로 1km인 지역을 촬영해 1/500 지하시설물도를 작성하려고 한다. 영상면크기가 23×23cm일 때 안전율을 고려한 경우의 영상면매수와, 안전율을 고려하지 않은 경우의 기준점 측량작업량을 구하시오. 단, 안전율은 30%이다.

[풀이] 영상면축척 $M=\dfrac{1}{m}=\dfrac{f}{H}=\dfrac{0.03}{750}=\dfrac{1}{2,500}$

촬영기선 $B=m\cdot a\left(1-\dfrac{p}{100}\right)=2,500\times0.23\times\left(1-\dfrac{60}{100}\right)=230\text{m}$

촬영경로 $C=m\cdot a\left(1-\dfrac{q}{100}\right)=2,500\times0.23\times\left(1-\dfrac{30}{100}\right)=382.5\text{m}$

가) 안전율을 고려한 경우

유효입체모형면적 $A_0=m^2a^2\left(1-\dfrac{p}{100}\right)\left(1-\dfrac{q}{100}\right)$

$\qquad\qquad\qquad\qquad =B\times C=0.088\text{km}^2$

영상면매수 $N=\dfrac{F}{A_0}\times1.3=29.5\rightarrow30$매

나) 안전율을 고려하지 않은 경우

단촬영경로의 입체모형수 $D=\dfrac{2}{0.23}=8.7\rightarrow9$ 입체모형

촬영경로수 $D'=\dfrac{1}{0.39}=2.6\rightarrow3$ 촬영경로

입체모형수$=D\times D'=27$ 입체모형

영상면 매수 $N=(D+1)\times D'=30$매

삼각점수$=$입체모형수$\times2=27\times2=54$점

고저측량거리$=2\times(2\times3+1)+1\times2=16\text{km}$

(2) 항공영상촬영

항공영상촬영은 일반적으로 운항속도 180~200km/h 정도의 소형항공기를 이용하는데, 최근에는 도시의 대축척지도 제작에 100km/h의 항공기도 이용된다. 높은 고도에서 촬영한 경우는 고속기(高速機)를 이용하는 것이 좋으며, 낮은 고도에서의 촬영에서는 노출 중의 편류(偏流)에 의한 영향에 주의할 필요가 있다. 촬영은 지정된 촬영경로에서 촬영경로 간격의 10% 이상 차이가 없도록 하고, 고도는 지정고도에서 5% 이상 낮게 또는 10% 이상 높게 진동하지 않도록 직선상에서 일정한 거리를 유지하면서 촬영한다. 또 앞뒤 영상면 간의 회전각 (즉, 편류각)은 5° 이내, 촬영시기 카메라 경사(camera tilt)는 3° 이내로 해야 한다.

1촬영경로의 촬영에 요하는 시간은 일반적으로 15~20분이며 1일 촬영시간을 3시간이라 할 때 8~10 촬영경로의 촬영이 가능하다. 또 1일 촬영가능면적은 촬영지역의 형상과 촬영축척에 의해 달라진다. 항공영상촬영은 태양각이 45° 이상으로 구름이 없는 쾌청일이 최적이나 30° 이상이면 촬영이 가능하며, 이 경우

시간은 오전 10시부터 오후 2시경까지이다. 또한 우리나라 연평균 쾌청일수는 80일 정도이다. 대축척영상면은 저고도이므로 구름이 어느 정도 있거나 태양각이 30° 이상(산악은 30° 이상, 평야는 25° 이상)인 경우에도 촬영이 가능하다.

① 노출시간

촬영할 때 카메라 조리개의 노출시간(exposure time)은 항공기의 초속, 흔들리는 양, 영상면 축척분모수, 사용하는 필름의 감광도, 필터의 성질, 촬영목적물에서의 반사광 분광(分光, spectral)분포 등을 고려해야만 한다.

여기서 최장 및 최소노출시간의 계산식은 다음과 같다.

$$T_l = \frac{\Delta S_m}{V} \tag{13.11}$$

$$T_s = \frac{B}{V} \tag{13.12}$$

여기서 T_l: 최장노출시간[s]

T_s: 최소노출시간[s]

V: 항공기의 초속

ΔS: 흔들리는 양[mm]

B: $B = 0.23 \times \left(1 - \frac{p}{100}\right) \times m$ (단, p는 종중중복)

m: 축척 분모수

② 영상면처리

촬영을 마친 필름은 될 수 있는 한 빨리 현상하고, 다시 밀착양화(密着陽畵)를 만들어 촬영의 좋고 나쁨을 검사한다. 영상면의 검사는 그 이용목적에 따라 판정의 주안점이 다르나, 일반적으로 다음 사항을 검사한다.

영상면의 중복부분에 필요한 검사구역의 공백부가 없고, 구름이나 구름의 그림자가 찍히거나 수증기나 스모그영향이 없으며, 영상면축척이 지정된 촬영경로와 중복도(최소한 종중복은 50% 이상, 횡중복은 5% 이상)를 만족해야 하고, 영상면의 경사는 3° 이내, 편류각은 5° 이내여야 하며, 영상면에 헐레이션(halation: 강한 광선으로 상이 흐려짐)이 없어야만 영상을 재촬영하지 않는다.

(3) 표 정 도

항공영상의 표정도(標定圖, orientation or index map)란 영상면에 촬영되어 있는 구역을 기존의 지도상에 표시한 것이다. 표정도의 축척이 너무 작으면 표정구역이 부정확하게 되며 너무 크면 표정도 매수가 너무 많아 불편하므로 일반적으로 영상면축척의 1/2 정도의 지형도가 적당하다. 촬영 전에 만드는 촬영계산도(flight map)도 영상면축척의 1/2되는 지형도를 이용한다. 우리나라에서는 1/25,000, 1/50,000의 국가지형도 등이 이용되고 있다.

① 표정도의 작성순서

우선 각 영상면상에서 대응하는 지표를 연결하고 그 교점(주점)을 붉은색 연필 등으로 ○ 표시한 다음 지도상에서 각 주점의 위치를 구한다. 이때 주점 부근의 명확한 지물을 찾아서 그 위치를 표시하고 영상면번호를 기입한다. 또한 이 주점 위치를 연결해 촬영경로를 정하고 촬영경로번호 등을 기입한 다음, 영상면의 네 모퉁이 위치를 지도상에서 구하고 이들을 연결해 각 영상면의 촬영범위를 기입한다.

② 표정도에 기입할 사항

표정도에 기입할 사항은 각 주점의 위치(촬영범위), 각 촬영경로의 번호와 각 영상면의 번호, 촬영카메라의 종류(카메라번호 등도 기입)와 렌즈의 초점거리, 촬영연월일, 촬영고도, 영상면축척, 기준면의 높이, 그 밖의 촬영목적, 촬영기관, 필름의 보관 장소, 필름번호 등이다.

(4) 촬영영상면의 성과검사

항공영상이 영상탐측학용으로 적당한지의 여부를 판정하기 위해서는 중복도(重複度) 이외에 영상면의 경사, 편류, 축척, 구름의 유무 등에 대한 검사를 하고 부적당하다고 판단되면 바로 전부 또는 일부를 재촬영해야 한다.

다음은 재촬영을 해야 할 경우이다.

① 촬영필요구역의 일부분이라도 촬영범위 외에 있는 경우, ② 종중복도가 50% 이하이고 연속영상면 중 중간의 것을 제외한 그 영상면상에 중복부가 없는 경우, ③ 지역촬영의 영상면에서 두 인접 촬영경로 사이에 횡중복도가 5% 이하인 경우, ④ 촬영시 음화필름이 평평하지 않아 영상면상이 흐려지는 경우, ⑤ 스모그(smog: 연무, 수증기 등으로 인해 영상면상이 선명하지 못한 경우, ⑥ 구름 또는 구름의 그림자, 산의 그림자 때문에 지표면이 밝게 찍혀 있지 않은 부분이 영상면의 상당한 면적을 차지하는 경우, ⑦ 일반적인 경우 적설 등으로 인해 지표면의 상태가 명료하지 않은 경우 등

항공영상에 대한 좋고 나쁨의 판정은 미묘하고 어려운 문제로 좋은 영상면

상이 갖추어야 할 조건은 다음과 같다.

① 촬영카메라의 조정검사가 완전히 되어 있을 것, ② 카메라 렌즈는 왜곡차(歪收差)가 작고(일반적으로 0.05mm 이하), 해상력이 50선/mm 이상(0.02mm 이하), 흑백선 하나하나의 영상소 크기는 $1/(50 \times 2) = 10 \mu m = 0.01mm$ 이하일 것, ③ 노출시간이 짧고(일반적으로 1/250초 이하), 노출시간 중항공기의 운동에 의한 영상에 대한 변형이 분해능 이하일 것, ④ 필름은 신축, 변질의 위험성이 없고 특히 종횡 불균일한 신축이나 변위가 작을 것, ⑤ 필름의 유제(乳劑)는 미립자이고 현상처리 중에 입자가 엉키지 않을 것, ⑥ 도화(圖化)하고자 하는 구역이 공백부 없이 영상면의 입체부분으로 찍혀 있을 것, ⑦ 구름이나 구름의 그림자가 찍혀 있지 않을 것. 또한 가스나 연기의 영향도 없을 것, ⑧ 적설, 홍수 등 이상상태일 때의 영상면이 아닐 것, ⑨ 영상면축척이 미리 지정된 축척에 가까우며 각각의 영상면축척의 차가 적을 것(일반적으로 종중복은 50%), ⑩ 각 촬영경로 사이에 공백부가 없고 그 중복도가 지정된 값(일반적으로 횡중복은 30%)에 가까운 것일 것, ⑪ 각 촬영경로(course)의 편류각이 3° 이내일 것, ⑫ 미리 지정된 표정점이 전부 촬영되어 있을 것, ⑬ 영상면상에 부분적인 흐름이나 얼룩 또는 극히 강한 농담 및 명암의 차, 헐레이션이 없을 것

이 밖에도 지도의 목적이나 토지의 상황에 따라 여러 가지 조건이 부가되어야 한다.

(5) 영상탐측에 필요한 점

① 표 정 점

영상면상에 나타난 점과 그와 대응되는 실제의 점과의 상관성을 해석하기 위한 점을 표정점(orientation point) 또는 기준점(control point)이라 한다.

가) 표정점의 선점

표정점(標定點) 선점(選點)시에 주의할 사항은 다음과 같다.

표정점은 X, Y, H가 동시에 정확하게 결정될 수 있는 점이어야 하며 영상면상에서 명료한 점을 택해야 한다. 촬영점에서 대상물이 잘 보여야 하며 시간적으로 변하지 않아야 한다. 가상점을 사용하지 않아야 하며 경사가 급한 대상물면(또는 지표면)이나 경사변환선상을 택해서는 안 된다. 헐레이션이 발생하기 쉬운 점을 택해서는 안 되며 표정점은 되도록 원판의 가장자리에서 1cm 이상 떨어져서 나타나는 점을 취하는 것이 바람직하다. 또한 표정점은 대상물에서 기준이 되는 높이의 점이어야 한다. 영상면의 색조가 전반적으로 흑색이나 회색

이 함께 있는 곳보다는 기선에 직각방향의 일정한 농도로 되어 있는 편이 바람 직하며, 영상면상의 표고 표정점 주위에 적어도 약 10cm 정도는 평탄해야 하고 급격한 색조의 변화가 없어야 한다.

나) 표정점의 종류

(ㄱ) 자연점

자연점(natural point)은 자연물로서 영상면상에 명확히 나타나고 정확히 관측할 수 있는 점으로 선택되어야 한다.

(ㄴ) 기준점

기준점(지상기준점, control point 또는 GCP: Ground Control Point)이란 대상물(또는 지상)의 수평위치(x, y)와 수직위치(z)의 기준이 되는 점을 뜻하는 것으로 그 선점에 있어서 주의할 점은 다음과 같다.

첫째, 확실한 기준점으로 표지(또는 대공표지)되는 점으로서 촬영 전 반드시 점검(또는 야외정찰)해야 하며 영상면상에서 확실히 알 수 있도록 뚜렷이 표시해야 한다. 둘째, 확실한 지상기준점으로 촬영 전에 대공표지(對空標識)가 되지 않은 점은 야외측량사에 의한 스케치 점을 이용하거나 현지측량도면 등을 이용해 영상면상에서 구별할 수 있게 해야 한다. 셋째, 확실한 지상기준점이나 영상면상에서의 구별이 곤란한 점은 지상기준점으로부터 영상면상에서 쉽게 구별이 되는 다른 자연점 또는 대공 표지점 가까이로 관측해야 한다. 넷째, 확실한 지상기준점이 없는 경우(촬영 전의 야외작업이 없을 경우)의 수평위치기준점의 조건은 주위에 대해 대비가 되는 것이어야 한다. 또한 높은 지역의 수직위치기준점은 그 점(또는 기준면)에 관측표를 놓을 때 최대정확도를 갖도록 평탄지역 내에 있어야 한다. 따라서 하나의 기준점이 수평위치기준점과 수직위치기준점에 동시에 적합할 수는 없다.

② 보조표정기준점

가) 종접합점

종접합점(pass point)은 좌표해석이나 항공삼각측량 과정에서 접합표정에 의한 스트립 형성(strip formation)을 하기 위해 사용되는 점으로 두 입체모형(model) 사이의 중복부에서 선택되며 연속된 세 영상면상에 나타난다. 종접합점은 상접합점(a), 중심접합점(c), 하접합점(b)으로 나누어지는데, 상하접합점은 Ω의 조정이 잘 되도록 입체모형의 모서리 가까이에 선택한다. 점 a, b는 wing point라 하고 c는 central point라고도 한다.

항공삼각측량의 결과로 얻어진 좌표값은 좌표를 필요로 하는 과정[도화작업,

 그림 13-3 종접합점

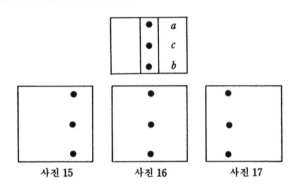

사진 15   사진 16   사진 17

수치형상모형(DFM : Digital Feature Model-수치고도모형(DEM), 수치외관모형(DSM), 수치지형모형(DTM), 절대표정 등)]에 이용된다.

   나) 횡접합점

   횡접합점(tie point)은 좌표해석이나 항공삼각측량 과정 중 종접합점(strip)에 연결시켜 블록(종횡접합모형, block)을 형성하는 데 사용된다. 이 점들은 스트립(종접합모형, strip) 사이의 횡중복 부분의 중심에 위치하며 일반적으로 입체모형(mode)당 한 점씩 택하지만, 경우에 따라 수개 입체모형당 한 점씩 택할 때도 있다. 높은 정확도가 필요하지 않은 경우에는 입체모형당 2개의 횡접합점이 필요하다. 입체모형이나 종방향, 또는 횡방향의 접합시 이용되는 접합점을 tie point라고도 한다.

   ③ 자 침 점

   이상의 점들에 있어서 이들의 위치가 인접한 영상면에 옮겨진 점을 자침점(刺針點, prick point)이라 한다. 자침점은 정확히 분별할 수 있는 자연점이 없는 지역, 예를 들면 산림지역이나 사막지역에 특히 유용하다.

   좌표해석이나 항공삼각측량 및 도화를 위해 종접합에 대하여 점이사(點移寫)가 행해지고, 또한 스트립에서 세 영상면 중 가운데 영상면에서 한 번 자침되는 데 이들 점을 인접영상면에 옮길 필요는 없다. 횡접합점의 자침점은 각 스트립(strip)에서의 관측을 동시에 할 수 없으므로 인접 스트립에 이사하는데, 이와 같이 인접영상면에 점(주점, 표정점, 접합점 등)을 옮겨 자침점을 만드는 작업을 점이사(點移寫, point transfer)라고 한다. 자침의 정확도는 영상면상에서

0.2mm가 한도이다.

1/20,000 영상면에서 자침의 정확도는 지상에서 약 4m이며, 이 영상면에서 1/500 지도를 만들 경우 도상의 정확도는 0.8mm가 된다. 정밀 자침은 영상면상에서 0.01mm의 정확도를 유지하도록 자침되어야 한다.

④ 관측용 표지

관측용 표지(標識)란 영상탐측을 실시하는 데 있어 관측할 점이나 대상물을 영상면상에서 쉽게 판별하기 위해 영상면촬영 전에 설치하는 것이다. 일반적으로 기준점의 위치, 길이, 폭 등을 나타내기 위해 이용되며 영상탐측의 종류 및 목적에 따라 표지의 형태, 모양, 색, 밝기 등이 다르지만 그 주변물체에 비해 뚜렷이 나타날 수 있는 것으로 한다. 표지는 항공영상탐측의 표지와 지상영상탐측의 표지로 나눌 수 있다.

가) 대공표지

항공삼각측량과 세부도화 작업시에 자연점으로 소요정확도를 얻을 수 없을 경우 필요한 지상의 표정기준점은 그 위치가 영상면상에 명료하게 나타나도록 영상면을 촬영하기 전에 대공표지(對空標識, air target, signal point)를 설치할 필요가 있다.

항공영상탐측의 대공표지는 주로 합판, 알루미늄판, 합성수지판 등으로 내구성이 강해 후속작업이 완료될 때까지 보존 가능한 것을 사용하며, 영상면상에 명확하게 보이도록 주위의 색상과 대조를 이루는 색과 형을 결정해야 한다. 즉, 주위가 황색이나 흰색인 경우에는 녹색이나 검정색을, 주위가 녹색이거나 검은 경우에는 회백색이나 황색 등을 택하는데 표지의 표면은 무광택이어야 한다.

대공표지의 설치장소는 천장으로부터 45° 이내에 장해물이 없어야 하고, 대공표지판에 그림자가 생기지 않도록 지면에서 약 30cm 높게 수평으로 고정한다. 대공표지는 일반적으로 영상면상에서 영상면 축척분모수에 대해 $30\mu m$ 정도의 크기이다. 또한 정밀도화기나 정밀좌표관측기로 대공표지의 위치를 관측할 경우 정사각형 대공표지의 한 변의 최소크기(d[m])는 $d[m]=\dfrac{M}{T}[m]$이다. 여기서 T는 축척에 따른 상수, M은 영상면 축척분모수 d[m]는 meter 단위이다.

한편, 촬영축척이 1/20,000인 경우는 T가 40,000이고, 그 이하의 소축척에서는 T를 30,000으로 택한다. 정사각형 대공표지 외의 대공표지형상과 크기는 〈그림 13-4〉와 같다.

대공표지를 생략하는 경우는, 첫째, 자연점(自然點, natural point)으로도 영상면상에 명료하게 확인되는 점이 있는 경우, 둘째, 촬영 후 다른 점으로부터

그림 13-4 대공표지의 형상과 크기 ·········•●●●

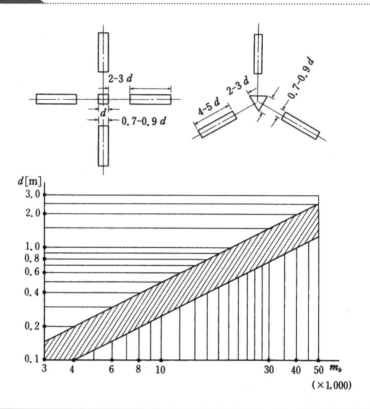

편심관측에 의해 쉽게 확인되는 경우, 셋째, 촬영 후의 자침작업(prick)으로도 소요의 정확도를 확보할 수 있는 경우 등이다.

나) 지상설치용 표지

지상설치용 표지(terrestrial target)는 사용목적 및 촬영방향 등에 따라 다음과 같은 여러 형태가 사용된다.

〈그림 13-5〉의 (a)는 특히 붕괴지 및 원석채취장 등의 지형영상탐측에 이용되며, 영상면축척에 따라 십자폭을 결정하는데 일반적으로 십자는 적색이나 검정색이다. (b), (c), (d)는 일반적으로 지상영상탐측에 사용되는 표지로 영상면축척에 구애받지 않고 영상면상에서 확인할 수 있는 크기면 되며 관측중심을 나타낼 수 있는 이점이 있다.

(e)는 관측점을 한쪽에서 표시할 수 없을 때, 그리고 (f), (g)는 좌표를 관

그림 13-5 지상설치용 표지의 종류

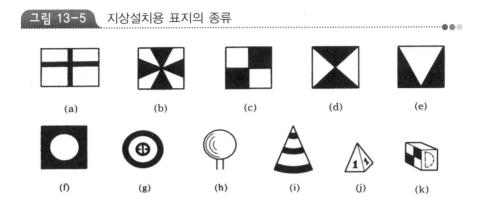

(a)   (b)   (c)   (d)   (e)

(f)   (g)   (h)   (i)   (j)   (k)

측하는 장치의 관측표가 원형일 때, (h), (i), (j)의 구형 및 원추형의 표지는 여러 방향에서 영상면을 촬영할 경우에 유용하다. (k)는 대상물과 기준점과의 광로차가 큰 경우(예: 끓고 있는 용광로) 기준점을 광점으로 하여 관측하는 데 사용된다.

또한 추를 늘어뜨려 연직선을 기준으로 하거나 격자를 새긴 평면유리판을 이용해 기준점으로 사용하기도 한다.

(6) 기준점측량

표정점은 최소한 입체모형(model)의 축척을 결정하기 위한 수평위치기준점(planimetric control point 또는 삼각형: x, y) 2점과 경사를 조정하기 위한 수직위치기준점(height control point 또는 수준점: z) 3점이 필요하므로 이에 맞게 표정기준점을 설정한다.

기준점으로 이용하려는 점이 기설(旣設)의 삼각점이나 고저기준점(수준점)으로 그 촬영경로 내에 있다면 기준점을 설정하기 위한 측량은 필요하지 않으나, 토목공사의 목적으로 쓰이는 비교적 대축척의 영상탐측인 경우, 소요로 하는 많은 기설점이 대상범위 내에 있지 않는 것이 일반적인 경우이다. 따라서 이와 같은 점을 설치하기 위한 기준점측량으로 삼각측량, 다각측량, 수준측량 등의 지상측량방법이 행해진다.

항공삼각측량을 할 경우의 표정기준점(標定基準點)은 기법에 따라 다르나 단스트립조정(strip adjustment)의 경우는 일반적으로 촬영경로 내 최초의 입체모형(model)에 3~4점, 마지막에 2점, 중간에 4~5 입체모형마다 1점을 둔다. 블록(block)인 경우 평면기준점은 블록 가장자리에 배치, 즉 외곽배치(perimetry)하고 수직위치기준점은 블록의 횡방향으로 일정간격 횡방향 설치점 간격(bridging distance)을 두어 배치한다.

2. 영상면판독

(1) 판독에 이용되는 영상면 및 활용

① 판독의 일반사항

가) 개   요

영상면판독은 영상면상에 피사(被寫)된 도로, 철도, 하천, 가옥, 지질, 생태계(인체, 농산물, 산림) 등의 대상물에 대한 특성을 판별하기 위한 기본적인 수단으로 위치, 크기, 형상 등을 결정하는 정량적 영상면판독(quantitative imagery interpretation)과 자원 및 환경 등의 정보조사에 이용되는 정성적 영상면판독(qualitative imagery interpretation)으로 분류된다.

영상면판독은 관찰·확인(imagery reading)단계, 분석·분류(imagery analysis)단계, 해석(imagery interpretation)단계를 통해 종합 분석하여 그 지표면의 형상, 지질, 식생, 토양 등의 연구수단으로 이용하고 있다. 더불어 토지, 자원 및 환경 등의 판독방법이 발달되면서 영상탐측학의 이용분야는 더욱 넓어지고 있다.

나) 판독요소

영상면판독에는 기본적으로 영상면의 크기 및 모양(size and shape), 음영(shadow), 색조 및 색채(tone 또는 color), 질감(texture), 형태(pattern)의 6개 요소가 있으며 부가적으로 영상면 상호간의 관계와 상호위치관계(location 또는 situation), 과고감(過高感, vertical exaggeration) 등의 요소를 조합해 판독하는데, 이 요소 중 형, 색조, 음영을 판독의 3요소라 한다.

② 판독에 이용되는 영상면

판독에 이용되는 영상면은 〈표 13-2〉와 같다.

천연색영상면은 판독상 가장 좋으나 가격이 비싸고 높은 고도의 촬영에는 적합하지 않은 결점이 있으며, 적외선영상면은 필름의 유효기간이 짧으므로 입수하기가 어렵다. 따라서 우리들이 흔히 쓰는 영상면은 대부분 흑백(또는 全整色)영상면이다. 〈표 13-3〉에 흑백영상면과 적외선영상면 판독상의 특성을 비교해 나타내었다.

■■ 표 13-2 판독에 쓰이는 영상면

종 류	성 질	주 된 용 도
흑백색영상면	가시광선의 흑백영상면	형태를 판독요소로 하는 것, 지질, 식물
적외선영상면	근적외선의 흑백영상면	식물과 물의 판독
천연색영상면	가시광의 천연색영상면	색을 판독요소로 하는 것
적외색영상면	가시광의 일부와 근적외선을 색으로 나타낸 영상면	식물의 종류와 활력의 판독
다중분광 및 초미세분광영상면	가시광선, 근적외선, 열적외선을 대역별로 동시에 촬영한 영상면	광범위한 이용면을 가지며, 특히 식물의 식생상태, 환경변화상황의 판독
열 영 상	표면온도의 흑백영상면	온도

■■ 표 13-3 흑백색(또는 전정색, panchromatic)영상면과 적외선(infrared)영상면의 비교

피 사 체	흑백색 항공영상면	적외선 항공영상면
① 침엽수 ② 광엽수 ③ 기 타	전체 흑색으로 찍힘 색조로 판별곤란하며 형으로 구별	① 흑색으로 찍힘 ② 백색으로 찍힘 판별 쉬움 ③ 독자의 색조로 찍힘
④ 밭(田) ⑤ 논(沓)	전체 회색 색조 경지의 경계에 의해 판별	④ 함수율, 경작물에 의해 농도차가 다양함 ⑤ 전부 흑색, 경계는 백색
⑥ 하 천 ⑦ 해안선 ⑧ 호 소 ⑨ 하 상	⑥ 회색 또는 백색, 세천은 지형으로 판별 ⑦ 파도 때문에 확정이 어려움 ⑧ 회색 또는 흑색, 어떤 때는 전반사에 의해 백색이 됨 ⑨ 전체 백색 또는 회색, 모래와 자갈의 구별은 불가능	⑥ 수부는 전부 백색, 곡천도 가는 흑선으로 나타나고 발견이 쉬움 ⑦ 해안선이 명료하게 나타남 ⑧ 전부 흑색, 삼림 내에 있어도 발견이 쉬움 ⑨ 자갈은 백색, 모래는 회색, 흙은 짙은 회색 또는 회색, 흑색
⑩ 붕괴지	⑩ 전체 백색 또는 회색	⑩ 회색, 수분이 있을 때는 흑색으로 나타나는 등 토질 및 암질에 따라 농담이 변함
⑪ 도 로	⑪ 백색 발견이 쉬움	⑪ 콘크리트와 아스팔트에서 색조가 변해 발견이 어려우며 숙련이 요구됨
⑫ 시가지	⑫ 선명하게 나타남	⑫ 시가지의 촬영에는 부적합하지만 판독결과에는 영향이 없음

③ 판독영상면의 활용

일반적으로 영상면의 활용도식은 〈그림 13-6〉과 같다.

그림 13-6 영상면의 일반적인 이용도식

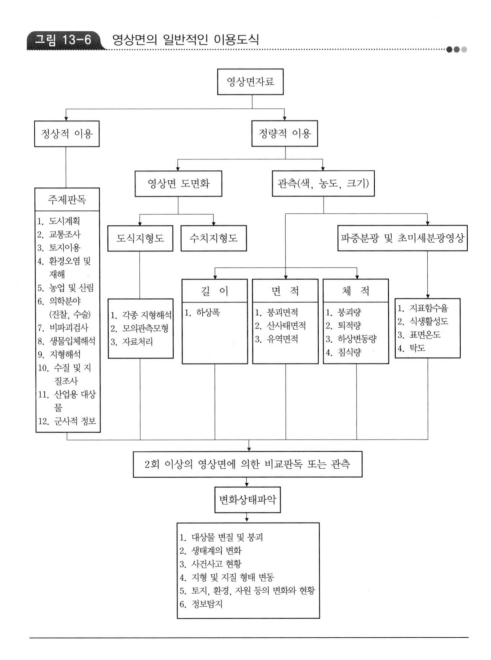

3. 국토지리정보원의 기준양식(표지, 도면화, 관측, 오차범위)

(1) 표　　지

그림 13-7　대공표지 표준양식

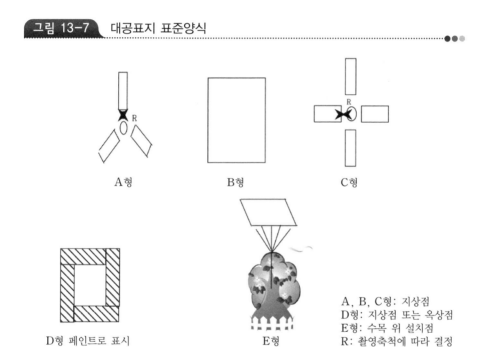

A형

B형

C형

D형 페인트로 표시

E형

A, B, C형: 지상점
D형: 지상점 또는 옥상점
E형: 수목 위 설치점
R: 촬영축척에 따라 결정

(2) 도 면 화

■■ 표 13-4　도화(도면화)축척, 항공사진(영상면)축척, 지상표본거리와의 관계

도화축척	항공사진축척	지상표본거리
1/500～1/600	1/3,000～1/4,000	8cm 이내
1/1,000～1/1,200	1/5,000～1/8,000	12cm 이내
1/2,500～1/3,000	1/10,000～1/15,000	25cm 이내
1/5,000	1/18,000～1/20,000	42cm 이내
1/10,000	1/25,000～1/30,000	65cm 이내
1/25,000	1/37,500	80cm 이내

(3) 관   측

① TS측량

가) 수평각, 연직각(수직각) 및 거리관측은 1시준마다 동시에 실시하는 것을 원칙으로 한다.

나) 수평각 관측은 1시준 1읽음, 망원경 정·반의 관측을 1대회로 한다.

다) 연직각 관측은 1시준 1읽음, 망원경 정·반의 관측을 1대회로 한다.

라) 거리관측은 1시준 2읽음을 1set(세트)로 한다. 거리관측 시 기상관측(온도, 기압)은 거리관측 개시 직전 또는 종료 직후에 실시한다.

마) 관측 대회 수는 다음 표와 같다.

■■ 표 13-5

구분, 기기 항목		1km 이상	1km 미만	
		1급 TS	1급 TS	2급 TS
수평각 관측	읽음 단위	1″	1″	10″
	대회 수	2	2	3
	수평눈금	0°, 90°	0°, 90°	0°, 90°, 120°
연직각 관측	읽음 단위	1″	1″	10″
	대회 수	1		
거리관측	읽음 단위	1mm		
	세트 수	2		

바) 수평관측에 있어서 1조의 관측방향수는 5방향 이하로 한다.

사) 기록은 데이터레코드를 이용한다.

② GPS관측

가) 관측망도에는 동시에 복수의 GPS측량기를 이용하는 관측[이하 "세션(session)"이라 한다)]계획을 기록한다.

나) 관측은 기지점 및 구하는 점을 연결하는 노선이 폐합된 다각형을 구성하여 다음과 같이 실시한다.

(ㄱ) 다른 세션의 조합에 의한 점검을 위하여 다각형을 형성한다.

(ㄴ) 다른 세션에 의한 점검을 위하여 1변 이상의 중복관측을 실시한다.

다) 관측은 1개의 세션을 1회 실시한다.
라) 관측시간은 다음 표를 표준으로 한다.

■■ 표 13-6

관측방법	관측시간	데이터수신 간격	비 고
정지측위	30분 이상	30초 이하	1급 기준점측량(10km 미만), 2급 기준점측량

마) GPS위성의 작동상태, 비행정보 등을 고려하여 한곳으로 몰려 있는 위성배치의 사용은 피한다.
바) 수신 고도각은 15°를 표준으로 한다.
사) GPS위성의 수는 동시에 4개 이상을 사용한다. 다만 신속정지측일 경우에는 5개 이상으로 한다.

(4) 오차범위

① 평면기준점 오차의 한계

■■ 표 13-7

도화축척	표준편차
1/500~1/600	±0.1m 이내
1/1,000~1/1,200	〃
1/2,500~1/3,000	±0.2m 이내
1/5,000~1/6,000	〃
1/10,000 이하	±0.5m 이내

② 표고기준점(고저기준점) 오차의 한계

■■ 표 13-8

도화축척	표준편차
1/500~1/600	±0.05m 이내
1/1,000~1/1,200	±0.10m 이내
1/2,500~1/3,000	±0.15m 이내
1/5,000~1/6,000	±0.2m 이내
1/10,000 이하	±0.3m 이내

③ 세부도화(도면화) 묘사오차의 허용범위

■■ 표 13-9

도 화 축 척	표준편차			최대오차		
	평면위치	등고선	표고점	평면위치	등고선	표고점
1/500	0.1m	0.2m	0.1m	0.2m	0.4m	0.2m
1/1,000	0.2m	0.3m	0.15m	0.4m	0.6m	0.3m
1/5,000	1.0m	1.0m	0.5m	2.0m	2.0m	1.0m
1/10,000	2.0m	2.0m	1.0m	4.0m	3.0m	1.5m
1/25,000	5.0m	3.0m	1.5m	10.0m	5.0m	2.5m

④ 세부도화(도면화)시 축척별 등고선 간격

■■ 표 13-10

축 척	계곡선	주곡선	간곡선
1/1,000	5m	1m	0.5m
1/5,000	25m	5m	2.5m
1/25,000	50m	10m	5m

1. 길이의 단위[M: 미터(meter)]

　길이 또는 거리(distance)는 두 점간의 위치의 차이를 나타내는 가장 기초적인 양으로서 평면길이(plane length), 곡면길이(curved surface length), 공간길이(space length) 등으로 구분할 수 있다.

　길이의 단위는 원칙적으로 미터(meter)를 기준으로 한다. 1795년 프랑스에서 처음 제정된 1미터는 "북극과 적도 사이에 끼인 자오선호장(弧長)의 1/10,000,000과 같은 길이"로 정의되었으며, 1880년 이후에는 미터원기를 표준으로 사용하였다. 그러나 미터 원기(原器)의 길이가 극히 미세하지만 경년변화를 가지며 길이관측의 정확성에 대한 요구도 매우 커지게 되어 정확한 표준이 필요하게 되었다.

　이에 따라 1960년 제11차 국제도량형총회(國際度量衡總會; 영어: General Conference on Weights and Measures, 프랑스어: Conférence Général des Poids et Mesures, 약어: CGPM)에서는 1미터를 파장이 가장 안정된 크립톤원자의 등황색선스펙트럼(에너지준위 $2P_{10}$과 $5d_5$ 사이의 천이에서 발생)의 진공중 파장을 이용하여 정의하였다. 즉, "1m＝Kr^{86} 원자스펙트럼의 진공중 파장의 1,650,763.73배와 같은 길이"이며, 이 값은 1975년 제16차 국제측지학 · 지구물리학연맹총회에서 측량의 기준으로 채택되었다.

1973년 가스 레이저를 이용하여 광속도를 정확하게 관측한 값이 발표된 이후 광속도의 값과 시간 1초의 정의에 의하여 미터를 재정의하려는 안이 많은 지지를 받아오다가 1983년 10월 제17차 국제도량형총회(Paris)에서 채택된 새로운 미터의 정의는 다음과 같다.

1m＝무한히 확산되는 평면전자기파(plane electromagnetic wave)가
1/299,792,458초 동안 진공중을 진행하는 길이

2. 질량의 단위[kg: 킬로그램(kilogram)]

일반사회에서 사용되는 '중량'과 '질량'의 혼동을 막기 위하여 제3차 CGPM에서는 다음 사항을 확인하였다.

"킬로그램은 질량의 단위이며 1킬로그램은 킬로그램 국제원기의 질량과 같다."

백금-이리듐으로 된 국제원기는 국제도량형국(國際度量衡局; 영어: International Bureau of Weights and Measures, 프랑스어: The Bureau International des Poids et Mesures, 약어: BIPM)에 보관되어 있다.

3. 시간의 단위[s: 초(second)]

시(時)는 지구의 자전 및 공전운동 때문에 관측자의 지구상 절대적 위치가 주기적으로 변화함을 표시하는 것으로 측량에서는 매우 중요한 것이다. 원래 하루의 길이(日)는 지구의 자전, 1년은 지구의 공전, 주나 한 달(月)은 달의 공전운동으로부터 정의된 것이다. 시와 경도 사이에는 $1^{hr}=15°$의 관계가 있다.

시의 단위는 1967년 국제도량형총회에서 세슘원자(Cs^{133})의 에너지준위간의 천이[(F, m_F)＝(4.0) → (3.0)]에서 방출되는 복사의 고유진동수를 기준으로 시간을 정의하였으며 이를 원자시(AT: Atomic Time)라 한다.

1초＝Cs^{133}의 바닥상태에 있는 두 개의 초미세준위 사이의 천이에
대응하는 방사선의 9,192,631,770주기의 지속시간

시에는 이 밖에도 항성시, 태양시, 세계시, 역표시 등이 있다.

천체를 관측해서 결정되는 시(항성시, 평균태양시)는 그 지점의 자오선마다 다르므로 이를 지방시라 한다. 지방시를 직접 사용하면 불편하므로 실용상 곤란을 해결하기 위하여 경도 15°간격으로 전 세계에 24개의 시간대(time zone)를 정하고, 각 경도대 내의 모든 지점은 동일한 시간을 사용하도록 하는데 이를 표준시라 한다.

표준시의 세계적인 기준시간대는 경도 0°인 영국의 Greenwich를 중심으로 하며, Greenwich 자오선에 대한 평균태양시(Greenwich 표준시)를 세계시라 한다. 지구의 자전운동은 극운동(자전축이 하루중에도 순간적으로 변화하는 것)과 계절적 변화(연주변화와 반연주변화)의 영향으로 항상 균일한 것은 아니다.

4. 전류의 단위[A : 암페어(ampere)]

"무시할 정도로 작은 단면적과 무한대의 길이를 가진 두 개의 서로 평행한 직선 도체가 진공중에서 1미터 떨어져 있고 여기에 일정한 전류가 흐를 때 상호 작용하는 힘이 1미터마다 2×10^{-7}뉴튼(N)이 될 때의 전류가 1암페어이다"(1948년 CIPM).

5. 열역학적 온도단위[K : 켈빈(kelvin)]

1967년 제13차 국제도량형위원회(國際度量衡委員會; 영어: General Conference on Weights and Measures, 프랑스어: Comité International des Poids et Mesures, 약어: CIPM)에서 켈빈도(°K) 대신에 켈빈(K)을 채택하였고 다음과 같이 결의하였다.

"열역학적 온도의 단위는 물의 삼중점(기체, 액체 및 고체가 공존하는점)에서 열역학적 온도의 1/273.16을 1켈빈으로 한다."

켈빈으로 표시된 열역학적 온도(기호 T) 이외에도 다음과 같이 정의된 섭씨 온도(기호 t)가 통용된다.

$$t = T - T_0$$

여기서 T_0는 정의에 의해 273.15K이다.

6. 물량의 단위(mol: 몰)

물량(物量, amount of substance)은 그 물질을 구성하는 요소로 명시된 단위로 되는 입자(원자, 분자, 이온, 전자 등) 또는 이들 입자의 특정 그룹의 수에 비례한다. 그 비례정수는 모든 물질에 대하여 같고 그 역수를 아보가드로정수라 한다.

화학과 물리학에서 각기 달리 정의되었던 물량단위는 1959~1960년에 탄소 동위원소 C^{12}에 대하여 원자량 12의 값을 쓰도록 합의한 데 따라서 탄소-12의 질량으로 물량의 단위를 정의하였다(CIPM 1967 정의, 1971 채택).

> "C^{12}의 0.012킬로그램에 포함되어 있는 원자수만큼 많은 기본구성체를 포함하는 어떤 체계의 물량이 1몰이다."

7. 광도의 단위[cd: 칸델라(candela)]

광도(光度, luminous intensity)의 단위는 1948년 처음으로 백금의 빙점온도에 있는 플랭크복사체(흑체)의 밝기에 근거하여 과학적으로 정의되었다. 그러나 고온에서 플랭크복사체를 실현하는 것이 실험적으로 어렵고, 복사관측학의 발달로 복사선의 광도관측이 가능하여 1979년 제16차 CIPM에서 다음과 같은 정의를 채택하였다.

> "주파수 540×10^{12} 헤르쯔의 단색광을 방출하는 광원의 복사체가 매 스테라디안당 1/683와트일 때의 광도가 1칸델라이다."

8. 계량단위 환산표(計量單位換算表: Exchange Table for Quantity Unit, 약어 ETQU)

■■ 표 14-1 길이(Length)

미 터 법 Meter units			야드 및 파운드법 British or U.S. units				척 관 법 Korean units			
센티미터 Centimeter	미 터 Meter	키로미터 Kilometer	인 치 Inch	피 트 Feet	야 드 Yard	마 일 Mile	척 Cheok	간 Gan	정 Jeong	리 Ri
1	0.01	0.00001	0.3937	0.03281	0.01094	0.000006	0.033	0.0055	0.000092	...
100	1	0.001	39.37	3.2808	1.0936	0.00062	3.3	0.55	0.009166	0.00025
100 000	1 000	1	39 370.7	3 280.8	1 093.6	0.62137	3 300	550	9.1666	0.25463
2.54	0.0254	0.000025	1	0.08333	0.02777	0.000015	0.08382	0.01397	0.000232	...
30.48	0.3048	0.000304	12	1	0.3333	0.000189	1.0058	0.16763	0.002793	...
91.44	0.9144	0.000914	36	3	1	0.000568	3.0175	0.50292	0.008381	0.000232
160 930	1 609.3	1.6093	63 360	5 280	1 760	1	5 310.8	885.12	14 752	0.40978
30.303	0.30303	0.000303	11.93	0.99419	0.33139	0.000188	1	0.16666	0.002777	0.000077
181.818	1.81818	0.001818	71.582	5.96514	1.98838	0.001129	6	1	0.01666	0.00046
10 909.08	109.091	0.10909	4 294.94	357.912	119.304	0.06779	260	60	1	0.02777
392 727	3 927.27	3.92727	154 620	12 885	4 295	2.4403	12 960	2 160	36	1

■■ 표 14-2 면적(Area)

미 터 법 Meter units			야드 및 파운드법 British or U.S. units				척 관 법 Korean units			
평방미터 Squaremeter	아 르 Are	헥타아르 Hectare	평 방 키로미터 Sq. kilometer	평 방 피 트 Sq. feet	평 방 야 드 Sq. yard	에이커 Acre	평방척 Sq. cheok	평 Pyeong	단(반)보 Dan(ban)bo	정 보 Jeongbo
1	0.01	0.0001	0.000001	10.764	1.1963	0.000247	10.89	0.3025	0.001008	0.0001
100	1	0.01	0.0001	1076.4	119.68	0.024711	1 089	30.25	0.10083	0.01008
10 000	100	1	0.01	107 640	11 968	2.4711	108 900	3 025	10.083	1.0083
1 000 000	10 000	100	1	10 764 000	1 196 800	247.11	10 890 000	302 500	1 008.3	100.83
0.092903	0.000929	0.000009	...	1	0.1111	0.000022	1.0117	0.0281	0.000093	0.000009
0.83613	0.008361	0.000084	...	9	1	0.000207	9.1055	0.25293	0.000843	0.000084
4 046.8	40.468	0.40468	0.004047	43 560	4 840	1	44 071.2	1 224.2	4.0806	0.40806
0.091827	0.000918	0.000009	...	0.98841	0.10982	...	1	0.02778	0.000092	0.000009
3.3058	0.033058	0.000331	0.000003	35.583	3.9537	0.000817	36	1	0.003333	0.000333
991.74	9.9174	0.099174	0.000992	10 674.9	1 186.1	0.24506	10 800	300	1	0.1
9 917.4	99.174	0.99174	0.00992	106 749	11 861	2.4506	108 000	3 000	10	1

■■ 표 14-3 부피(Capacity)

미 터 법 Meter units			야드 및 파운드법 British or U.S. units						척 관 법 Korean units			
미리리터 Mililiter	리 터 Liter	킬로리터 Kiloliter	입방인치 Cub. inches	입방피트 Cub. feet	입방야드 Cub. yard	(미)붓셸 U.S. bushel	(미)액체파인트 U.S. pint	(미)액체갈론 U.S. gallon	홉 Hob	승 Seung	두 Du	석 Seok
1	0.001	0.000001	0.061024	0.000035	0.000001	0.000028	0.002113	0.000264	0.005543	0.000554	0.000055	0.000005
1 000	1	0.001	61.024	0.035315	0.001308	0.028378	2.113423	0.264177	5.5435	0.55435	0.055435	0.005535
1 000 000	1 000	1	61 024	35.315	1.30796	28.278	2 113.42	264.177	5 543.5	554.35	55.435	5.5435
16.387	0.01638	0.000016	1	0.000578	0.000021	0.000465	0.000034	0.004329	0.0908	0.00908	0.000908	0.0000908
28 316.8	28.317	0.02831	1 728	1	0.03704	0.8036	53.85996	7.48051	156.98	15.698	1.5698	0.156980
764 529.8	764.53	0.76453	46 656	27	1	21.7013	0.001631	201.97	4 239.09	423.809	42.380	4.2380
35 233.32	35.2383	0.035238	2 150.42	1.2444	0.04608	1	74.4768	9.3096	195.346	19.5346	1.9534	0.19534
473.18	0.47318	0.000473	28.875	0.01671	0.000619	0.013427	1	0.125	2.623	0.2623	0.0262	0.00262
3 785.4	3.7854	0.00378	231	0.13368	0.004951	0.10742	8	1	20.984	20.984	0.20984	0.02098
180.39	0.18039	0.000180	11.08	0.00637	0.000235	0.005119	0.38123	0.04765	1	0.1	0.01	0.001
1 803.9	1.8039	0.00180	110.08	0.0637	0.002359	0.05119	3.8123	0.4765	10	1	0.1	0.01
18 039	18.039	0.01803	1 100.8	0.637037	0.023594	0.5119	38.123	4.7654	100	10	1	0.1
180 390	180.39	0.18039	11 008	6.37037	0.23594	5.119	381.23	47.654	1 000	100	10	1

■■ 표 14-4 무게(Weight)

미 터 법 Meter units			야드 및 파운드법 British or U.S. units					척 관 법 Korean units		
그 램 Gram	킬로그램 Kilogram	톤 Ton	그레인 Grain	온 스 Ounce	파운드 Pound	미 톤 Ton(U.S.)	영 톤 Ton(U.K.)	돈 Don	근 Geun	관 Gwan
1	0.001	0.000001	15.432	0.03527	0.0022	0.000001	···	0.26666	0.00166	0.000266
1 000	1	0.001	15 432	35.273	2.20459	0.0011	0.00098	266.666	1.66666	0.26666
1 000 000	1 000	1	···	35 273	2 204.59	1.1023	0.98421	266 666.6	1 666.66	266.66
0.064978	0.000064	···	1	0.002285	0.000143	···	···	0.01728	0.00108	0.000017
28.3495	0.02835	0.000028	437.5	1	0.0625	0.000031	0.000027	7.56	0.04725	0.00756
453.592	0.45359	0.000454	7 000	16	1	0.000504	0.00045	120.96	0.756	0.12096
907 180	907.18	0.90718	···	32 000	2 000	1	0.8929	241 915	1 511.968	241.915
1 016 050	1 016.05	1.01605	···	35 840	2 240	1.12	1	270 944	1 693.4	270.95
3.75	0.00375	0.000004	57.872	0.1323	0.00827	···	···	1	0.00625	0.001
600	0.6	0.0006	9 259.556	21.1647	1.32279	0.000661	0.00059	160	1	0.16
3 750	3.75	0.00375	57 872	132.28	8.2672	0.00413	0.00369	1 000	6.25	1

■■ 표 14-5 그리스(희랍)문자

대문자	소문자	읽	기	대문자	소문자	읽	기
A	α	alpha	(알 파)	N	ν	nu	(뉴)
B	β	beta	(베 타)	$\varXi$	ξ	xi	(크사이)
Γ	γ	gamma	(감 마)	O	o	omicron	(오미크론)
Δ	δ	delta	(델 타)	Π	π	pi	(파 이)
E	ε	epsilon	(엡시론)	P	ρ	rho	(로 오)
Z	ζ	zeta	(지이타)	Σ	σ	sigma	(시그마)
H	η	eta	(이이타)	T	τ	tau	(타 우)
Θ	θ	theta	(세 타)	Υ	υ	upsilon	(웁시론)
I	ι	iota	(요 타)	Φ	ϕ	phi	(화 이)
K	$\varkappa$	kappa	(카 파)	X	χ	chi	(카 이)
Λ	λ	lambda	(람 다)	Ψ	ψ	psi	(프 시)
M	μ	mu	(뮤)	Ω	ω	omega	(오메가)

|참|고|문|헌|

(1) 유복모, 「측량학원론(Ⅰ)」 증판 박영사, 1999.

(2) 유복모, 「측량학원론(Ⅱ)」 제3판 박영사, 2004.

(3) 유복모, 「경관공학」 3판 동명사, 2003.

(4) YEU, Bock-Mo, Toni SCHENK, 「Modern Digital Photogrammetry」 Prentice Hall, 2002.

(5) 유복모, 「측지학」 최신토목공학강좌⑥ 제3회 배본 동명사, 1992.

(6) 유복모, 「측량공학」 제6판 박영사, 2010.

(7) 유복모, 「건조물측량」 대가, 2007.

(8) 대한토목학회, 「최근 10년 한국토목사」, 2010.

(9) 유복모 · 유연 공저, 「측량학개관」, 박영사, 2012.

(10) 유복모 · 유연 공저, 「영상탐측학개관」, 동명사, 2012.

(11) 이대우 · 양옥진 · 박정남 · 양승룡 공저, 「실무측량학」, 구미서관, 2005.

(12) 이완복 외 33인, 「현장측량실무지침서」, 구미서관, 2012.

(13) 一般測量(現代測量學 第3券), 日本測量協會創立 30周年記念, 昭和56年 5月 20日.

(14) Alfred Leick, 「GPS Satellite Surveying」, 2nd ed., John Willey & Sons, INC, 1995.

(15) Vaniček. G. 8t Krakiwsky. E.J., 「Geodesy」, North Holland, 1982.

(16) Wolfgang Torge, de Gruyter, 「Geodesy」, 3rd ed., 2001.

(17) Lillesand, Kifer & Chipman, Wiley, 「Remote Sensing and Image Interpretation」, 6th ed., 2008.

|국|문|색|인|

ㄱ

가고저기준점　233

가동(可動)받침대　2239

가상 자오선　15

가설고저기준점　80

가우스 이중투영　43

가우스-크뤼거도법　43, 44

가조립검사　243

각거리　20

각관측법　24

각도(角度)　28

각측량기　282

간접 고저측량　76

강철줄자　276

강측법(降測法)　60

갱내 곡선설치　143

갱내 단면관측　143

갱내외의 연결측량　147

갱내측량　137

갱외기준점　138

갱외기준점측량　137

거리측량　5

거리측량기　275

건설측량　2

건축측량　251

건축한계　225

검사측량　90

경간수　232

경계수위　118

경기장외구역　267

경로와 홀　267

경사곡선　11

경사관측 핸드레벨　279

경사에 대한 보정　63

경사직선　11

경위도원점　45

경위도좌표　37

계량단위 환산표　312

계문사방　260

계절적 변화　311

고극조위　97

고도상수　26

고저(또는 수준)측량　5

고저각　18

고저값(또는 높이값)　241

고저기준원점　46

고저기준점　142, 233

고저측량　70

고저측량기　277

고저측량(수준측량)의 허용　71

고차식　72

고층건물 유지관리 측량　247

곡면각　14

곡면각　19

곡면길이　309

곡면선형　12

- 319 -

곡선길이(CL) 170
곡선설치 규정 226
곡선의 분류 166
곡선중점(SP) 170
곡선체감법 186
골조측량 3
골프경기경로 265
공간 삼각측량 13
공간각(또는 입체각) 14, 15, 21
공간길이 309
공간선형 13
공공측량 2
과고감(過高感) 302
과오타 267
관찰·확인 302
관측 306
관측수부(야장) 280
관측용 표지 299
관측장비 8
관통측량 149
광도 312
광도의 단위 312
광파거리관측기 96
광파거리측량기 69
광파종합관측기(TS) 9, 70, 77, 282, 283
교각(橋脚) 17, 154, 233
교대(橋臺) 232
교량측량 231
교선점 154, 170
교차점 89
구과량 20
구면삼각법 20
구면삼각형 20
구면좌표 36
구체 238
국가해양기본도 102
국립해양조사원 52

국제도량형국 310
국제도량형위원회 311
국제도량형총회 309
국제시보국 40
국제지구기준좌표계 40
국제협동 GPS망 41
국제횡메르카토르도법 43
국토지리정보원의 기준양식 305
굽은 경로 269
권척 275
궤간(軌間) 225
궤도(軌道) 225
궤도중심간격 225
그레이드 27
그리스(희랍)문자 315
극각동경법(極角動徑法) 204
극각현길이법 210
극각현장법(極角弦長法) 204
극운동 311
근해항해도 103
급사안 107
기고식 72
기복 변위량 289
기본수준점 51
기본측량 1
기준점 296, 297
기준점측량 3, 77, 301
기준타수 267
기준타원체(또는 준거타원체) 37
기초구조물 234
길이 313
길이의 단위 309

ㄴ

낙석방지망덮기 264
난형(卵型) 203
내공단면의 관측 150

내업   7
내접 다각형법   144
노선측량   4, 153
노선측량 작업시 고려사항   156
노출시간   294

ㄷ

다면체투영법   41, 42
다중빔음향측심기   115
다중음향탐측기   102
단 스트립조정   301
단각법   22
단거리홀   267
단곡선 설치   170
단곡선시점(BC)   170
단곡선종점(EC)   170
단면의 형상   238
단위클로소이드 곡선표   215
단일빔음향측심기   115
단지조성측량   85
단지측량   4
단촬영 경로   291
대공표지(對空標識)   297, 299
대나무자(또는 죽척)   59
대양측량   93
대조평균고조위   98
대조평균저조위   98
대지측량   2
대한민국 경위도 원점   46
댐측량   4
덤피레벨   277
데오돌라이트   282, 283
도레미법   42, 43
도로 및 지하매설물 측량   89
도로기하구조요강   175
도면화   305
도벨   139, 140

도북(圖北) 자오선   15
도상(途上)   225
두겹대(coping)   239
두겹대(coping) 측량   240
둑쌓기측량   261
둔덕   269
득점구   267
등각도법   44, 45
등거리도법   44, 45
등적도법   44, 45
등측법(登測法)   60
등퍼텐셜면   36
디지털레벨   71

ㄹ

라디안(弧度)   21, 28
램니스케이트   188
레벨   281
레벨 구조 및 주요 명칭   280
레벨 세우기   281
레벨측량   70
레이저(LASER)   70
레이저 레벨   278
램니스케이트(연주형)곡선   195
리프트   270

ㅁ

마무리구역   267
마무리풀밭   265, 267, 271
말뚝기초설치측량   235
메르카토르도법   42, 44
면적   313
모래장애물   272
모형   290
목교   231
목측   56
묘박지   103, 111

무게   314
무제부   115
물량   312
물량의 단위   312
물리적 지표면   36
미동레벨   277
미터   309
밀착양화(密着陽畵)   294

ㅂ

바코드 스타프   71
박스거더   239
박지   111
반위(反位)   25
반파장 정현곡선   167
반파장 sine 체감곡선   189, 216
반파장정현곡선   217
반향곡선   179
반향곡선접속점   179
받침대(shoe) 측량   239, 241
방위   17
방위각   16
방위도법   45
방파제 배치의 형식   113
방향각   16
방향각법   24
배각법(반복법)   22
배형(杯型) 유속관측기   121
베줄자   275
벤추리 미터   126
변위관측   248
보정장치   278
보정측량   93
보조표정기준점   297
보측   56
보통수위표   116
복강   111

복곡선(또는 복심곡선, 복합곡선)   174
복곡선접속점   174
복촬영 경로   291
복합형   204
본느도법   42, 43
본선(本線)   225
봉부자   123
부자   122
부자식(浮子式)   116
부자의 종류   122
부표박지   111
부피   314
분광(分光)   294
분석 · 분류단계   302
불안전비구로   267
블록   290
비구선   267
비대칭 기본형 클로소이드   210
비탈면 격자틀붙이기   263
비탈면 보호측량   263
비탈면 콘크리트블록쌓기   264

ㅅ

사각부분   289
사각웨어   132
사방   257
사방공사측량   257
사장교   244
산림의 임상   257
산복돌망태흙막이   260
산복돌흙막이   259
산복사방   257
산복콘크리트벽흙막이   259
산복흙막이   258
삼각대 조정   282
삼각망   6
삼각법   148

삼각측량   5
삼변측량   5
상용시   29
상향각(또는 앙각)   19
상호위치관계   302
색조 및 색채   302
석공교   231
선수권자출발구역   265
선형자동계산 프로그램   164
설계기준점   158
설치용대(設置用台)   236
세계시   29, 30
세계측지측량기준계   39
세부도화(도면화) 묘사오차의 허용범위
    308
세부도화(도면화)시 축척별 등고선 간격
    308
세부측량   3
세선   306
세슘원자   310
소조평균고조위   98
소조평균저조위   98
소해측량   93
송수파기   94, 99
수도   103
수로기준점   51
수로측량   91
수로측량기준점   51
수심도   103
수심측량   92, 94
수역시설   111
수위관측   115
수위관측소의 설치   118
수위표(양수표)   115
수준원점   46
수준측량(水準測量)   70
수직각   18

수직각관측법   25
수직갱   147
수직곡선   11, 167
수직도 측량   250
수직선편차(또는 연직선편차)   37
수직위치기준점   292, 301
수직직선   11
수치고도모형   298
수치외관모형   298
수치지형모형   298
수평각   15
수평거리측량   55
수평곡선   11
수평곡선 반경   226
수평곡선(또는 평면곡선)   167
수평위치기준점   292, 301
수평직선   11
수학적 지표면   36
스테라디안   21
스톱워치   119
스트립   290
스트립 형성   297
승강식   72
시각법(視角法)   56
시간각   29
시간대   30, 311
시간의 단위   310
시공측량   158
시단현(始端弦)   170
시설물변형   247
시설물의 변형측량   247
시태양시   29
시태양일   29
신설점(현장기준점)   80
실무작업   9
심사도법   44
쌍곡선 · 쌍곡선좌표   34

쌍곡선방식   34

ㅇ

안전비구로   267
안전율   291
암페어   311
액정영상면   283
야드지   274
야장기입법(野帳記入法)   72
약최고고조위   98
약최저저조위   98
어업용도   104
여성고   102
역방위각   17
역정밀 GPS   249
역표시(曆表時)   30
연안측량   93
연약지반   87
열역학적 온도단위   311
영상면 축척   287
영상면매수   291, 293
영상면축척   293
영상면판독   302
영상탐측   7
영해기준점   52
오리피스   126
오수관로   87
오차범위   307
온도에 대한 보정   61
완화곡선   188
완화곡선 설치   192
완화곡선의 요소   191
왜곡차(曲收差)   296
외곽배치   302
외곽시설   112
외업   7
외접 다각형법   146

용지경계측량   89, 158
용지측량   80
우물통(케이슨)   234
우물통(케이슨)의 설치측량   236
우수관로   87
원·방사선좌표   32
원·원좌표   33
원곡선의 공식   168, 169
원곡선의 술어와 기호   167
원곡선의 특성   167
원수치도면(原値數圖)   242
원양항해도   103
원자시   310
원점   30
원주좌표   35
원추도법   45
원치수검사   243
원통도법   45
원호방식   33
월류부   133
웨어   132
위성기준점(GPS상시관측소)   49
위성측량   7, 13, 109
위성항법   109
위치선정   251
유량계산   131
유량곡선   132
유량관측   126
유속계   119, 121
유속관측   118
유속측량기   119
유제부(有堤部)   115
유효면적계산   291
유효입체모형면적   293
육지표고의 기준   46
윤정계   57
음영   302

음측(音測)   57
음향측심   94
의사도법   45
이정(移程)   175
이정량(移程量)   175, 214
이중부자   122
익형(翼型) 유속관측기   121
익형유속측량기   119
인바줄자   59, 276
인버트(invert)   150
인조점(引照點)   165, 234
인조점 설치 순서   165
인천 기본수준원점   52
인형(刃形)웨어   134
일반측량   2
임시고저기준점(가고저기준점)   158, 159
임시위치설정(가거치)   236
입체 도화기(立體圖畵機)   59
입체모형수   291

ㅈ

자동기록수위표   116
자동레벨   72, 278
자동보정장치   72
자북(磁北) 자오선   15
자연점(自然點)   297, 299
자오선   15
자오선 수차(子午線收差)   16
자침점(刺針點)   298
자침편차   16
장거리홀   267
장력계   277
장력에 대한 보정   62
장애물   267
장타구   271
장해구역   269
잼줄(또는 측승)   59

저극조위   98
적외선영상면   302
전기유속관측기   121
전기유속측량기   119
전류의 단위   311
전반경로   267
전시(前視)   72
전자 평판측량   82
전자기파거리측량   68
전자기파거리측량기   69, 283
전자레벨   72
전자지도화   82
전자평판측량   83
전파거리측량기   69
전파항법도   104
전후요동   111
절벽안   107
절충형 레벨   277
점이사(點移寫)   298
접선길이(TL)   170
접선편거(接線偏距)   144
정각(正角)   44
정렬식   148
정리(正距)   44
정밀력   40
정밀좌표관측기(精密座標觀測機)   59
정성적 영상면판독   302
정오차   66
정위(正位)   25
정위치설정(정거치)   237
정적(正積)   44
제내지(堤內地)   115
제외지(堤外地)   115
조경사방   263
조도계수(粗度係數)   126
조류도   104
조석   97

조석관측 92, 99
조위보정 97
조합각관측법 24
종·횡단측량 89
종단(縱斷)곡선 219, 228
종단곡선의 기울기 228
종단선형 227
종단현(終端弦) 170, 172
종접합점 297
좌표 30
좌표계 31
좌표의 투영 41
주경간 Key Seg. 가설 245
주접선에서 직교좌표에 의한 방법 204
주탑 형상측량 245
준공측량 90
준설선(항타선) 100
줄자 59
중간시(中間視) 72
중거리홀 267
중공(中空)의 닫힌 단면을 갖는 상자형의
　들보 239
중력계 102
중력원점 48
중복도 288
중심선측량 138
중앙종거(中央縱距) 173
중앙종거에 의한 단곡선 173
중타수거리 267
지간측량 233
지구경계(용지경계) 88
지구타원체 36
지구형상 36
지구형상측량 4
지모(地貌) 4
지물(地物) 4
지방시(地方時) 29

지방시와 표준시 29
지상기준점 297
지상기준점측량의 작업량 292
지상설치용 표지 300
지오디메타(geodimeter) 69
지오이드 36
지자기관측기 102
지자기점(地磁氣點) 50
지장물(또는 지상시설물) 86
지적기준점 52
지적도근점(地籍圖根點) 52
지적삼각보조점 52
지적삼각점(地籍三角點) 52
지적측량 4
지정수위 118
지하매설물 89
지하측량 3
지형 4
지형측량 4
직각삼각웨어 132
직선체감법 186
직접 고저측량 71
직접거리측량의 오차 65
진북(眞北) 자오선 15
질감 302
질량의 단위 310

ㅊ

차량한계 225
착오 66
처짐에 대한 보정 62
천 테이프 275
천문경위도 38
천문삼각형 18, 20
천부지층탐측기 102
천장각거리 18, 25
천저각거리 19

천줄자(또는 포권척)   59, 275
철교   231
철도보호지구   225
철도측량   223
철형(凸型)   203
체감곡선(遞減曲線)   167
초(second)   310
초구장   265
초구장 측량   265
초구장휴게소   272
촉침(觸針)수위계   115
총도   103
촬영경로   288, 290, 293
촬영계산도   295
촬영계획(撮影計劃)   287
촬영고도   290
촬영기선   293
촬영기선길이   288, 289
최고수위   117
최다수위   117
최저수위   117
출발구역   265, 267, 269
측경간 Key Seg. 가설   245
측량도갱(測量導坑)   147
측량학   1
측선(側線)   225
측쇄   59
측승   276
측지경위도   38
측지측량   2
측지학   2
치수검사 및 가조립검사   242

ㅋ

카메라 경사   293
칸델라   312
캔트   183

캠버측량(camber survey)   243
케이슨   101
켈빈   311
코어(core) 및 외벽 시공측량   253
크기 및 모양   302
클로소이드   188
클로소이드 곡선   199, 202
클로소이드 A표   208
클로소이드의 공식   203
킬로그램(kilogram)   310

ㅌ

타구도   265
타원체별 제원   40
태양시   29
터널 내공단면측량   224
터널내 기준점측량   224
터널측량   137
테루로메타(tellurometer)   69
토지측량   3
통보수위   118
통합기준점   50
투영법(投影法)   41
트래버스측량   5
트래버스형   6
트랜시트   282, 283
특성값   61
특성값 보정   61
특수해도   103

ㅍ

파정   226
판독에 이용되는 영상면   302
판독영상면의 활용   304
판독요소   302
편각   18
편각법에 의한 단곡법   170

편각현장법(偏角弦長法)   170
편경사   182
편류(偏流)   293
편의각법(偏倚角法)   170
평균고수위   117
평균고조위   98
평균수위   117
평균유속   120
평균저수위   117
평균저조위   98
평균최고수위   117
평균최저수위   117
평균태양   29
평균태양시   29, 311
평균태양일   29
평균해수면   36, 46, 98
평면각   14, 15
평면기준점 오차의 한계   307
평면길이   309
평면사교좌표   31
평면선형   11
평면전자기파   310
평면직교좌표   31, 38
평면측량   2
평수위   117
평판시준기   57
평판측량   6
폭후월류부   134
폴   276
표고(또는 고도, 높이, 수직위치)에 대한
    보정   64
표고기준점(고저기준점) 오차의 한계
    308
표면부자   122
표정기준점(標定基準點)   301
표정도   294
표정점   296

표준코스의 파와 야드지   273
표지   305
표척   279
프리캐스트보   239
필지측량   90

ㅎ

하부구조물측량   234
하상(河床)   118
하천   114
하천도면   134
하천사방   261
하천측량   114
하향각(또는 부각)   19
합성섬유 줄자   59
항공영상의 표정도(標定圖)   294
항공영상촬영   293
항로   111
항로측량   93
항만시설   111
항만측량   4, 92, 110
항박도   103
항성시   29
항해용 해도   102
해도   102
해도작성을 위한 측량   92
해상력   296
해상위치측량   92, 109
해석   302
해안도   103
해안선기준점   51
해안선의 종별   107
해안선측량   92, 106
해양기준점측량   93
해양중력측량   93
해양지자기측량   93
해양측량   2, 91

해저지질측량 92
해저지형도 103
해저지형측량 92
핸드레벨 278
헐레이션 294
현장실무 7
현편거법 144
형틀설치측량 239
호도(弧度) 28
호안 87
홀의 폭과 굽은 경로 270
홍광램프 142
확정, 검사 및 준공측량 90
확정측량 90
확폭 182, 185
회전타원체 36
횡메르카토르도법 43
횡방향 설치점 간격 302
횡원통도법 42
횡접합점 298
횡종복 288

후반경로 267
후시(後視) 72
흑백(또는 全整色) 302
흑백영상면 302
흘수선(吃水線) 122

기타

(Local) Sidereal Time: LST 또는 ST 29
1점법 121
1차원 좌표계 31
2/8법에 의한 방법 204
2점법 121
2차원 좌표계 31
2차원극좌표 32
3점 및 4점법 122
3차원 좌표계 34
3차원사교좌표 34
3차원직교좌표 34
3차원직교좌표계 39
3차포물선 189, 192

|영|문|색|인|

A

acoustic measurement   57

air base   289

air target   299

alidade   57

altitude   18

amount of substance   312

ampere   311

angle of depression   19

angle of elevation   19

angular distance   20

apparent solar day   29

apparent time   29

Approx. HHW(Approximate Highest High
   Water)   98

Approx. L.(Approximate Lowest Low Water)
   98

Area   313

assumed meridian   15

astronomic longitude and latitude   38

astronomical triangle   18

AT(Atomic Time)   310

automatic level   278

azimuth   16

B

bamboo chain   59

basic map of the sea   102

Bathymetric Chart   103

bathymetric survey   92

batting   265

BIH(Bureau International De L°Øeuve)
   40

BIH Terrestrial System   40

BIPM   310

block   290

BM(Bench Mark)   142, 233

box girder   239

bridging distance   302

broken chainage   226

BTS   40

bunker   267, 272

C

CAD(Computer Aided Design)   82, 155

cadastral survey   4

caisson   101

camera tilt   293

candela   312

cant   183

cant, superelevation   182

Capacity   314

celestial triangle   20

central point   297

CGPM   309

chain   59

champion tee   265

channel or passage survey   93

Chezy의 Ωf 126

CIGNET   41

CIPM   311, 312

civil time   29

cliffy coast   107

clinometer Hand level   279

cloth tape   59, 275

clothoid   188

clothoid 설치법   204

clothoid의 세 성질   205

clothoid의 형식   203

club house   272

coast chart   103

coast line survey   92

coast navigational chart   103

coastal survey   93

combined level   277

compensator   72, 278

compound curve   174

control point   158, 296, 297

control survey   3

coordinate   30

coordinate system   31

correction survey   93

cost line survey   106

course   288

course and hole   267

courses, block   291

CP(Control Point)   80, 158

cup-type current meter   119, 121

current meter   119, 121

curved surface angle   14, 19

curved surface length   309

cylindrical coordinate   35

D

dam survey   4

dead area   289

Decca   34, 104

degree   27

DEM   298

design   287

detail survey   3

DFM: Digital Feature Model   298

DGPS/Beacon system   96

DGPS/beacon(or VRS) system   97

Digital Mapping   82

direction angle   16

distance survey   5

dog-legs   269, 270

dowel   139, 140

DSM   298

DTM   298

dumpy level   277

E

earth form survey   4

echo sounder   94

EDM(Electromagnetic Distance Measurement)   68

EDM(Electromagnetic Distance Measuring)   283

EL(Elevation Level)   241

electric current meter   119, 121

electronic positioning chart   104

engineering survey   2

ephemeris   40

erosion control   257

ET(Ephemeris Time)   30

ETQU   312

Exchange Table for Quantity Unit   312

exposure time   294
eye-measurement   56

F

fair-way   267
field work   7
fishery chart   104
flight map   295
flight planning   287
flood lamp   142
forest physiognomy   257

G

Gauss double projection   43
Gauss-Krügers projection   43
GCP(Ground Control Point)   297
GCT   29
general chart   103
geodesy   2
geodetic longitude and latitude   38
Geodetic Reference System   39
geodetic survey   2
Geodimeter   96
geoid   36
GMT   29
golf course   265
golf field   265
GPS   76, 79
GPS 고저측량   77
GPS관측   306
grade   27
gravity meter   102
green   265, 267, 271
Greenwich 표준시   311
GN(grid meridian)   15
GRS 80   39

H

H.H.W(Highest High Water)   97
halation   294
hand level   278
harbour plan   103
harbour survey   4, 92
hazard   269
height control point   301
Hi-Fix   104
hillside erosion control   257
hole   267
horizontal curve   11, 167
horizontal straight line   11
hour angle   29
HWL   117
HWOMT(High Water Of Mean Tide)   98
HWONT(High Water Of Neap Tide)   98
HWOST(Hight Water Of Spring Tide)   98
hydrographic survey   91, 92

I

IAG   41
IAU   40
IERS   40
IGS   40
imagematics or photogrammetry   7
imagery analysis   302
imagery interpretation   302
imagery or photo scale   287
imagery reading   302
in course   267
Intersection Angle   154
Intersection Point   89, 154
invar tape   59, 276
invar wire   59
Inverse DGPS   249

IPMS   40
ITRF   40
ITRF/IGS   41
IUGG   40

K

kelvin   311
Key Segment   245

L

land survey   3
landscape erosion control   263
large area survey   2
laser level   278
lemniscate 188
Length   313
level   277
leveling   70
leveling survey   5
lift   270
Light Amplification by Stimulated Emission
    of Radiation   70
line in space   13
line of play   267
line on curved surface   12
line on plane   11
LLW(Lowest Low Water)   98
LMT(Local Mean Time)   29
Local Sidereal Time   29
location   302
long drive   271
long hole   267
Loran   104
LORAN   34
LT(Local Time)   29
luminous intensity   312
LWL   117

LWOMT(Low Water Of Mean Tide)   98
LWONT(Low Water Of Neap Tide)   98
LWOST(Low Water Of Spring Tide)   98

M

magnetic declination   16
magneto meter   102
Manning의 식   126
marine chart   102
marine control survey   93
marine gravity survey   93
marine magnetic survey   93
marine positioning survey   92, 109
MBES(Mulit Beam Echo Sounder)   102,
    115
MSL(Mean Sea Level)   36, 46
mean solar day   29
mean solar time   29
mean sun   29
measuring rope   59, 276
meridian   15
meridian convergence   16
meter   309
MG(magnetic meridian)   15
MHWL   117
middle hole   267
minor survey   3
miss shot   267
MLWL   117
model   290
mol   312
Most Frequent Water Level   117
mound   269
MSL(Mean Sea Level)   98
MWL   117

N

nadir angle   19
National Geodetic Survey   41
natural point   297, 299
nautical or navigational chart   102
Navy Navigation Satellite System   110
NGS   41
NHWL   117
NIMA   41
NLWL   117
NNSS   110

O

OB(Out of Bound)   267
OBM(Original Bench Mark)   46
oceanic survey   93
odometer   57
office work   7
one-dimensional coordinate   31
Ordinary Water Level   117
orientation or index map   294
orientation point   296
orifice   126
origin   30
out course   267
over lap   288

P

pacing   56
par   267
pass point   297
pattern   302
PC(Prestress Concrete)   243
PCB(Precast Concrete Beam)   239
PDA   151
peep-sight alidade   57

perimetry   302
pitching   111
plane angle   14
plane electromagnetic wave   310
plane length   309
plane oblique coordinate   31
plane polar coordinate   32
plane rectangular coordinate   31
plane survey   2
plane table survey   6
planimetric control point   301
plant survey   4
Point of Compound Curve   174
point transfer   298
pole   276
ppm(part per million)   77
PRC(Point of Reverse Curve)   179
prick point   298
projection for coordinates   41
propeller type current meter   119, 121
putting green   267
putting ground   267

Q

qualitative imagery interpretation   302
quantitative imagery interpretation   302

R

radian   21, 28
rail survey   223
Raydist   33
reciprocal azimuth   17
Referring Point   165
reinforcement height   102
reverse curve, S-curve   179
rivers erosion control   261
rivers or water ways   114

rough 267
route survey 4, 153
RTK 측량 79
RTK GPS 157, 249

S

sailing chart 103
Satellite Laser Ranging 40
satellite navigation 109
satellite survey 7, 13, 109
SBES(Single Beam Echo Sounder) 115
screen 283
sea survey 2
selecting station 251
session 306
shadow 302
shift 175
short hole 267
side lap 288
signal point 299
sine 체감곡선 167
single course 291
size and shape 302
skeleton survey 3
slack 182
slack widening 185
slope curve 11
slope straight line 11
SLR 40, 41
soil arresting structures 258
solar time 29
solid angle 14, 21
space length 309
space triangulation 13
special chart 103
spectral 294
spherical coordinate 36

spherical excess 20
spherical triangle 20
spherical trigonometry 20
spring balance 277
squat 111
sr(steradian) 15, 21
staff 279
Static 측량 79
Station(or Chain) 165
steel tape 276
steep coast 107
stopwatch 119
strip 290
strip adjustment 301
strip formation 297
sub-bottom profiler 102
surveying 1
sweep or wire drag survey 93

T

TBM(Turning Bench Mark) 158, 234
Tee 265, 269
tee-ground 267
Temporary Bench Mark 80, 158
terrestrial target 300
texture 302
theodolite 283
three-dimensional coordinate 34
three-dimensional oblique coordinate 34
three-dimensional or space cartesian
    coordinate 39
three-dimensional rectangular or cartesian
    coordinate 34
tidal observation 92
tide 97
tilting level 277
time zone 30, 311

tone 또는 color   302
topographical survey   4
Total Station   70
transducer   94, 99
transit   283
transition curve   188
transverse cylindrical projection   42
Transverse Mercator projection   43
traverse survey   5
triangulation survey   5
trilateration survey   5
true meridian   15
TS(Total Station)   9, 76, 77, 283
TS 세우기   285
TS 종별   285
TS 측량   306
two-dimensional coordinate   31

U

underground survey   3
underwater geological survey   92
underwater topographic survey   92
Universal Polar Stereographic coordinate
    39
Universal Time   29
Universal Transverse Mercator coordinate
    38
Universal Transverse Mercator projection
    43

UPS좌표계   39
UTM좌표계   38

V

valley erosion control   260
venturi meter   126
vertical curve   11, 167
vertical exaggeration   302
vertical straight line   11
Very Long Baseline Interferometry   45
VLBI   40, 41, 45
VRS   79

W

Weight   314
weir   133
well foundation   234
WGS(1960)   39
WGS(1966)   39
WGS(1972)   39
WGS(1984)   39
WGS72   39
World Geodetic System   39

Y

Y-level   277

Z

zenith distance or zenith angle   18

공저자약력

유복모(柳福模 : Yeu, Bock_Mo)
서울대학교 공과대학 토목공학과 학사 졸
네덜란드 ITC에서 사진측량학 수학
1975년 6월 19일 일본, 동경대학에서 공학박사 학위수여
연세대학교 공과대학 토목공학과 교수역임(1976. 3~2001. 2)
서울대학교 공과대학 토목공학과, 환경대학원 강사역임(1978~1984, 1986~1992)
1982년 토목분야 측량 및 지형공간정보기술사 취득
IUGG의 IAG 한국분과위원장 역임(1987~1993)
한국지형공간정보학회 회장 역임(1993~1997)
한국전통조경학회 회장 역임(1995~1996)
대한토목학회 회장 역임(1997~1998)
한국측량학회 회장 역임(1998~2000)
서울시 문화상 수상(1999. 10. 28 건설 부문)
홍조근정훈장수여(2000. 3. 30 제5609호)
현 재단법인 석곡관측과학기술연구원 이사장
연세대학교 명예교수(2001. 2~현재)
미국, 사진측량 및 원격탐측학회 명예회원
[Emeritus Member of ASPRS(American Society of Photogrammetry & Remote Sensing)](2004. 1~현재)

주요저서
측량공학(박영사 간), 1977초판, 2006 6판, 911쪽
사진측량학개론(희중당 간), 1977초판, (사이택미디어 간), 2005 3판, 432쪽
도시계획(문교부 간), 1979초판, 227쪽
측량학원론(Ⅰ)(박영사 간), 1984초판, 1995개정판, 692쪽
측량학원론(Ⅱ)(박영사 간), 1989초판, 2004 3판, 857쪽
사진측량학(문운당 간), 1991초판, 2007 5판, 512쪽
측량학, 1991초판, 1998 3판(동명사간), 476쪽
측지학(동명사 간), 1992초판, 2000년 5판, 393쪽
원격탐측(개문사 간), 1992초판, 259쪽
지형공간정보학(동명사 간), 1994초판, 2001 3판, 491쪽
경관공학(동명사 간), 1996 초판, 2003 3판, 305쪽
디지털 측량공학, 2001초판, 2007 4판(박영사 간), 933쪽
현대 디지털 사진측량학(Toni F. Schenk 공저, 피어슨 에듀케이션 코리아 간), 2003초판, 430쪽
기본측량학개론, 2004초판(동명사 간), 415쪽
건조물측량학(대가 간), 2007초판, 270쪽
지형공간정보학개관, 유연 공저(동명사 간), 2011초판, 2014년 2판, 598쪽
측량학개관, 유연 공저(박영사 간), 2012초판, 2013 2판, 967쪽
영상탐측학개관, 유연 공저(동명사 간), 2012초판, 558쪽
기본측량학개관, 유연 공저(동명사 간), 2013초판, 709쪽
지공탐측학개관, 유연 공저(박영사 간), 2013초판, 931쪽
지공개선(알아야 할 지공 지혜로운 개선), 유연 공저(문운당 간), 2014초판, 443쪽

유 연(柳 然 : Yeu, Yeon)
서울대학교 공과대학 토목공학과 학사 졸
2011년 6월 12일 미국 OSU(The Ohio State University)에서
    Geodetic Science 전공으로 공학석사 및 공학박사 학위수여
현 재단법인 석곡관측과학기술연구원 선임연구위원

주요저서
지형공간정보학개관, 유복모 공저(동명사 간), 2011초판, 2014년 개정판, 571쪽
측량학개관, 유복모 공저(박영사 간), 2012초판, 2013 2판, 967쪽
영상탐측학개관, 유복모 공저(동명사 간), 2012초판, 558쪽
기본측량학개관, 유복모 공저(동명사 간), 2013초판, 709쪽
지공탐측학개관, 유복모 공저(박영사간), 2013초판, 931쪽
지공개선(알아야 할 지공 지혜로운 개선), 유복모 공저(문운당 간), 2014초판, 443쪽

측량실무개관

초판인쇄	2014년 8월 20일
초판발행	2014년 8월 25일
공저자	유복모 · 유 연
펴낸이	안종만
편 집	김선민 · 심성보
기획/마케팅	명재희
표지디자인	최은정
제 작	우인도 · 고철민
펴낸곳	(주) 박영사

서울특별시 종로구 새문안로3길 36, 1601
등록 1959. 3. 11. 제300-1959-1호(倫)

전 화	02)733-6771
f a x	02)736-4818
e-mail	pys@pybook.co.kr
homepage	www.pybook.co.kr
ISBN	978-89-6454-214-9 93530

* 잘못된 책은 바꿔드립니다. 본서의 무단복제행위를 금합니다.

정 가   26,000원